전기/전자/통신 공학도를 위한
능동소자 중심

전자회로실험

| 박주태 지음 |

Electronic
Circuit
Experiment

도서출판 그린

머 리 말

스마트팩트시대에서도 대학의 공업계열에서의 실험실습은 대학 교육과정의 정상적 운영을 가능케 하는 필요조건으로서 학생들이 이론적으로 배운 과학적 지식을 확인하고 새로운 사실을 발견하기 위해 반드시 거쳐야 할 교육과정의 일부이다. 특히 교육의 국제경쟁력 강화라는 오늘날의 시대적 요구를 감안하면 대학의 실험실습은 교육의 질을 결정하는 핵심적 요건이라 할 수 있다. 특히 전자공학분야는 기술발전은 물론 전기, 통신, 제어, 반도체, 컴퓨터 및 응용전자 등과 같은 산업체 전반의 분야로 그 활용분야의 폭이 넓어지고 있다. 그러나 이 같은 세분된 분야에서도 공통적으로 이수해야 할 과정이 주어지는데 그 중 하나가 이 전자회로실험 과목이며 실험 실습교육과정은 전자공학분야의 기술인력 양성에 크게 이바지하고 있다.

본 교재는 전자회로에서 이론적으로 배운 개념을 실제 회로로 구현하여 그 특성을 경험하고 감각적으로 느낌으로써 관념에만 의존해 얻은 지식의 허점을 보완하여 실제 회로에 대한 감각을 갖고 흥미를 유발할 수 있는 데에 그 의의가 있다고 생각하며 그런 마음을 갖고 이 책을 집필하였다.

특히 종전의 다른 교재에서 다루던 회로별 중심의 편성에서 탈피해 능동소자별로 단원을 구성했으며 특히 근래 산업체에서 응용이 늘어나고 있는 전력제어소자에 대한 기초 실험도 가능할 수 있게 했다. 또 사전에 예습도 없이 실험에 임해 보고서를 작성하는 형식에서 벗어나 학생들이 실험 내용에 대해 충분한 예습을 하고 결과 분석 시 고찰력 배양 능력이 가능하도록 관련 이론부분을 충실히 편성하여 교육적인 효과를 높이고자 노력했다. 실험 항목의 배열은 정규 강의 진도에 맞추되 지도교수가 자유로이 선택하는데 편리하도록 세분하여 많이 배열했다. 실험에 사용하는 기기는 전자분야 실험의 기본 장비만으로도 가능하도록 했으며 부품도 쉽게 구입할 수 있는 것으로 구성했다. 또한, 뒷부분 부록에 실험에 필요한 부품들의 규격을 첨부하여 교재 이외의 다른 데이터북을 찾는 불편을 덜어주었다.

본 교재를 편찬하는데 다음과 같은 국내외 서적을 참고했음을 밝혀 둔다.

1) Albert Paul Malvino : Electronic Principles, 6/e Mcgraw-Hill, 1990
2) Zbar, Malvino, Miller; Basic Electronics. A Text-Lab Mcgraw-Hill, 1990
3) Boylestad, Nashelsky; Electronic devices and circuit theory, Prentice-Hall, 1990
4) Hughes : Fundamental Electronic Devices. Concepts and experimentation, Prentice-Hall
5) Malvino : Electronics Principle, Mcgraw-Hill, 1994
6) 이성필, 고성택 : 기초 전자회로실험,, 대영사, 1997
7) 이무영 : 전자회로공학, 형설출판사, 1995
8) 진위제, 김태효; 전자 회로 실험, 학문사, 1992
9) 박근호 : 기초 전자회로실험, 남두도서, 2011
10) 최성운 · 박주태 · 김승묵 : 전자 회로 실험, 동영출판사, 1998
11) TRIO : CR Oscillator instruction Manual
12) Signetics : Analog data manual

이상과 같은 국내외 서적을 참고해 가면서 나름대로 최선을 다하였으나 내용에 있어서 미비한 점이 많이 있을 것으로 생각되므로 이 점에 대해 선배제현의 질정이 있으시기 바라며 상기 참고서적의 원저자들과 이 교재를 출간하는데 수고해 주신 출판사 직원 여러분에게 심심한 사의를 표하는 바이다.

끝으로 본 교재가 대학교의 전기, 전자 및 정보통신, 메카트로닉스 등 관련 분야를 공부하는 학생들이 보다 복잡한 회로해석과 설계할 때 기초가 되어 미력하나마 도움이 되었으면 하는 바램이다.

2020. 8
저자 씀

차 례

실험예비지식 / 9

1장 수동소자 및 능동소자 / 15

2장 계측기 사용법 / 27

3장 다이오드 / 77

4장 제너다이오드 / 119

5장 트랜지스터 / 135

6장 전계효과 트랜지스터(JFET) / 187

7장 실리콘 제어 정류기 / 207

8장 연산증폭기 / 229

실험예비지식

1. 실험목적
2. 실험에 임할 때의 주의사항
3. 결과처리 요령

☺ 실험 예비 지식 ☺

1 실험 목적

실험의 목적은 이미 배운 이론적인 지식을 실험이란 과정을 통해 스스로 체험해 봄으로서 그 이론을 명확히 이해함과 동시에 측정기술을 연마하는데 있다. 따라서 실험을 할 때는 실험 내용을 충분히 이해하고 그 실험의 목적이 무엇인가를 파악한 후 사용기기 및 회로의 접속도를 미리 구상하여 완벽한 실험을 통한 결과를 도출하고 이론과의 사이에서 오차가 발생되면 발생원인에 관한 과학적인 고찰을 행할 필요가 있다.

2 실험에 임할 때의 주의사항

1) 실험 내용을 이론적으로 충분히 이해하고 실험에 사용할 기기류의 접속도를 미리 구상해 본다.
2) 실험 결과를 기록할 데이터 작성표를 미리 준비해 둔다.
3) 전자회로 실험에 사용되는 기기는 대부분 정밀급이므로 사용시 주의를 하여야 하며 그 기기의 동작원리부터 숙지한 후 취급하도록 한다.
4) 기기 선택시는 실험내용 분석시 주어진 결과를 고려하여 최적의 정격을 가진 기기를 선정해야 하고 특히 전압, 전류 측정에 사용하는 계측기는 더욱 그 정격에 주의해야 한다.
5) 실험회로에 전원을 인가할 때는 회로의 배선이 정확한지를 재확인 한 후 시행한다.
6) 모든 기기 자체의 전원은 교류인 전력선 전압이므로 손이나 몸에 접촉시 매우 위험하니 안전사고에 유의해야 한다.
7) 실험 종료 시에는 반드시 모든 전원을 차단시켜야 한다.
8) 실험 중에 발생한 특수한 현상은 빠짐없이 기록해 두고 결과분석시 이도 같이 검토해야 한다.

3 결과처리 요령

3-1. 유효 숫자

표기해서 의미 있는 숫자를 유효숫자라고 하는데 만일 소수점 이하의 측정치가 주어지면 반올림하여 표기한다.

3-2. 오차(error)

측정시에는 각종의 원인에 의해 오차가 발생한다. 오차가 발생하는 원인은 몇 가지 있으나 대별하면 계통오차와 우연오차가 있다. 전자는 측정이론에 잘못이 있다던가 계측기 그 자체가 정밀치 못한데서 발생하는 오차인데 그 원인이 비교적 명확하므로 제거하기가 쉽다. 그러나 후자는 전혀 예상되지 않는 우발적 현상(흔히 원인불명)이므로 피하기가 곤란하다. 계통오차는 그 원인을 규명해서 제거하고, 우연오차를 경감시키기 위해서는 동일 정도(精度)인 계기를 사용하여 피측정량을 몇 번이고 측정한 후 그들의 산술평균을 구해 최확치(最確値:가장 확실한 값)로 정하면 된다. 이 때는 측정회수가 많을수록 오차는 적게 된다.

3-3. 그래프 작성

2개 이상의 값 간의 관계는 그래프로 표현하면 알아보기가 매우 쉽다. 그래프를 그릴 때의 주의사항은 다음과 같다.

1) 데이터 결과표를 분석한 후 그래프 표현에 최적인 그래프(균등눈금 그래프, 반대수눈금 그래프, 전대수눈금 그래프 등)를 선택할 것.
2) 그린 그래프의 명칭을 분명하게 할 것. 예를 들면 반도체 다이오드의 전류 −전압특성곡선, 트랜지스터의 출력특성곡선 등으로 명칭을 붙인다.
3) 종축 및 횡축에는 양의 명칭, 기호와 그 양의 단위를 기입할 것.
4) 그래프는 될 수 있으면 눈금의 전체 범위에 걸쳐서 분포시켜 그린다.
5) 그래프로 그릴 때에는 실험점(實驗点)은 ×, ●, △ 등의 표시를 이용하고, 그림 1-1(a)와 같이 그리지 말고, (b)와 같이 그 평균점을 따라 매끄러운 곡선이 되도록 그려야 한다.

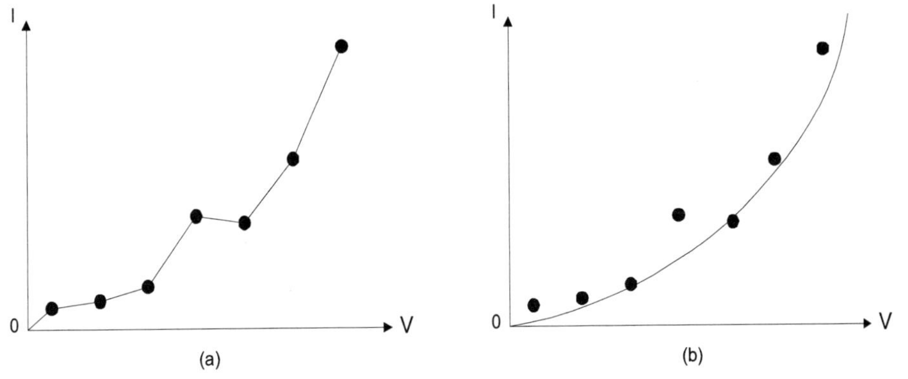

[그림 1-1] 그래프의 예

1장

수동소자 및 능동소자

실험 1-1. 수동소자 및 능동소자 판별법

실험 1-1 수동소자 및 능동소자 판별법

[표 1-1] 각종 전자재료의 실물모형과 도식기호

통 칭	실 제 이 름	실 물 모 형	기 호	특 성
저 항 (R:Resister)	색 저항	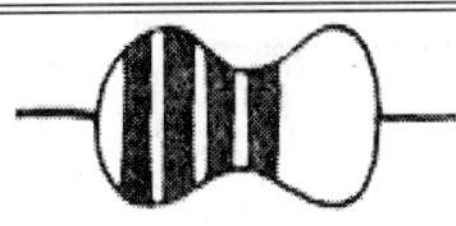		전류의 흐름을 방해하는 성질이 있으며 기호는 [R], 단위는 [Ω], 용량은 [W]로 표시한다.
	권선 저항	 		
	반고정 저항			
	가변 저항	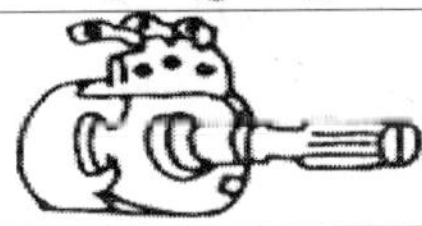		
콘덴서 (C:Condenser)	마일러 콘덴서 (폴리에스테르 콘덴서)	 	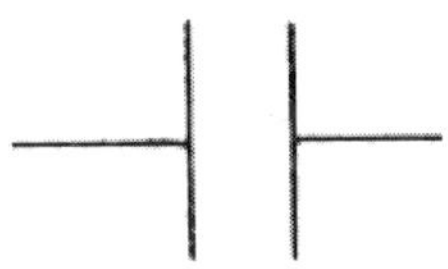	전하를 저징하고 고주파에서는 공진소자로 사용되기도 하며 교류신호만 통과시킨다.
	자기 콘덴서 (세라믹콘덴서)	 		
	운모콘덴서 (마이카 콘덴서)	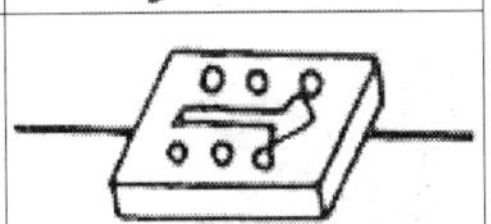		
	전해 콘덴서	 	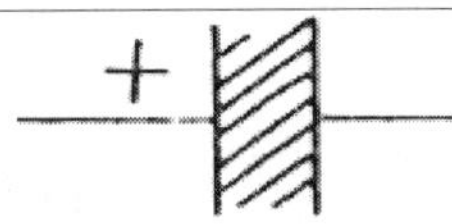 	극성이 있다.
	반고정 콘덴서 (트리머)	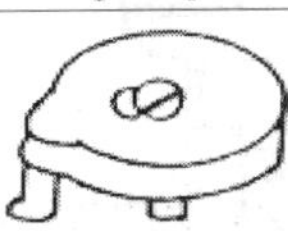	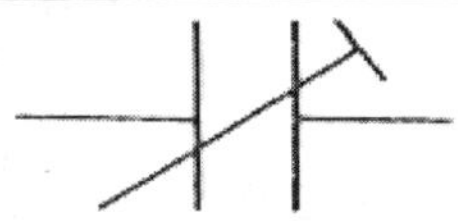	용량을 변화시킬 수 있다.
	가변 콘덴서 (바리콘)		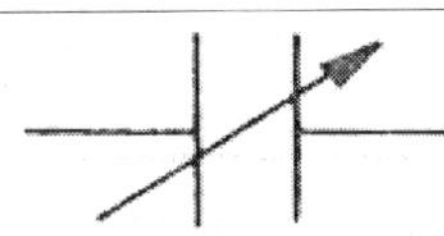	

■ 콘덴서는 다른 말로 커패시터(capacitor)라고도 한다.

통 칭	실 제 이 름	실 물 모 형	기 호	특 성
코 일 (L:Inductance)	고주파 초크코일 (피킹 코일)		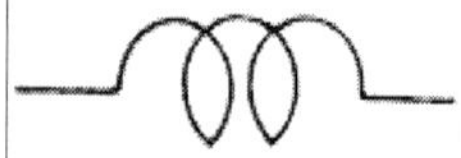	코일에 전류를 흘리면 자력선이 발생하며, 고주파에서는 공진소자로 이용되기도 한다.
	고주파 가변코일 (코어 코일)		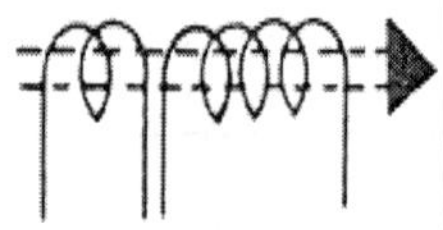	
	안테나 코일	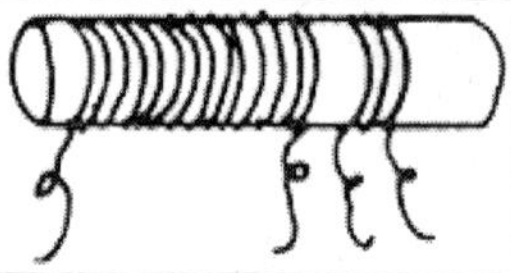	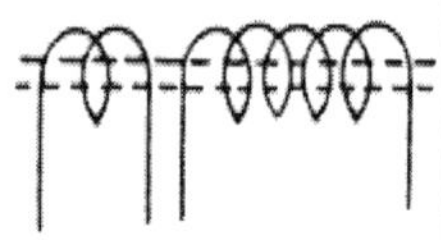	
	중간주파 트랜서 및 발진코일		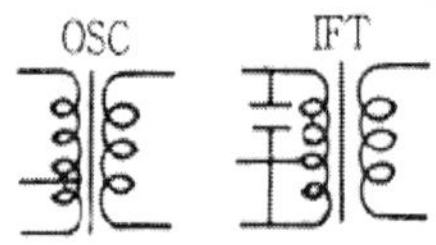	발진코일 : 적색 (코어색) IFT : 백, 황, 흑
	전원 트랜서 및 OPT, IPT	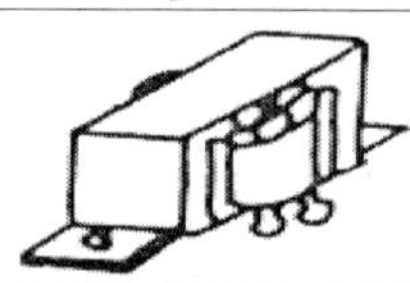	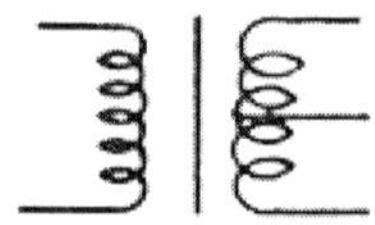	PT:단자 전압표시 IPT, OPT : 단자에 [Ω] 표시를 하거나 외관색으로 판별
기 타	수정 진동자 (X-tal)			발진소자
	스피커	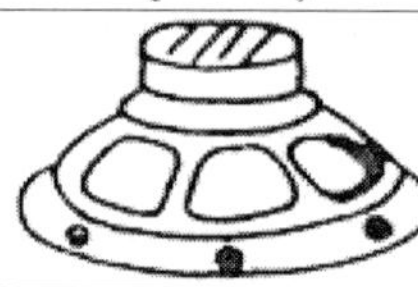	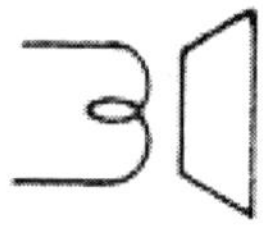	전기신호를 음파로 재생
	토글 스위치		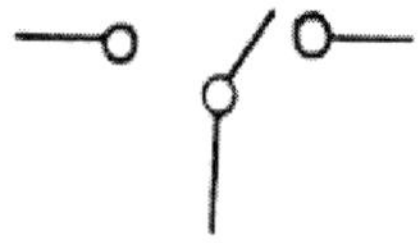	접점을 좌측, 우측으로 연결
	슬라이드 스위치	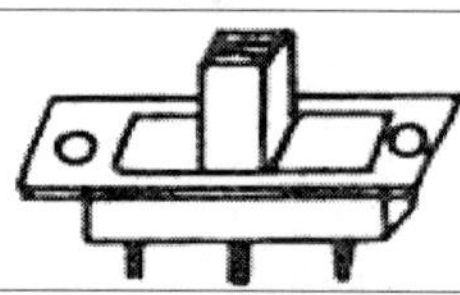		접점을 좌측, 우측으로 밀어서 연결
	푸시 버튼 스위치	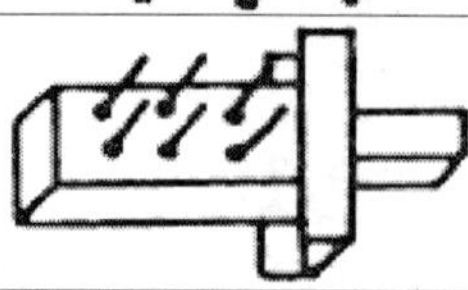	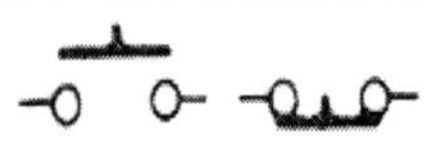 a접점 b접점	접점을 눌러서 연결하거나 단선시킨다.

■ 코일은 다른 말로 인덕터(inductor)라고도 한다.

통 칭	실 제 이 름	실 물 모 형	기 호	특 성
반도체 (semi– conductor)	다이오드(정류· 검파·스위칭· 제너·바렉터)		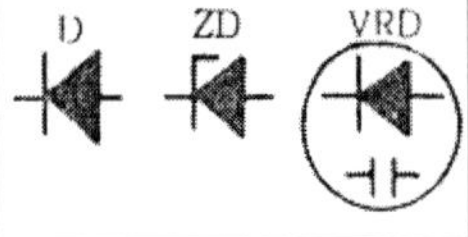	정류 및 검파, 정전압 발생 및 용량변화
	트랜지스터 (PNP,NPN)	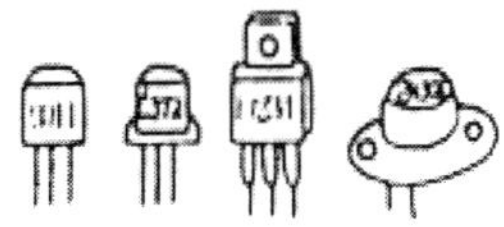	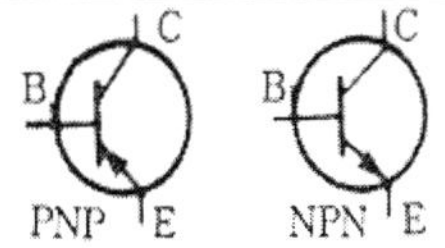	증폭소자
	FET,UJT,PUT	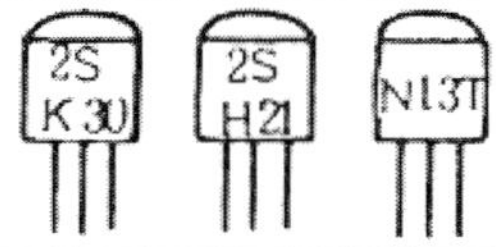	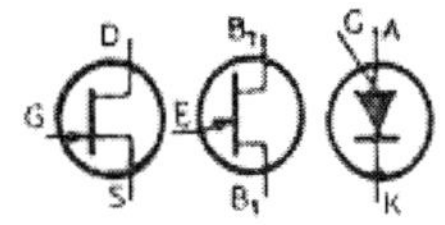	증폭 및 발진소자
	SCR,TRIAC	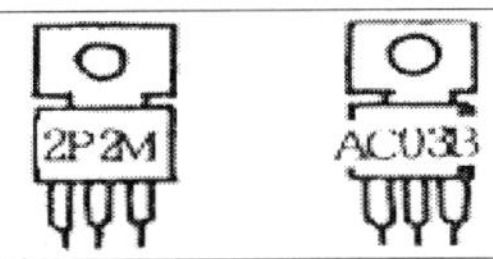	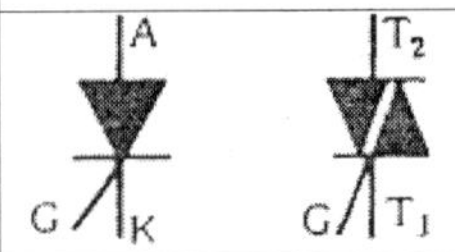	전력제어소자 (직류 및 교류)
	DIAC	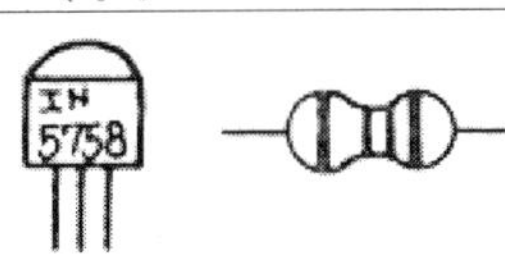	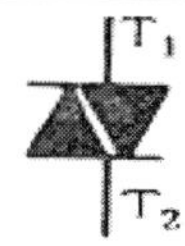	쌍방향 전력제 어소자
	서미스터 (Thermistor)		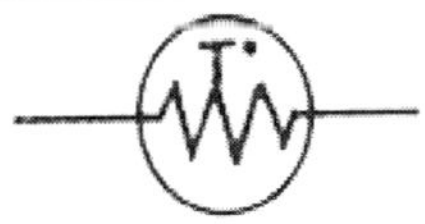	온도검출소자 (부성저항 특성)
	CdS		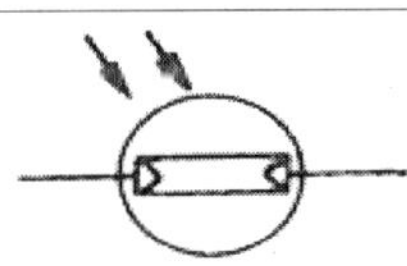	빛에 의한 저항 변화 (광전자소자)
	포토 트랜지스터		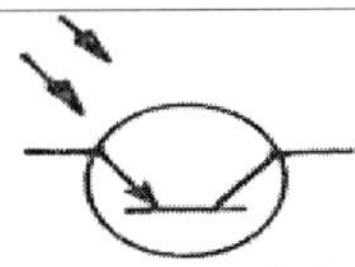	광기전력 증폭 소자
	발광 다이오드 (LED)	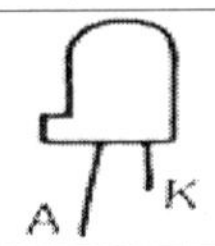	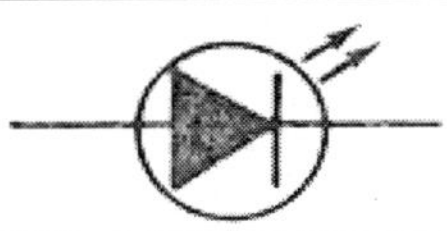	발광다이오드 소자
	7–세그먼트 표시기	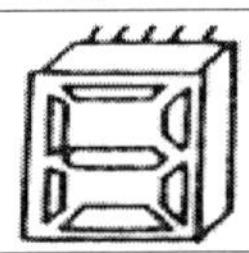		발광다이오드 조합 숫자표시 기
	IC (디지털 및 아나로그)	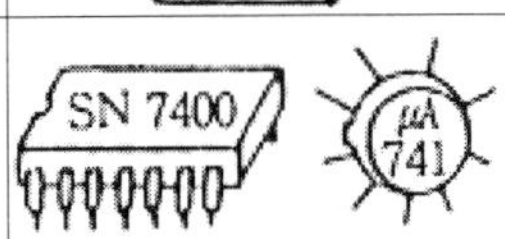	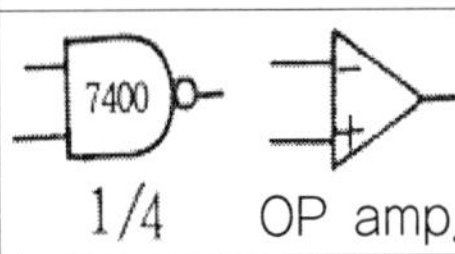	디지털신호제 어 및 아나로그 신호 증폭소자

1 수동소자의 칼라코드 및 숫자, 문자에 의한 표현 예

전자기기에 이용되는 전자부품은 대부분 소형 경량의 것으로 그 용량 값이나 특성을 부품의 표면에 표시하기 어려우므로 그림 1-1과 같이 색깔구분에 의한 칼라코드, 또는 숫자와 문자 등으로 약속하여 형명을 표기한다.

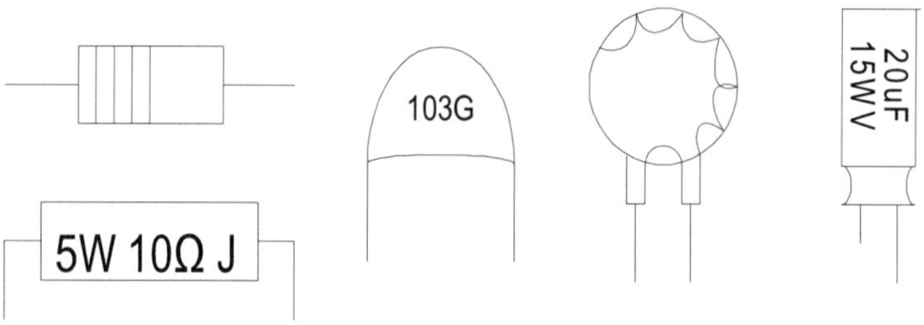

[그림 1-1] 수동소자의 칼라코드 및 숫자에 의한 특성표시

2 저항의 칼라코드 및 숫자, 문자에 의한 저항값 판독법

1) 저항의 칼라코드는 보통저항인 경우 4개의 색대로 표시하며 색이 갖는 의미와 수치는 표 1-2와 같다.
2) 칼라코드를 읽는 순서는 색대들의 표시가 부품 몸체 중심에서 어느 한쪽으로 치우친 쪽을 기준으로 제1색대, 제2색대, 제3색대, 제4색대 순으로 읽어가고 그 어느 쪽에도 치우치지 않을 때는 넓은 색대 또는 금색이나 은색의 색대가 마지막 색대에 해당된다.
3) 칼라코드의 제1색대와 제2색대는 저항 값의 맨앞 2자리의 유효숫자가 되고, 제3색대는 승수가 되고 제4색대는 허용오차를 표시한다.
4) 색대의 수가 3개인 경우는 제4색대가 무색(몸체의 색)으로 허용오차는 20%가 된다.
5) 정밀저항인 경우에는 제5색대로 구성되는데 제1색대에서 제3색대까지는 3자리 유효숫자를 나타내고 제4색대는 승수, 제5색대는 허용오차를 표시한다. 표 1-3은 고정밀도 저항의 칼라코드표시와 색의 수치를 나타낸 것이다.

[표 1-2] 고정저항기의 칼라코드

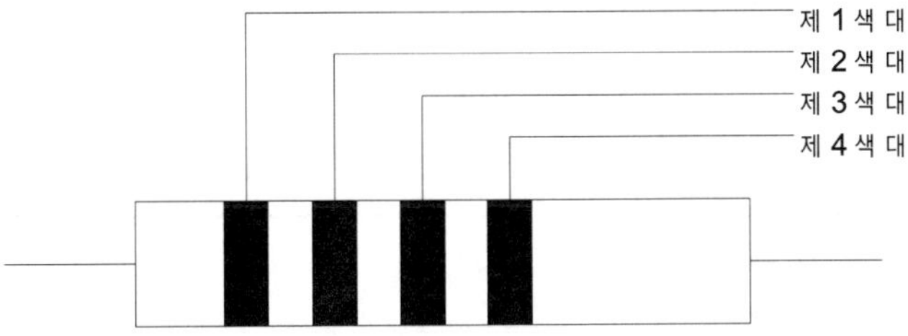

색	제 1 색대 제 1 숫자	제 2 색대 제 2 숫자	제 3 색대 승 수		제 4 색대 허용오차(%)
흑	0	0	10^{0}	[Ω]	
갈	1	1	10^{1}		
적	2	2	10^{2}		± 2
등	3	3	10^{3}	[kΩ]	
황	4	4	10^{4}		
녹	5	5	10^{5}		
청	6	6	10^{6}	[MΩ]	
자	7	7	10^{7}		
회	8	8	10^{8}		
백	9	9	10^{9}	[GΩ]	
금			10^{-1}		± 5
은			10^{-2}		±10
무					±20

[표 1-3] 고정밀도 저항의 칼라코드

색	유 효 숫 자	승 수	허 용 오 차
흑	0	10^{0}	
갈	1	10^{1}	± 1 %
적	2	10^{2}	± 2 %
등	3	10^{3}	
황	4	10^{4}	
녹	5	10^{5}	± 0.5 %
청	6	10^{6}	± 0.25 %
자	7	10^{7}	± 0.1 %
회	8	10^{8}	
백	9		
금		10^{-1}	± 5 %
은		10^{-2}	±10 %

6) 칩 저항값 읽는 방법

표 1-4에 예를 나타내었는데 칩 저항은 3행의 숫자로 그 값을 표현한다. 각각의 숫자는 색대와 같은 의미를 가지고 있다. 소숫점이 필요할 때는 R로서 표시한다.

[표 1-4] 칩 저항의 표시와 저항값의 예

실 물	유효숫자	승 수	실제값
473	47	$10^3 = 1000$	47 × 1000 = 47000[Ω] = 47[kΩ]
473	10	$10^1 = 10$	10 × 10 = 100[Ω]
100	10	$10^0 = 1$	10 × 1 = 10[Ω]
2R2	–	–	2.2[Ω]
R22	–	–	0.22[Ω]

3 세라믹커패시터 용량의 숫자, 문자에 의한 표시법

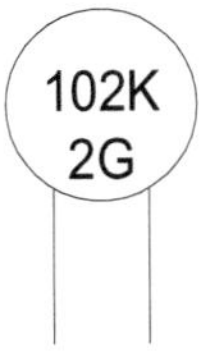

102(1000[pF]) → 정 전 용 량

K → 허용오차

2G(400[WV]) → 정격전압(400[V])

1) 처음 두자리 숫자는 그대로 커패시터 용량값의 숫자가 되고 세번째 숫자는 승수가 된다. 예를 들어 "102"는 10×102[pF]로 읽는다.
2) 숫자뒤의 문자는 표 1-5와 같이 허용오차를 나타낸다.
3) 맨아래 숫자와 문자는 표 1-6과 같이 정격전압을 나타낸다. 예를 들어 "2G"는 표의 세로의 2와 가로의 G가 만나는 점의 전압을 나타내므로 400[V]가 된다. 또 세라믹 커패시터의 정격전압 500[V]는 흔히 생략하기도 한다.

[표 1-5] 커패시터의 허용오차

문 자	B	C	D	F	G	J	K	M	N	V	X	Z	P
허 용 오 차 (%)	±0.1	±0.2	±0.5	±1	±1	±2	±5	±10	±20	+30 −10	+40 −10	+80 −20	+100 −0
허 용 오 차 (pF)	±0.1	±0.2	±0.5	±1	±2								

[표 1-6] 커패시터의 정격전압

	A	B	C	D	E	F	G	H	J	K
0	1	1.25	1.6	2.0	2.5	3.15	4.0	5.0	6.3	8.0
1	10	12.5	16	20	25	31.5	40	50	63	80
2	100	125	160	200	250	315	400	500	630	800
3	1000	1250	1600	2000	2500	3150	4000	5000	6300	8000

4) 칩 커패시터는 세라믹 커패시터와 같이 표면에 3행의 숫자로 표시하며, 용량을 읽는 방법은 세라믹 커패시터와 같다.

4 배선의 색에 따른 사용 구분

3색 배선인 경우에는 회로 구성시 표 1-7과 같은 사항에 유의하여 사용하는 것이 실험시나 고장수리시 유리하다.

[표 1-7] 3색 배선

색	회 로
흑	접지 회로(-)
적	정(+)회로
백	교류회로, 정(+)부(-) 이외의 전원회로, 신호의 입출력회로, 제어회로

5 능동소자의 형명 표시법

능동소자는 종류에 따라 표시방법이 상당히 다르므로 형명을 정확히 선택치 못할 경우에는 실험에 커다란 차질을 가져오게 된다. 일본에서 쓰고 있는 형명표시법은 일본전자기계공업회 표준규격인 EIAJ에 의한 2SA, 2SB, 1S, 2SF, 2SM 등의 형명으로 표시하고 있으며, 미국에서는 2N, 1N, 3N 등의 JEDEC의 규정에 의해 사용되고 있고, 유럽에서는 로마자와 숫자와의 조합으로 표시하고 있다.

여기서는 일본에서 사용하고 있는 형명표시법만 소개해 본다. 형명구성은 다섯 항으로 구성되고 각각 다음과 같은 뜻을 가진다.

제 1 항(숫자) ············· 원칙적으로 유효전극에서 1을 뺀 숫자.
제 2 항(문자 S) ·········· 반도체(semiconductor)를 나타낸다.
제 3 항(문자) ············· 반도체 제품의 종류, 극성, 대략적인 용도를 나타내고 E와 I는 혼동될 염려가 있어서 쓰지 않는다. 또한 다이오드에는 쓰지 않는다.

제 4 항(숫자) ·············· EIAJ 등록번호로써 11부터 시작되는 2행 이상의 숫자.
0·······포토트랜지스터, 포토다이오드
1······· 다이오드
2······· 트랜지스터, 전계효과 트랜지스터(FET), 사이리스터(SCR, TRIAC)
3······· 4극 전계효과 트랜지스터

제 5 항(문자) ·············· 붙임자로서 붙임자가 붙지 않은 원형 제품의 개량형을 나타내며 A, B, C··· 의 순으로 쓰여진다.

또한 표 1-8에 반도체 제품의 형명표시법 및 제1항에서 제5항까지의 숫자, 문자가 갖는 보다 상세한 의미도 나타내었다.

이상 일본 상품에 쓰여 지고 있는 JIC, EIAJ에 의한 규정을 설명했으나 일본 상품에서도 정류소자, 다이오드 등에는 로마자와 숫자의 조합에 의한 특성표시를 겸한 이름을 붙이고 있는 회사들이 많다. 즉 1S···로 표시되지 않는 것도 많다.

아울러 트랜지스터 단자는 E, B, C가 있으며 FET는 S, G, D등의 극성이 있으므로 배선 접속시 틀리지 않도록 회로도와 접속도 등을 잘 보고 배선해야 한다. 납땜 시는 다른 부품을 먼저 배치한 다음 맨 나중에 하는 것이 열의 영향을 덜 받는다. 증폭용, 대전력 증폭용 등의 구별 외에 제작방법, 특성, 형태 등의 종류도 다양하다.

전계효과 트랜지스터에는 접합형(J) FET와 산화물피막형(MOS) FET의 두 종류가 있고 N채널형과 P채널형의 구분이 있다. 특성이 진공관과 비슷하며 저주파 초단 증폭회로나 FM 라디오의 고주파 증폭회로 등에 자주 사용된다. 표 1-9에 반도체소자에 사용되는 공통적인 문자를 나타내었다.

[표 1-8] 반도체 제품의 형명 표시법

2	S	C	372	A
소자의종류	반도체	사용용도	등록순번호	개량품표시
0: 포토트랜지스터 1: 다이오드 2: 트랜지스터, 1개의 게이트를 가진 FET, 3: 2개의 게이트를 가진 FET.		A: 고주파용, B: 저주파용 (PNP형) C: 고주파용, D: 저주파용 (NPN형) F: P 게이트 G: N 게이트 H: 단일접합트랜지스터(UJT) J: P-채널, K: N-채널 (FET)	11부터 차례로 등록한다.	ABC… 차례로 붙인다.

[표 1-9] 반도체 소자에 공통인 문자

E	에미터(Emitter)	G	게이트(Gate)
B	베이스(Base)	D	드레인(Drain)
C	콜렉터(Collecter)	S	소오스(Source)
A	애노우드(Anode)	S D	시일드(Shield)
K	캐소우드(Cathode)	T	터미날(트라이액의 T-1,T-2)

2장

계측기 사용법

실험 2-1 계측기 사용법

실험 2-2. 직류회로 측정

실험 2-3. RC 스위칭 회로(미분회로,적분회로)

실험 2-1 계측기 사용법

1 테스터

실제 전자회로를 설계 · 해석하는데는 여러 가지의 측정기가 필요하게 된다. 그 중에서 가장 가격이 싸고 취급하기 쉬우며 가볍게 사용할 수 있는 측정기가 테스터(tester)이다. 테스터는 일반적으로 멀티메터(multimeter), 멀티테스터(multi-tester), 또는 V.O.M(volt-ohm meter)으로 부르기도 한다. 테스터는 전압계, 전류계, 저항계의 세 가지 기능을 합한 측정기로서 소형이면서 외부전원은 사용하지 않기 때문에(아나로그) 휴대성이 뛰어나다. 이 때문에 테스터는 현장서 고장이 발생한 경우 가장 먼저 도통 확인, 주요 고장점 진단 등의 기본적인 측정을 할 수 있는 정기이다. 종류로는 지침의 움직임을 이용하는 아나로그형과 디스플레이 상에 숫자를 표시하는 디지털형의 두 종류가 있다. 두가지형 모두 (+)짹과 (-)짹이 시험단자로 사용되고 용도전환 스위치를 가지고 있으며 보다 정밀한 측정을 위해 측정범위전환스위치도 가지고 있다.

1-1. 아나로그 테스터의 외형과 기능

그림 2-1에 아나로그 테스터의 외형과 내부회로를 나타내었는데, 중요한 부분으로는 지시계인 수 십[μA]급 가동코일형 직류전류계와 배율기 단자, 분류기단자, 정류기, 다이오드, 로터리(선택)스위치, 건전지, 리이드 등이 있고 선택스위치를 변환시키므로 저항계, 직류전류계, 교류전압계, 직류전압계 등의 측정회로가 구성된다. 여기서는 테스터 외형에 표시된 각부의 기능에 대해 알아보기로 하자.

① **눈금판**

전환스위치의 위치에 따라 계기의 지침이 가리키는 점의 지시치를 읽기 위하여 직류전압 · 전류 및 교류전압, 저항 눈금 등을 측정범위 별로 다중 눈금으로 그려 놓은 것이다. 위의 기본눈금 이외에 일정한 약속하에서 응용 측정을 하는 경우에 사용할 dB눈금, 커패시터의 용량, 코일의 인덕턴스, 트랜지스터의 동작 측정용 눈금 등이 있는 것도 있다.

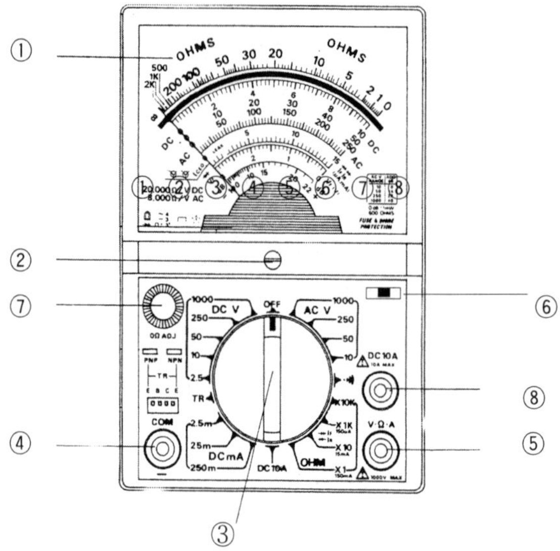

(a) 테스터의 외형

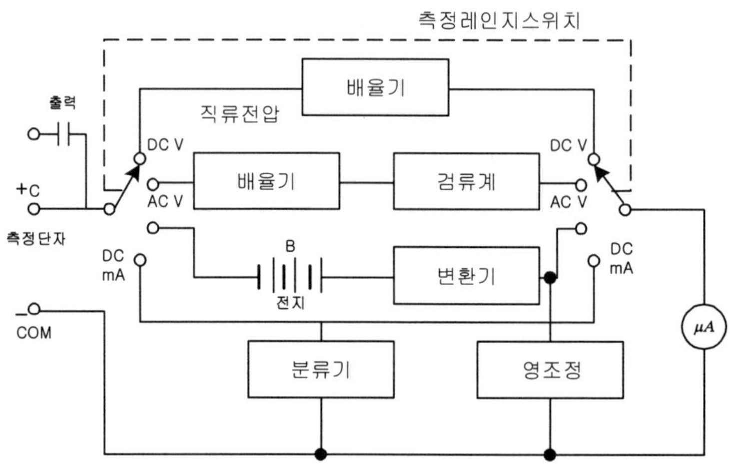

(b) 테스터의 내부회로

[그림 2-1] 테스터의 구조

② **기계적 영위조정기**

테스터의 지침을 눈금의 가장 왼쪽 끝의 영위선에 일치시키기 위한 것으로 나사를 서서히 돌려 사용 전에 한번 조정하면 되고 자주 할 필요는 없으나, 계기를 사용하기 전에 꼭 지침이 영위선에 있는지는 확인해야 한다.

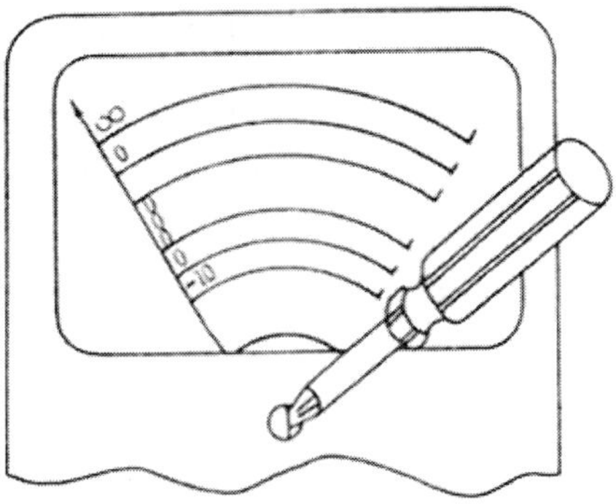

〈 지침의 0점 조정〉

③ **용도 및 측정범위 전환스위치**

이 스위치에 의하여 모든 측정용도와 측정범위를 전환시킬 수 있으며 좌우 어느 방향으로도 돌릴 수 있는 로터리 스위치이다. 일반적으로 좌측이 직류전압, 우측이 교류전압, 아래쪽이 저항, 직류전류로 되어 있다.

④ **(−)측정단자**

직류전압, 전류 측정시의 (−)단자이고, 교류전압 측정시와 출력전압 측정시의 공통(common)단자가 된다. 저항 측정시에는 계기 내부전지로 부터 전류가 흘러나오는 단자가 된다. 이 단자에는 측정용 흑색 리이드선을 접속해서 사용한다.

⑤ **(+)측정단자**

직류전압, 전류 측정시의 (+)단자이고, 교류전압 측정시에도 사용되는 단자이며 저항 측정시에는 계기 내부전지로 전류가 흘러들어가는 단자가 된다. 이 단자에는 측정용 적색 리이드선을 접속해서 사용한다.

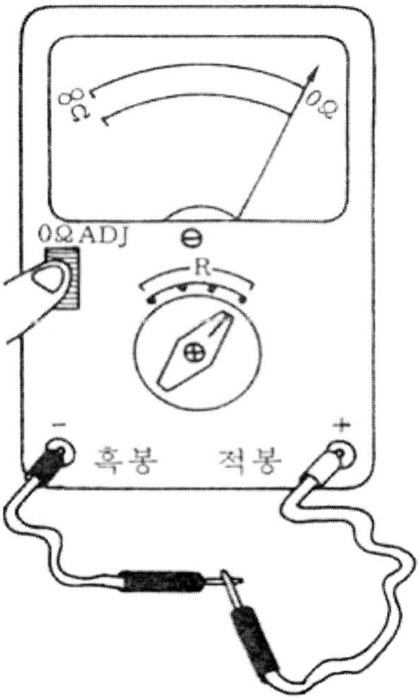

〈 0[Ω]조정 〉

⑥ **극성 전환스위치**

직류전압, 전류 측정시 (+)(−)단자의 극성이 바뀌었을 때는 지침이 눈금판의 좌측으로 움직이는데 이 때는 테스터 리이드의 접속을 바꾸어 주거나 이 스위치를 전환시키면 된다.

⑦ **0[Ω]조정기 (0[Ω] Adjust)**

저항 측정시 측정용 두 리이드를 단락시키면 단자사이의 저항이 0[Ω]이 된다. 이때 가장 오른쪽 끝에 있는 눈금의 저항 0[Ω]선에 지침이 일치해야 하는데 이것을 맞추기 위한 조정기로서 내부전지와 직렬로 들어 있는 가변저항기이다. 0[Ω]조정은 저항측정 레인지를 바꿀 때 마다 꼭 조절해야 하며 저저항 조정 레인지에 놓았을 때 지침이 0[Ω]선까지 가지 않을 때에는 내부전지가 모두 소모된 경우가 대부분이므로 전지를 교환하도록 한다. 그대로 두면 전지의 누액으로 전극이 오염되어 테스터의 성능이 저하될 우려가 있으니 주의해야 한다.

⑧ **측정범위 확대단자**

측정범위 선택스위치를 최대로 선택한 경우 측정할 수 있는 전압, 전류보다 더 큰 전압(1 ~ 5[kV]), 전류(10[A])를 측정하고저 할 때 (−)측정단자 대신 이곳에 리이드를 접속하여 사용하는 단자이다.

1-2. 아나로그 테스터 사용 시 주의사항

1) 사용하기 전에 전환 스위치의 위치를 확인한다. 즉, 전류레인지나 Ω[ohm] 레인지 상태에서 전압을 측정하면 계기가 파손되므로 특히 유의해야 한다.
2) 미지의 전압이나 전류측정시에는 우선 가장 큰 측정범위의 레인지를 사용하여 대략의 수치를 알고 난 후에 적절한 레인지를 선택해서 정확히 측정하도록 한다.
3) 회로에 전압이 공급되어 회로가 동작 중인 상태에서 저항을 측정해서는 안된다. 또한 저항 측정은 눈금의 중앙 부근이 가장 정확하며 저항 측정레인지의 낮은 레인지일수록 피측정 저항에 큰 전류가 흐르도록 (예 : ×1000R …140[μA], ×100R … 1.4[mA], ×R … 140[mA]) 되어 있으므로 트랜지스터나 다이오드 등의 시험에는 특별한 주의를 필요로 하며 고저항 측정레인지를 사용하도록 한다. 또 IC는 저항측정을 하지 않도록 한다.
4) 커패시터 측정시에는 반드시 방전시킨 다음에 하고 출력단자를 사용한 후에는 출력단자와 공통단자를 단락하여 미리 방전시켜 둘 필요가 있다
5) 전압측정시 측정범위 선택스위치의 위치에 따라 계기의 내부저항이 달라지므로 고저항 회로의 측정시에는 측정범위의 설정에 따라 측정치가 달라진다, 따라서 지시치를 정확히 읽을 수 있는 한도 내에서 가급적 높은 레인지를 사용하고 측정치에는 반드시 계기의 측정레인지를 괄호 속에 첨가 기록하도록 한다. 눈금판의 아래쪽에 레인지 또는 교류나 직류별로 1[V]당의 내부저항이 DC 20[kΩ/V], AC 8[kΩ/V]등으로 표기되어 있으므로 측정레인지의 위치에 따라 최대측정 전압눈금치를 곱하면 그 때의 내부저항을 알 수 있게 된다.

1-3. 아나로그 테스터에 의한 각종 측정방법

1) 저항 측정

① 용도 및 측정범위 선택

테스터의 용도선택 스위치를 저항(Ω)의 위치로 하고 측정범위 선택은 가장 낮은 레인지에서 높은 레인지 쪽으로 전환하면서 측정시 지침이 눈금판 중앙부에 올 때 정지시킨다.

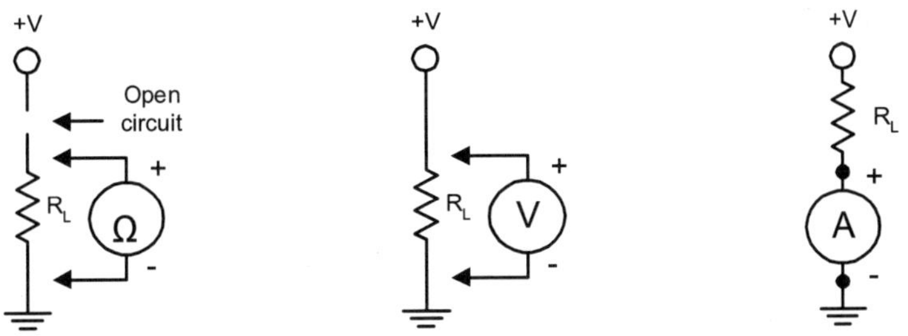

(a) 저항측정　　(b) 직류전압 측정　　(c) 직류전류 측정

[그림 2-2] 테스터에 의한 측정방법

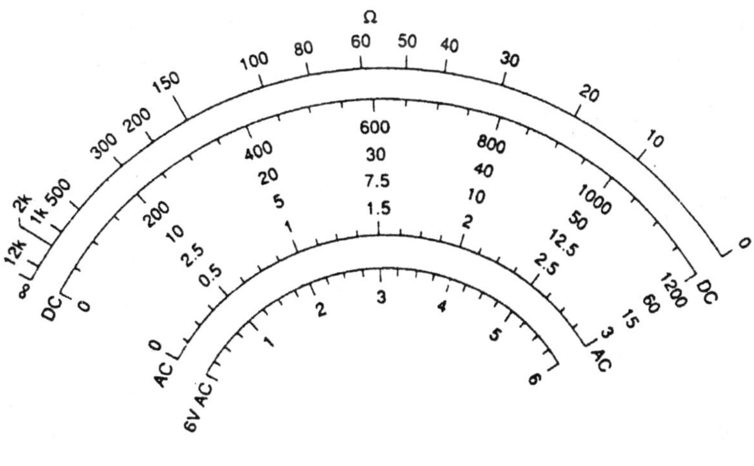

[그림 2-3] 테스터의 눈금판

② 0[Ω] 조정

상기 테스터 기능에서 말한대로 0[Ω] 조정기를 조정하면 되는데, 이 조정은 측정범위 선택레인지를 전환할 때마다 실시해야 한다.

③ 측정방법

그림 2-2(a)와 같이 회로에서 전원을 제거한 후 저항양단에 병렬로 테스터를 접속시켜 측정하는데 (+)(−)극성에 유의 할 필요는 없다.

④ 측정치 읽는 법

상기 과정을 거쳐 측정한 결과가 아래와 같을 때 저항치를 읽는 방법은 다음과 같다.

측정범위선택스위치 위치; 1[kΩ]
저항 눈금(맨 상단)상의 지침 위치; 10
→ R = 10 × 1[kΩ] = 10[kΩ]

이와 같이 측정된 저항값은 지침위치의 눈금 × 측정범위 선택스위치의 위치로 하여 읽으면 된다.

2) 직류(DC)전압 측정

① 기계적 영점 조정

외부와 아무런 접속이 없는 상태에서 테스터의 영점이 조정되어 있는지를 확인하라(전압, 전류측정 시는 반드시 고려해야 한다).

② 용도 및 측정범위 선택

용도선택 스위치를 DC[V]에 놓고 측정범위 선택스위치는 높은 레인지에서 시작하여 지침이 읽기에 적당한 위치에 올 때까지 레인지를 낮추어라.

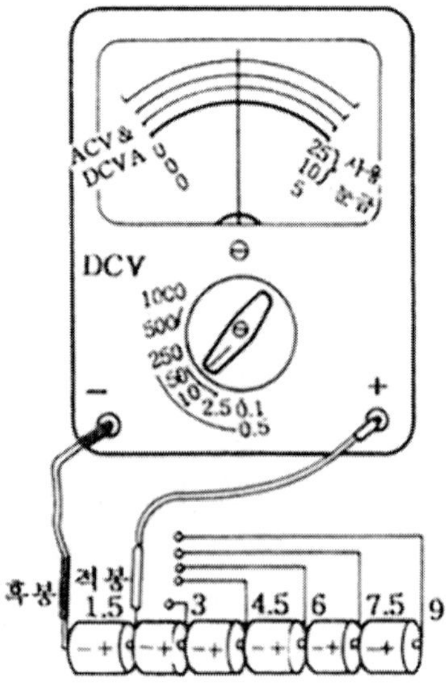

〈 직류전압 측정회로 〉

③ 측정방법

그림 2-2(b)와 같이 회로의 측정 점에 병렬로 테스터 리이드를 접속하라. 이 때는 (+) (−)의 극성에 유의하라. 만일 지침이 반시계방향으로 움직이면 테스터 리이드를 바꾸어 접속하든지 극성 전환스위치를 전환시켜라.

④ **측정치 읽는 법**

상기 과정을 거쳐 측정된 결과가 아래와 같을 때 직류전압치를 읽는 방법은 다음과 같다.

측정범위선택스위치; 25[V]
직류전압눈금(DC눈금)상의 지침위치; 150 →

이 때는 DC눈금의 상단 최대치 250[V]가 25[V]를 가리키므로 지시치는 15[V]가 된다. 만일 측정범위 선택스위치를 100[V]에 놓았을 때 지침위치가 상기와 같았다면 이때는 DC눈금의 상단 최대치 10[V]가 100[V]를 가리키므로 지시치는 60[V]가 된다.

3) 교류전압 측정

교류전압은 직류전압측정과 같으나 용도선택스위치를 AC[V]에 놓고 (+)(−)극성에 상관없이 측정점에서 전압을 측정하여 읽으면 된다.

측정치 읽는 법은 AC눈금 상에서 행하고 그 방법은 직류전압 측정시와 같다.

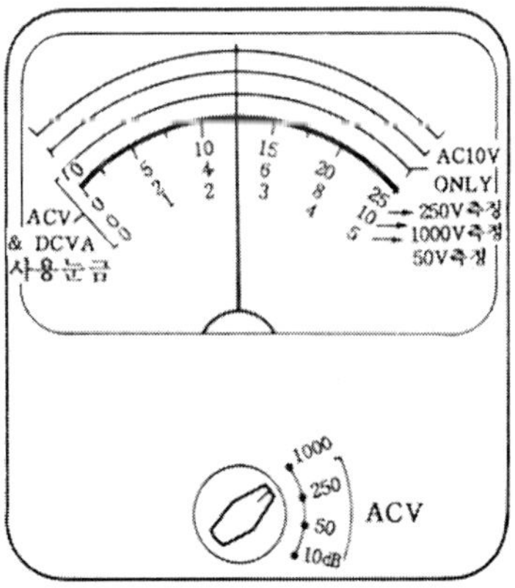

〈 교류전압 측정방법 〉

4) 직류전류 측정

① **용도 및 측정범위 선택**

용도선택스위치를 DC[mA]에 놓고 측정범위 선택스위치는 높은 레인지에서 시작하여 지침이 읽기에 적당한 위치에 올 때까지 레인지를 낮추어 가라.

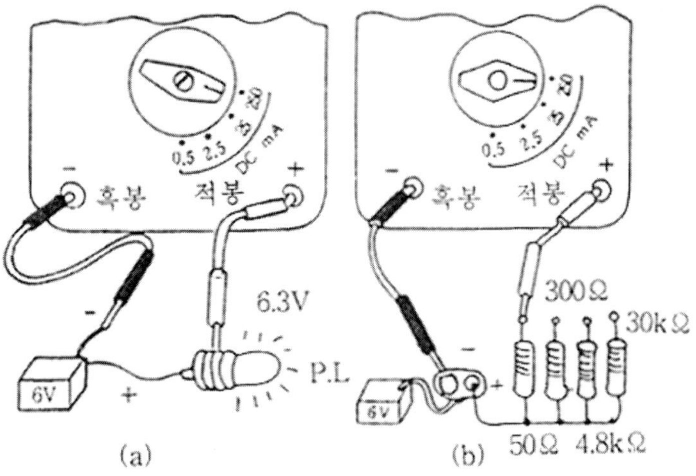

〈 직류전류 측정회로〉

② **측정방법**

그림 2-2(c)와 같이 측정점을 개방하고 그 사이에 테스터 리이드를 삽입하라. 이때 (+)(−)극성에 유의하라. 만일 전압측정과 같은 방법으로 하면 테스터가 파손될 경우가 많으므로 이 점을 특히 주의해야 한다.

③ **측정치 읽는 법**

직류전압 측정시와 같다.

5) Diode의 극성 판별법

Diode는 그림 2-4와 같이 P형 반도체와 N형 반도체의 접합으로 주어지는데 P형 쪽에 (+)의 전위를 가해 주는 것을 순방향 바이어스를 건다고 말한다. 순방향 바이어스가 인가된 다이오드에는 애노우드(Anode)에서 캐소우드(Cathode)를 향해 전류가 형성된다. 즉, 이 때 다이오드의 내부저항은 극히 적다.

한편, P형 쪽에 (−)전위를 가해 주는 것을 역방향 바이어스를 건다고 말하는데 이때 다이오드에는 전류가 거의 형성되지 않는다. 즉, 다이오드 내부저항이 거의 ∞상태가 된다.

이 사실을 이용하여 테스터로서 다이오드의 저항을 측정하여 다이오드의 극성인 애노우드와 캐소우드를 식별해 낼 수 있다.

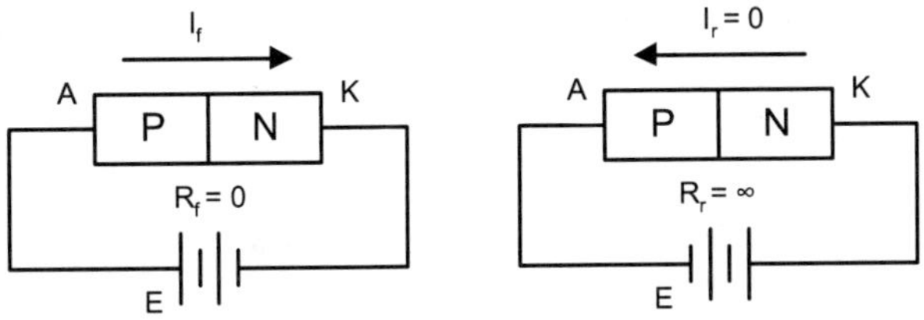

[그림 2-4] 다이오드의 바이어스

테스터로서 다이오드의 극성을 판별하는 방법을 그림 2-5에 나타내었는데 이때 테스터는 전원의 역할을 하며, (+)리이드가 전원의 (−)에, (−)리이드가 전원의 (+)에 해당된다. 만일 다이오드 양단에 테스터를 그림 2-5와 같이 접속한 때 저항이 그림과 같이 주어졌다면 저항은 거의 0[Ω]이므로 순방향바이어스가 공급된 상태가 된다. 이 때 (+)전압 인가측(테스터 리이드의 흑색)이 애노우드가 된다. 따라서 그 반대쪽이 캐소우드가 될 것이다. 만일 이와 같이 측정한 결과 저항이 ∞[Ω]으로 주어졌다면 역방향바이어스가 공급된 상태가 될 것이고 이 때는 (−)전압 인가측(테스터 리이드의 적색)이 애노우드가 된다.

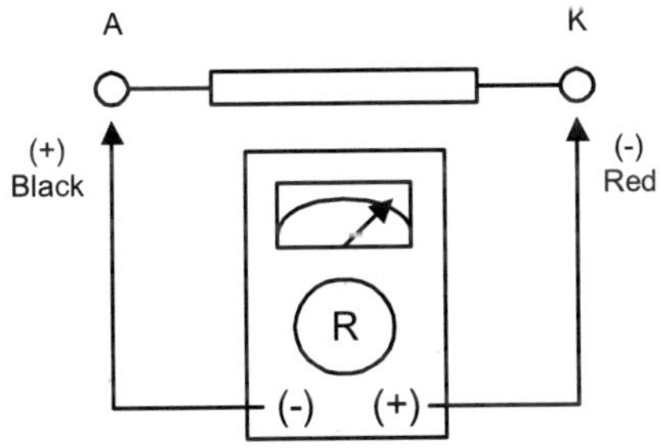

[그림 2-5] 테스터로서의 다이오드 극성 판별법

또한, 정류소자는 테스터를 저항계로 두고 리이드의 극성을 반대로 하여 2번 측정하는데 그 때 측정된 두 저항값의 차가 클수록 정류특성, 검파특성이 좋다고 판단한다. 주의할 점은 고저항 레인지를 사용하여 적은 전류로 측정해야 한다.

6) 트랜지스터의 형명과 극성판별법

그림 2-6과 같이 트랜지스터는 3단자소자이므로 테스터를 저항계로 하여 리이드를 접속해서 측정할 수 있는 방법이 다수 있다. 이 때 테스터 리이드의 접속된 색과 측정된 저항치로서 트랜지스터의 형명과 극성을 판정할 수 있다.

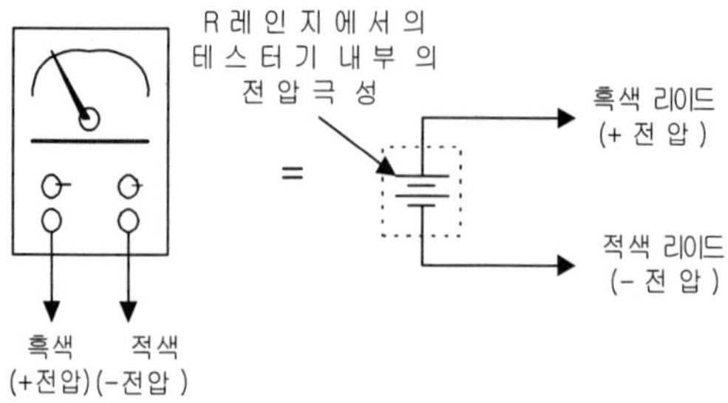

(a) 테스터 내부의 극성

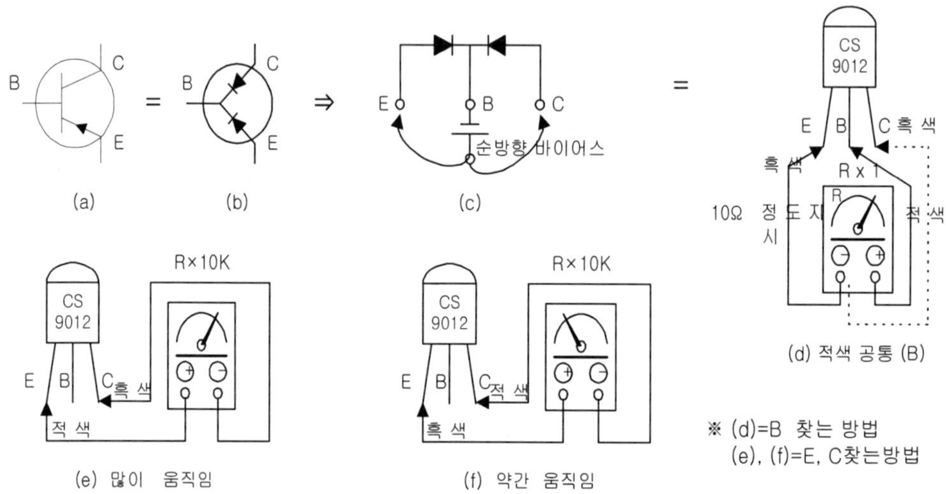

(b) PNP형 트랜지스터의 극성 판별

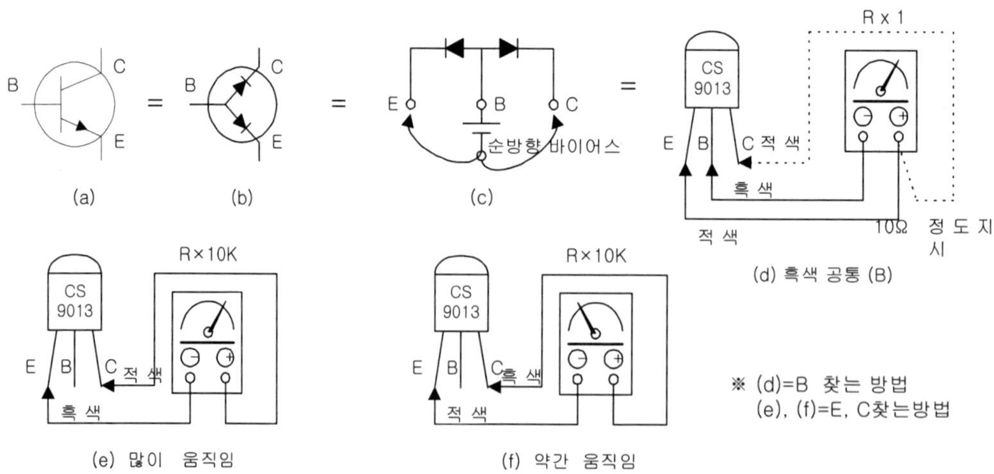

(c) NPN형 트랜지스터의 극성 판별

[그림 2-6] 테스터에 의한 트랜지스터의 형명과 극성판별

1-4. 실 험

1) 저항(R), 전류(I), 전압(V)의 측정

① 주어진 저항을 보고 먼저 색대표시로 저항 값을 읽어 표 2-1에 기록하라.
② 테스터를 이용하여 저항치를 측정한 후 표 2-1에 기록한 후 앞서 읽은 값과 일치하는지를 확인하라.
③ 그림 2-7의 회로를 구성하라.

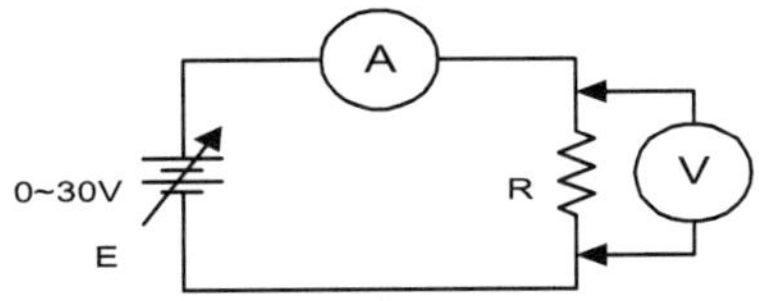

[그림 2-7] 시험회로

④ 다음 표 2-2에 주어진 값에 대해 옴의 법칙을 이용하여 결과를 계산한 후 기록하라. 또 실험을 실시한 후 그 결과도 표에 기록하라.
⑤ 표 2-2의 결과로 부터 옴(ohm)의 법칙이 성립함을 확인하라.

2) 다이오드 및 트랜지스터의 극성과 형명 판별

① 주어진 2개 다이오드의 애노우드(Anode)와 캐소우드(Cathode)를 테스터를 사용하여 판독하라. (단, 테스터 레인지는 1000R에 두라.)
② 표 2-3과 같이 순·역방향저항을 측정한 후 두 다이오드 중 어느 것의 특성이 양호한지 비교하라.
③ 주어진 2개의 트랜지스터의 극성을 판정하고 또한 NPN형인지 PNP형인지를 표 2-3에 기록하라.

1-5. 디지털 테스터(멀티메터)

디지털 멀티메터(DMM)은 아나로그 테스터와 같이 직류전압, 교류전압, 직류전류, 저항 등을 측정한다. 이 외에도 다이오드를 테스터 한다거나 정전용량, 주파수, 온도 등을 측정할 수 있는 것도 있다.

1) 특징

디지털 멀티메터의 특징은 다음과 같다.

- 입력임피던스가 높다.
- 측정레인지에 따른 임피이던스의 변화가 적다.
- 측정정도(精度)가 높다.
- 개인차에 의한 측정치를 읽는데 오차가 적다.

또 쉽게 최대치와 최소치 및 평균치를 측정할 수 있고, 기종에 따라서는 정현파 이외에 구형파, 삼각파, 충격파, 정류파 등의 실효치도 측정할 수 있다. 또한 측정 트리거단자 GP-IP나 EIA-232 등의 외부제어 인터페이스를 갖고 자동측정이 가능한 기종도 있다.

이와 같이 여러 가지의 측정이 가능하고 정도가 높은 측정이 쉬우므로 전자회로의 설계 외에도 자동해석장치나 생산라인의 자동측정기로서 사용되어지고 있다.

이외에도 PC와의 인터페이스나 측정하고져 하는 신호를 접속시키는 것만으로 전류를 측정할 수 있는 클램프형, 동시에 두개의 파라미터를 측정하여 표시할 수 있는 듀얼 디스플레이형, 주파수측정이 가능한 카운터, 아나로그 테스터보다 적은 외형의 핸디형과 포켓형 등이 있다.

2) 내부구성

그림 2-8과 같이 적분회로나 피이크검파회로 등의 입력단 신호처리회로와 A-D컨버터, CPU, 기준클럭발진기로 구성되어 있다. 측정은 마이콘으로 부터의 지시에 의한 샘플링주파수로 데이터를 수집하고 그 데이터를 마이콘으로 처리하여 표시한다.

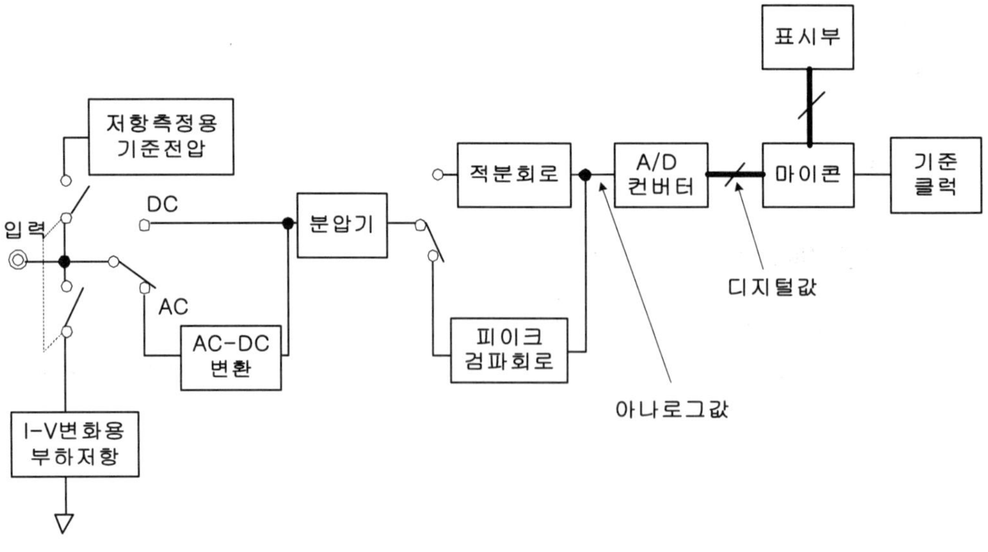

[그림 2-8] 디지털멀티메터의 내부블럭도

실험 결과보고서

교과목명		조편성	
실험제목		공동실험자	
담당교수		학 번	
실험일자	년 월 일(요일)	이 름	

[표 2-1]

	표 시 치[Ω]	측 정 치[Ω]
저 항(1)		
저 항(2)		
저 항(3)		
저 항(4)		
저 항(5)		

[표 2-2]

저 항[Ω]	전 압[V]	전 류[A]	
		계 산 치	실 측 치
1 [kΩ]	5 [V]		
	10 [V]		
	15 [V]		
	20 [V]		
10 [kΩ]	5 [V]		
	10 [V]		
	15 [V]		
	20 [V]		

[표 2-3]

	형 명	순 방 향[Ω]	역 방 향[Ω]	순·역 저항비	양부 판정
Diode(1)					
Diode(2)					

	Tr1	Tr2
형 명		
극 성	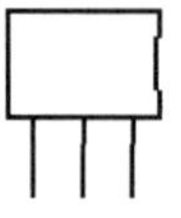 ( )( )( )	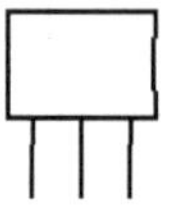 ( )( )( )

실험 후 검토

2 오실로스코우프(Oscilloscope)

오실로스코우프의 공식명칭은 음극선 오실로스코우프(Cathode Ray Oscilloscope)로서 시간적으로 회로 내에 변화하는 전기적인 신호를 스크린 상에 파형으로 나타내어 전기적인 변화를 측정, 분석하는데 사용되는 계측기 이다.

또한, 오실로스코우프는 일반계기로 측정할 수 없는 높은 주파수, 펄스, 충격성 전압 및 전류 등의 각종 파형을 관측할 수 있고 증폭기의 각종 일그러짐 등을 관측할 수 있기 때문에 응용범위가 대단히 넓다.

최근에는 아나로그에서 디지털로 이행하여 디지털오실로스코우프가 많이 사용된다. 디지털오실로스코우프는 강력한 트리거기능을 갖고 단발현상을 포착해서 기록해 줄 뿐만 아니라 디지털 영상처리능력에 따라 각종 파형을 해석할 수 있다.

특히 최근에는 여러 가지 센서가 개발됨에 따라 전기, 전자 및 통신 분야 이외의 기계나 의학 등의 여러 분야에서도 응용되고 있다.

● 아나로그 오실로스코우프의 작동원리

① 그림 2-9와 같이 두장의 극판사이에 직류전압을 가하고 전자를 출발시키면 전자는 "+"측 극판을 향하여 포물선운동을 하는 것을 알 수 있다.

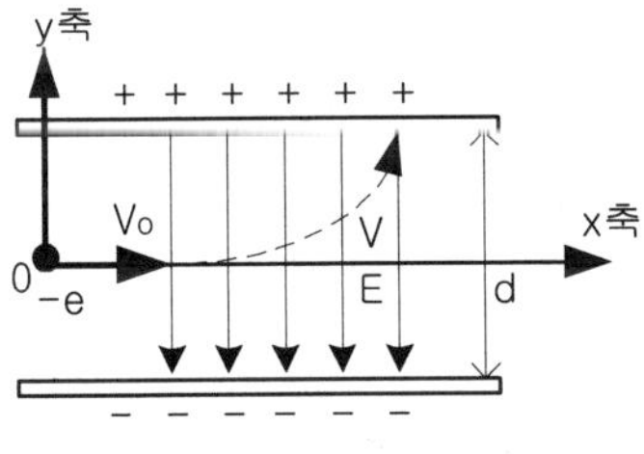

전계 $E = \frac{V_o}{d}$, y방향 힘 $F = eE[N]$

t[s]후 $x = V_o t[m]$

$y = \frac{1}{2}at^2 = \frac{1}{2}\frac{eV}{md}t^2\,[m]$

[그림 2-9] 정전 평향의 원리

식을 정리하면 $y = \frac{eV}{2mdV^2}x^2[m]$

② 그림 2-10과 같이 수직 축에 1[Hz]의 정현파를, 수평축에 1[Hz]의 톱니파를 가하면 정현파에 의한 운동은 상하로, 톱니파에 의한 운동은 좌측에서 우측으로 향하므로 결국 휘선은 벡터 합성되어 좌측에서 우측으로 이동하며 스크린에 정현파를 그린다.

③ 수직 · 수평 파형의 위상이 동시에 시작하지 않으면 보기 좋은 파형을 만들 수가 없기 때문에 수직 축 미지의 주파수 중 일부를 취하여 내부 발진주파수와 동기시켜 발진하게 하는 트리거 발진방식을 실제회로에서는 사용하고 있다(그림 2-11 참조).

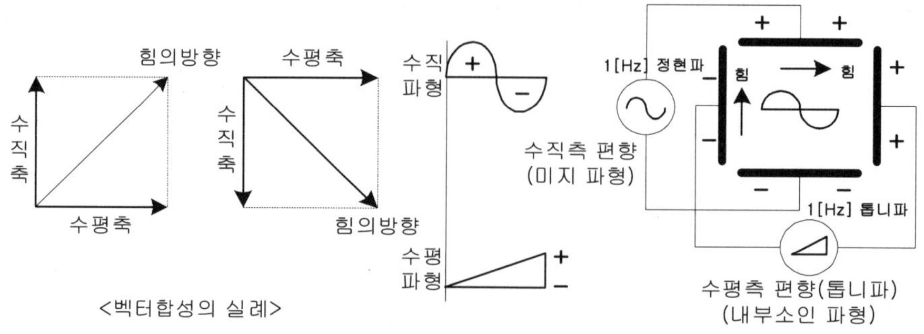

[그림 2-10] 수직, 수평 편향에 의한 파형표시

④ 영상신호, 즉 휘선은 브라운관의 컨트롤 그리드를 조절하여 휘선의 밝기(intensity)만을 바꾸고 있다.

⑤ EXT단자는 내부 소인발진기를 정지시키고 외부발진기를 이용할 때 쓰는 접속점이다.

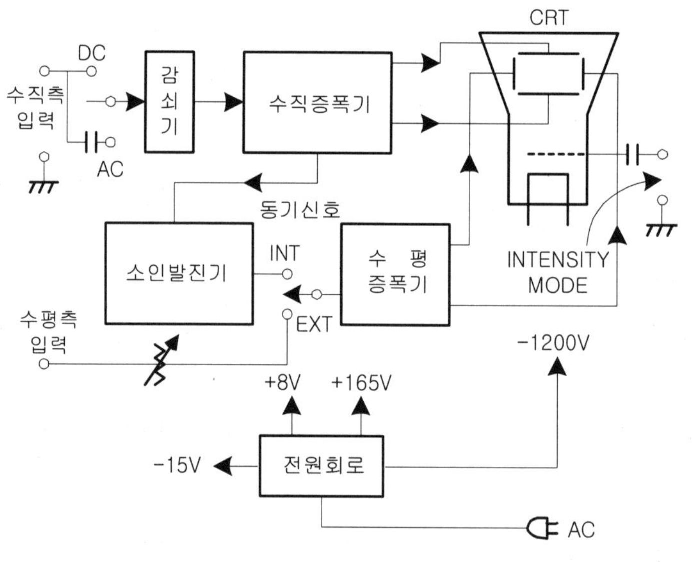

[그림 2-11] 오실로스코우프의 내부회로 결선도

2-1 외부단자 및 기능

오실로스코우프 전면의 외관을 그림 2-12에 나타내었다. 각 스위치의 기능은 다음과 같다.

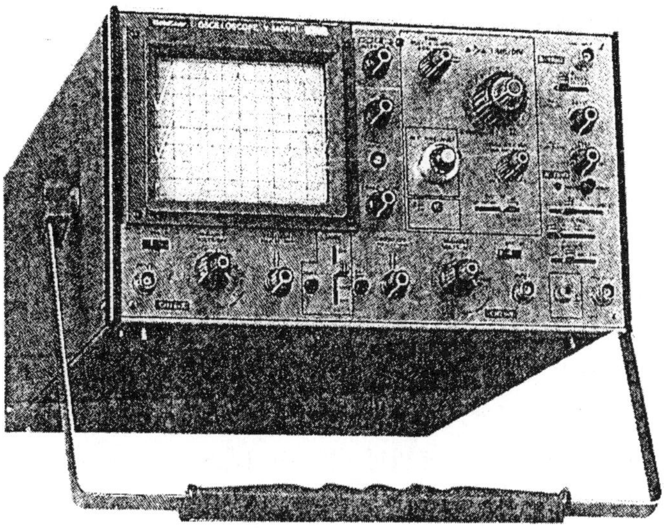

[그림 2-12] 아나로그 오실로스코우프의 진면 외관.

ⓐ **전원** : CRT의 동작을 위해 적절한 전력을 공급한다.

ⓑ Focus : 관면 파형의 촛점을 조정한다.

ⓒ Intensity : 관면의 휘선 또는 휘점의 밝기를 조정한다.

ⓓ Trace Rotation : 수평휘선을 격자선의 평행에 맞추어 주는 반고정 조정기이다.

ⓔ Scale illumination : 오실로스코우프를 어두운 곳에서 동작시키거나 특별히 사진 등을 찍을 경우 관면내의 눈금을 선명하게 나타내고져 할 때 사용하는 조정기이다.

ⓕ CH1(X) Input : CH1의 수직축 입력단자이며 X-Y 동작시는 X축(수평방향)의 입력단자이다.

ⓖ CH2(Y) Input : CH2의 수직축 입력단자이며 X-Y 동작시는 Y축(수직방향)의 입력단자이다.

ⓗ AC-GND-DC : 입력신호와 수직증폭기의 결합을 선택하는 스위치로서 일반적으로 DC위치에 놓고 사용한다.

① AC : 직류성분은 제거되고 교류성분만 화면에 나타난다.

② GND : 수직증폭기 입력이 접지되고, 입력단자는 개방된다.

③ DC : 직류및 교류성분 모두가 화면에 나타난다.

ⓘ VOLT/div : 수직축의 감도를 전환한다.

ⓙ VARIABLE : ×5 MAG 스위치와 공동인 미세조정기이다(손잡이를 당기면 증폭기의 감도가 5배로 됨).

ⓚ POSITION : 휘선 또는 휘점의 수직위치를 결정하는 조정기이다.

ⓛ MODE : 수직축 동작 선택스위치로서 2개 이상의 선택스위치(Channel)를 가진 오실로스코프에서 수직증폭기 동작방식을 결정한다.

① CH1 : CH1의 증폭기만 동작하여 화면에는 CH1에 가해진 신호만 나타난다. CH1의 파형을 볼 때는 트리거 공급원(Trigger Source)의 손잡이를 수직모드(V.MODE) 또는 CH1으로 한다.

② CH2 : CH2의 증폭기만 동작하여 화면에는 CH2에 가해진 신호만 나타난다. CH2의 파형을 볼 때는 트리거 공급원(Trigger Source)의 손잡이를 수직모드(V.MODE) 또는 CH2로 한다.

③ ALT : 휘선이 반복될 때마다 CH1과 CH2에 입력된 신호가 교대로 나타난다. 이는 소인시간이 짧은 경우의 고주파 측정시 사용한다.

④ CHOP : CH1과 CH2에 입력된 신호가 소인시간에 관계없이 약 250[Hz]주기로 번갈아 나타나므로 소인시간이 긴 경우의 저주파 측정시 사용한다.

⑤ ADD : CH1과 CH2에 입력된 두 신호의 대수합이 나타난다.

ⓜ SOURCE **선택스위치** : 동기신호를 선택한다.

① INT : CH1과 CH2에 입력된 신호가 동기신호원이 된다.

② LINE : 전원주파수에 동기되는 신호를 측정할 때 사용한다.

③ EXT : 외부신호가 동기신호가 되고, 이것은 수직축 신호와 상관없이 특수한 목적으로 동기시킬 때 사용한다.

ⓝ INT. TRIG **선택스위치** : CH1과 CH2에 입력된 신호로서 동기시키고자 할 때 사용한다.

① CH1 : CH1에 입력된 신호가 동기신호원이 된다.

② CH2 : CH2에 입력된 신호가 동기신호원이 된다.

③ VERT : 주파수가 상이한 두 신호를 동시에 동기시키고 측정할 때 사용하며, 이 때는 CH1과 CH2의 신호가 교대로 동기신호원이 된다.

ⓞ TRIG MODE : 트리거방식을 결정하는 스위치로서 트리거회로에 연결되는 소인신호의 동작방식을 결정하는 조정기이다. 기본적으로 자동(AUTO)위치와 정상(NORMAL)위치가 있는데 오실로스코프의 종류에 따라서는 단소인(signal sweep)위치와 고정(FIX)위치의 선택스위치도 갖추고 있다.

① AUTO : 동기신호가 있을 때는 정상적으로 동기된 소인이 얻어지고 파형은 정지한

다. 신호가 없거나 동기가 안된 경우에도 소인은 자동적으로 발생한다. 이 위치는 일반적인 경우에 사용하기가 편리하다.

② NORMAL : 동기된 소인은 얻을 수 있으나 동기신호가 없거나 동기가 안되면 소인은 발생하지 않는다. 낮은 주파수에서 효과적인 동기를 시키고자 할 때 편리한 위치다.

③ TV(V) : TV 신호의 완전한 수직신호에 동기시킬 때 사용한다.

④ TV(H) : TV 신호의 완전한 수평신호에 동기시킬 때 사용한다.

ⓟ LEVEL : 트리거 레벨 조정기로서 관측파를 정지(동기시킴)시키고 동시에 앞부분을 조정하며 SLOPE의 (+),(−)를 선택한다.

ⓠ TIME/div : 소인시간을 설정하는 스위치로서 X−Y단자는 리샤쥬(Lissajous) 도형을 관측할 때 사용한다.

ⓡ SWP VAR : 소인시간의 미세조정기로서 CAL위치에서 소인시간이 교정된다.

ⓢ POSITION : 휘선의 수평위치를 결정하는 조정기로서 앞으로 당겼을 때 배율은 ×10배가 된다.

ⓣ TRIG 입력부 : 외부동기신호를 사용하기 위한 입력부이다.

ⓤ CAL 0.5V : 교정을 위한 1[kHz] 0.5[V]의 구형파 출력단자이며 프로브(Probe 10:1) 교정시 사용한다.

2-2. 아나로그 오실로스코우프 사용법.

1) 측정전 오실로스코우프의 기능 스위치 조정

전원플러그를 소켓에 꼽고 각 스위치를 다음과 같이 조정하라.

ⓐ Intensity, Power On 스위치 : Off

ⓑ Focus : 중앙위치

ⓒ CH1,CH2의 결합스위치(AC−GND−DC coupler) : GND

ⓓ 상하 Position : 각각 중앙위치

ⓔ Mode : CH1

ⓕ A Time/div : 0.5 [mS/div]
B Time/div(가운데 돌출부분) : 완전히 시계방향

ⓖ 좌우 Position : 중앙위치

ⓗ Display : A

ⓘ Hold Off : 반시계방향

ⓙ A Trig : Auto
ⓚ Trigger coupler : AC
ⓛ Trigger source : CH1

이상의 스위치들이 잘 조정되었는지를 한번 더 확인한 후 Power On 스위치를 켜면 전원 표시램프에 불이 들어오고 잠시 후 화면에 밝은 휘선이 나타난다. 이 때 Intensity와 Focus를 조절하여 적당한 밝기로 가장 선명한 휘선이 주어지도록 조정한다. 다음 결합스위치를 DC 또는 AC로 옮기고 CH1에 접속된 프로우브(probe)를 통해 측정점에서의 측정을 시행하면 된다.

2) 전압과 주파수의 측정

오실로스코우프 관면 상에는 그림 2-13과 같이 수직, 수평 쪽으로 큰 눈금(1칸 = 1cm)과 작은 눈금(1칸 = 0.2 cm)이 새겨져 있다. 관면 상에 관측된 전압파형의 전압값은 파형의 피이크-피이크간의 수직눈금의 수(또는 cm)에 측정시 설정한 VOLTS/div을 곱해 주므로 계산할 수 있다.

예를 들어, 그림 2-13(a)에 나타낸 정현파와 같이 진폭이 4칸(4cm)이고 조정자가 1 V/div으로 조정되어 있었다면 피이크-피이크전압은

$$4\text{칸}(4cm) \times 1\ v/div = 4\ [V_{P-P}]$$

가 된다. 만일 VOLTS/div이 0.5V/div으로 조정되어 있었다면 전압은

$$4\text{칸}(4cm) \times 0.5\ v/div = 2\ [V_{P-P}]$$

가 된다.

그림 2-13(b)의 구형파인 경우에도 마찬가지로 계산할 수 있다.

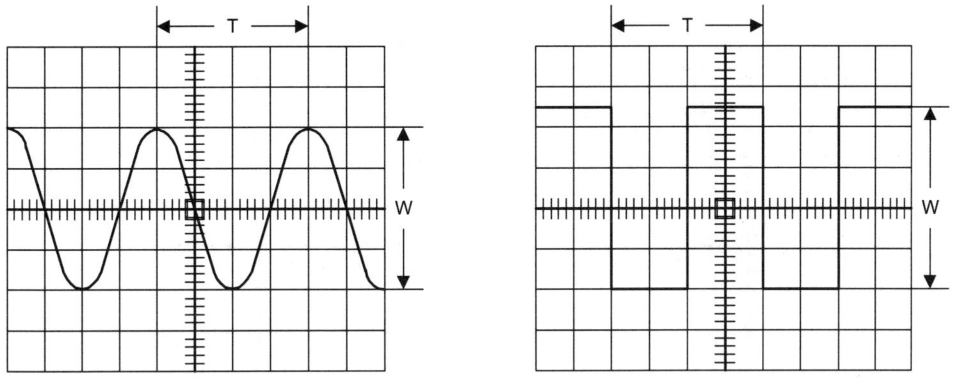

(a) (b)

[그림 2-13] 관측파형의 전압, 주파수계산법

관면 상에 관측된 전압파형의 주파수는 파형의 한 주기간의 수평눈금수(또는 cm)에 측정 시 설정한 Time/div을 곱하면 관측파형의 주기가 계산되고 이의 역수를 취하면 주파수가 계산된다. 예를 들어 그림 2-13에 나타낸 정현파와 같이 수평눈금수 4칸(4cm)이고 Time/div이 1[mS]로 조정되어 있었다면 주기 T는

$T=$ 4칸$(4cm)\times\ 1\ ms/div\ =4$ [ms]가 되어 주파수는 다음과 같이 계산된다.

$$f=\frac{1}{T}=\frac{1}{4ms}=250[\text{Hz}]$$

만일 Time/div이 100[μS]로 조정되어 있었다면 주기 T와 주파수 f는

$$T=4\text{칸}(4cm)\times 100\mu s/div=400[\mu s]$$

$$f=\frac{1}{T}=\frac{1}{400\mu s}=2.5[kHz]$$ 가 된다.

2현상(dual-trace) 오실로스코우프는 그림 2-14와 같이 입력신호와 출력신호를 동시에 관측할 수 있어 출력의 일그러짐현상이나 두 신호간의 위상천이 등을 알아보기가 쉽다.

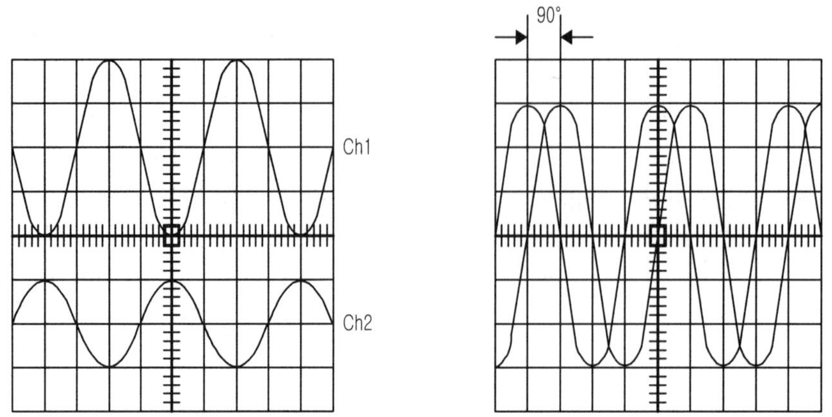

(a) (b)

[그림 2-14] 2현상(Dual-trace) 오실로스코우프의 입출력신호관측

2-3 디지털 오실로스코우프

1) 특 징

아나로그 오실로스크우프에 A/D컨버터와 메모리를 탑재시킨 것. 이 가장 큰 특징이다.

디지털 오시로스코우프는 그림 2-15와 같이 입력신호를 A/D변환 한 디지털·데이터를 기억하여 파형으로 표시한다. 측정 가능한 주파수대역내의 신호라면 밝고 선명한 파형표시를 얻을 수 있다.

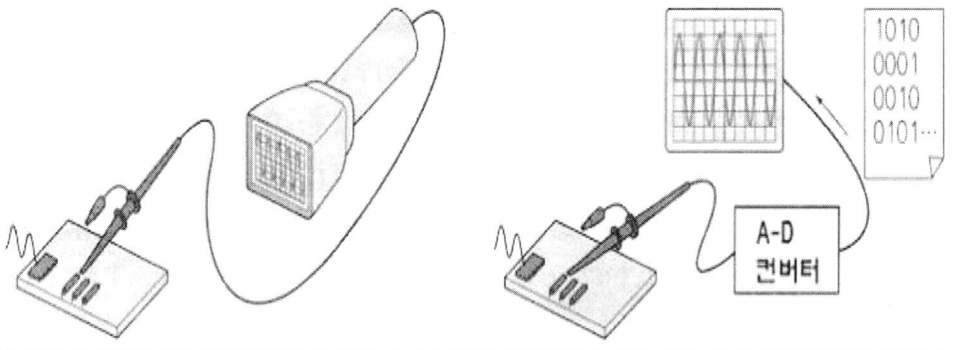

(a) 아나로그 오실로스코우프는 신호를 그대로 표시한다.

(b) 디지털 오실로스코우프는 신호를 샘플링한 후에 파형을 생성한다.

[그림 2-15] 아나로그 오실로스코우프와 디지털 오실로스코우프의 차이

측정 가능한 주파수대역은 반복되는 신호인 경우 오실로스코우프 내부의 증폭기 등의 아나로그대역(−3dB)으로 결정된다. 펄스나 스텝등의 단발현상이나 과도현상인 경우는 샘플링 · 데이터로 제한된다.

디지털 오실로스코우프는 샘플링방법의 차이나 파형데이터 처리표시의 차이 등에 따라 몇 가지로 구분된다. 여기서는 가장 일반적인 디지털 · 스토레이지 · 오실로스코우프(DSO)의 동작원리에 대해 설명한다.

2) 디지털 오실로스코우프(DSO)의 동작원리

DSO의 동작원리를 그림 2-16에 나타내었다. DSO는 단발현상을 받아들여 관측할 수 있을 뿐만 아니라 받아들인 신호의 파형 데이터를 오실로스코우프 내부나 외부의 컴퓨터로 처리하여 해석 · 보존 · 출력할 수 있다. 단 DSO는 일반적으로 실시간의 표시가 불가능하다.

① DSO의 입력부분

입력신호는 아나로그 오실로스코우프와 같이 수직증폭기로 증폭한다. 수평회로 내의 A/D컨버터는 일정간격으로 신호를 샘플링하여 디지털로 변환시킨다. 샘플링 간격은 수평회로의 클럭으로 결정된다.

② A/D 컨버터로부터 출력된 데이터

파형포인터로 결정하여 메모리에 보존시킨다. 복수의 샘플로 하나의 파형포인터를 구성하는 경우도 있다. 복수의 파형포인터가 모여 파형레코드가 구성되고 파형레코드의 시작점과 종료점은 트리거로 결정된다.

③ 메모리에 보존된 파형포인터

마이크로프로세서로 처리한 후 디스플레이로 보내 파형을 표시한다. 마이크로프로세서는 신호처리, 표시기능과 전면 판넬의 제어 등을 행한다.

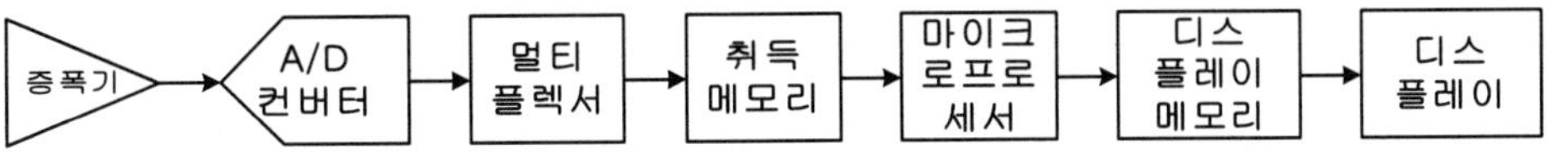

[그림 2-16] DSO의 동작 개요

3 신호발생기(Signal generator)

신호발생기는 정현파, 펄스파, 삼각파 등의 여러 가지 교류파형을 발생시키는 장치로 회로에 신호를 인가하거나 고장수리 시 필수도구로 사용된다. 이 신호발생기에는 가청주파발생기(20[Hz]~200[KHz])와 그 이상의 주파수를 발생시키는 고주파신호발생기(RF generator) 및 함수발생기(function generator)가 있다. 여기서는 가청주파발생기의 외관과 각 부의 기능을 알아보고 기본적인 사용방법에 대해 알아본다.

3-1. 신호발생기의 외관과 각부의 기능

신호발생기의 일종인 가청주파신호발생기(Audio signal generator)의 기본적인 조절기와 그 기능은 다음과 같다.

① **네온 램프**(NEON LAMP) : 전원의 ON, OFF상태를 램프의 불로 표시한다.
② **전원**(POWER) : 슬라이드 스위치로 전원을 공급, 차단하는 단자이다.
③ **출력감쇄기**(OUTPUT ATT[dB]) : 출력레벨⑧과 조합해서 감쇄기로 사용되는 단자로 0, −20, −40[dB]까지 주어진다.
④ GND : 접지(−)단자이다.
⑤ **출력단자**(OUTPUT) : 출력단자로 약 600[Ω]의 출력임피이던스를 가진다.
⑥ **파형**(WAVE FORM) : 출력파형을 선택하는 단자로 정현파와 구형파의 선택이 가능하다.
⑦ **주파수범위선택 레인지**(FREQ RANGE) : 주파수범위를 선택할 수 있다.

×1 → 20[Hz] ~ 200[Hz]
×10 → 200[Hz] ~ 2[kHz]
×100 → 2[kHz] ~ 20[kHz]
×1000 → 20[kHz] ~ 200[kHz]

⑧ **출력레벨**(OUTPUT LEVEL) : 출력신호의 전압의 크기를 조절할 수 있다.
⑨ **주파수**(FREQUENCY) : 눈금판의 지시바늘을 움직여 주파수를 미세 조정할 수 있다.
⑩ **눈금판**(SCALE PLATE) : 발진 신호의 주파수를 나타내는 눈금이다.
⑪ **지침** :

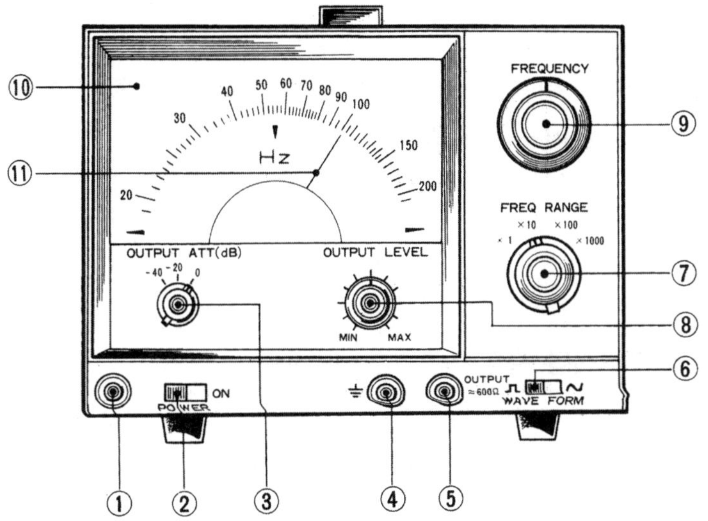

(a) 가청주파발생기의 외관

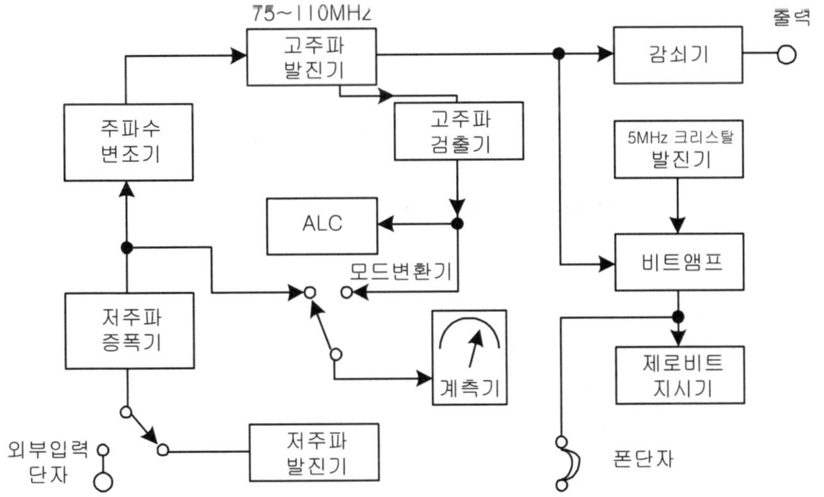

(b) 표준 신호발생기의 구성도

[그림 2-17] 신호발생기

3-2. 사용방법

전원을 ON하고 정현파 1[kHz], 진폭 1[Vp-p]인 신호를 출력단자에서 발생시켜 보자.

파형(⑥)을 정현파 쪽으로 옮기고 주파수범위선택레인지(⑦)를 ×10에 놓고 주파수(⑨)를 조정하여 지침이 눈금판의 100에 오도록 조절하면 1[kHz]의 주파수를 갖는 정현파가 발생된다. 다음 오실로스코우프를 출력단자(⑤)에 접속하고 출력레벨(⑧)을 조절하면서 오실로스코우프를 관측하여 1[Vp-p]가 되게 맞추면 된다.

4 실험순서

1) 직류전압 및 교류전압 측정

① 오실로스코우프를 측정 전 기능스위치 조정방법에 따라 조정하라.

② 그림 2-18(a)의 회로를 구성하고 표 2-4(a)에 열거한 R_2에 대하여 Vo를 오실로스코우프로 측정하여 표 2-4(a)에 기입하라.

③ 테스터로 Vo를 측정하여 표 2-4(a)에 기입하라.

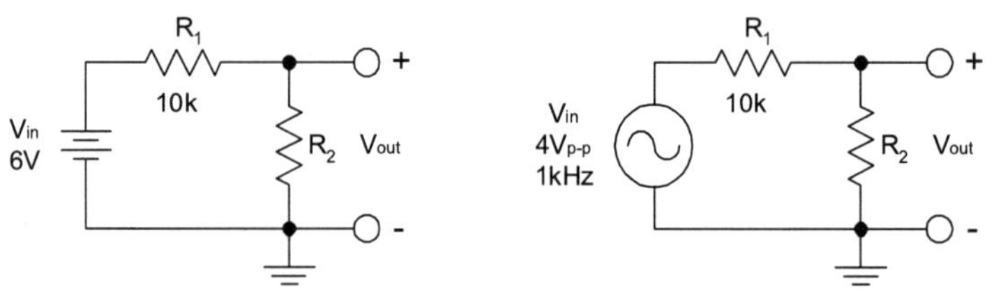

(a) 직류전압 측정 (b) 교류전압 측정

[그림 2-18] 전압측정 회로

④ 그림 2-18(b)의 회로를 구성하고, 신호발생기의 출력을 4[Vp-p], 1[kHz] 로 조절하라.

⑤ 표 2-4(b)에 열거한 R_2저항에 대해 Vo양단의 AC전압을 오실로스코우프로 측정하여 표 2-4(b)에 기입하라.

⑥ 또, 테스터로 Vo를 측정하여 표 2-4(b)에 기입하라.

2) 주기 및 주파수의 측정

① 신호발생기의 출력을 오실로스코우프의 수직입력단자(CH1)에 접속하라.

② 신호발생기의 출력을 2[Vp-p]정현파로 하고 표 2-5에 주어진 주파수를 발생시켜 오실

로스코우프상에 나타나는 파형을 관측하여 그래프용지에 파형을 그려라. 이때 그래프 아래에는 반드시 VOLT/div, Time/div을 기록해야 한다. 또 실제 그 파형의 주기와 주파수를 계산하여 표 2-5에 기록하라.

③ 신호발생기에서 발생시켜 입력한 주파수와 실측하여 계산한 주파수가 같은지 확인하라.

실험 결과보고서

교 과 목 명		조 편 성	
실 험 제 목		공동실험자	
담 당 교 수		학 번	
실 험 일 자	년 월 일(요일)	이 름	

[표 2-4 (a)]

R_2		2[kΩ]	4.7[kΩ]	10[kΩ]	20[kΩ]	47[kΩ]
오실로스코우프로 측정한 v_o[V]	이론치					
	실험치					
	오 차					
테스터로 측정한 v_o[V]	이론치					
	실험치					
	오 차					

[표 2-4 (b)]

R_2		2[kΩ]	4.7[kΩ]	10[kΩ]	20[kΩ]	47[kΩ]
이 론 치 v_o [V]	계산치					
	실효치					
오실로스코우프로 측정한 v_o[V]	실험치					
	실효치					
	오 차					
테스터로 측정한 v_o[V]	실험치					
	오 차					

f=1〔kHz〕

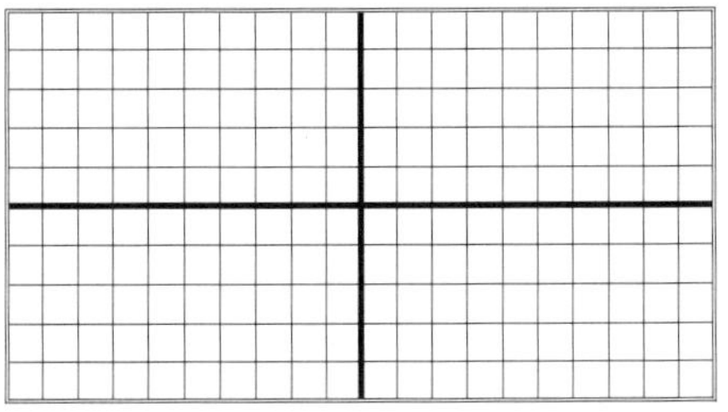

f=10〔kHz〕

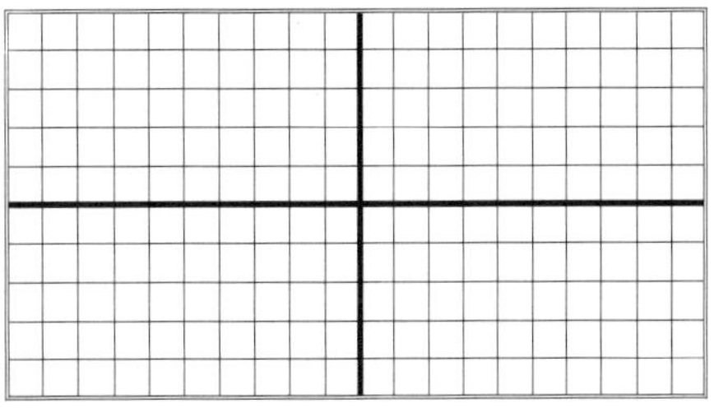

f=30〔kHz〕

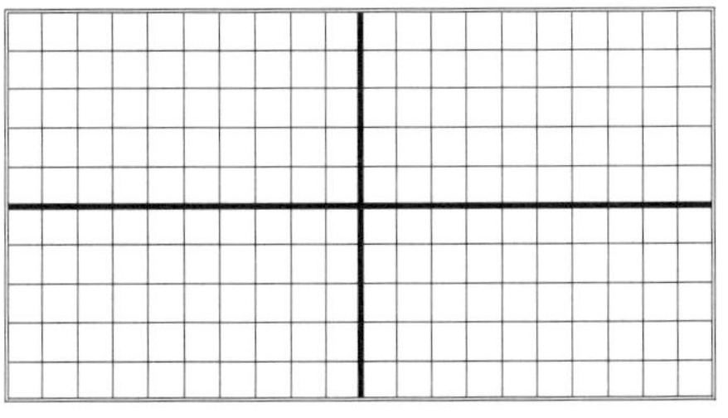

[표 2-5]

신호 주파수	주 기(T)	주피수(f)
1〔kHz〕		
10〔kHz〕		
30〔kHz〕		

실험 후 검토

실험 2-2 직류회로 측정

1 실험목적

저항의 직 · 병렬 합성 값을 계산하는 방법과 옴의 법칙 및 키르히호프의 법칙을 실험을 통해 이해시켜 회로망 내의 전압, 전류를 해석하는 방법을 알아본다.

2 관련이론

2-1. 옴의 법칙

1) 그림 2-19와 같은 전기회로에서 흐르는 전류 I[A]는 저항 양단에 가한 전압 또는 전위차 V[V]에 비례하고 저항 값 R[Ω]에 반비례한다. 이를 식으로 나타내면 다음과 같다

$$I=\frac{V}{R},\quad R=\frac{V}{I},\quad V=I\times R$$

이 관계식을 옴의 법칙(Ohm's law)라 한다.

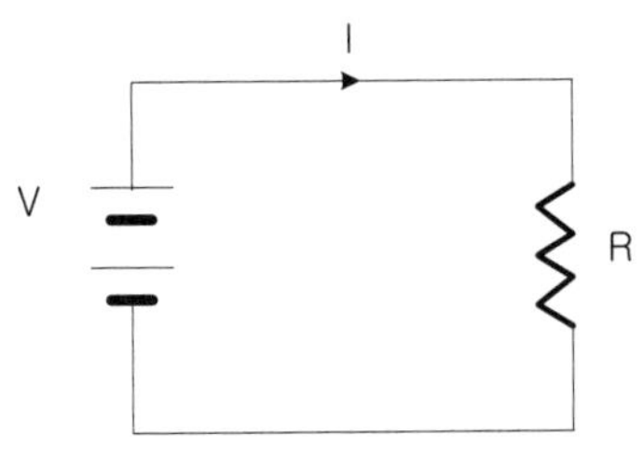

[그림 2-19] 전기회로

2) 직렬 연결된 저항의 합성값

그림 2-20과 같이 직렬 연결된 저항의 합성 값은 다음 식으로 구할 수 있다.

$$R_T = R_1 + R_2 + R_3$$

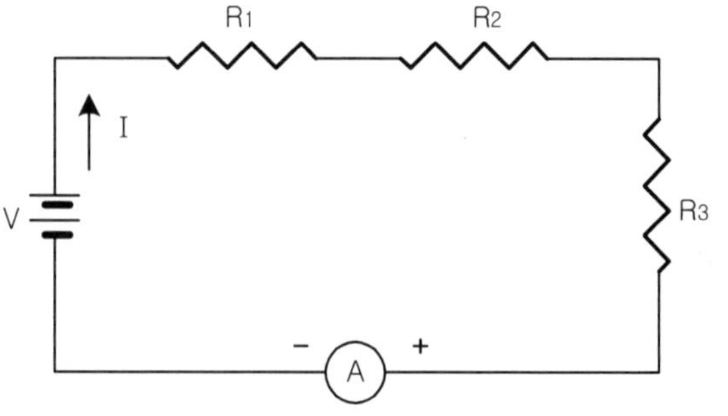

[그림 2-20] 직렬 연결 저항회로

3) 병렬 연결된 저항의 합성 값

그림 2-21과 같이 병렬 연결된 저항의 합성 값은 다음 식으로 구할 수 있다.

$$\frac{1}{R_T} = \frac{1}{R_1} + \frac{1}{R_2} + \frac{1}{R_3} = \frac{(R_2 \cdot R_3) + (R_1 \cdot R_3) + (R_1 \cdot R_2)}{R_1 \cdot R_2 \cdot R_3}$$

$$\therefore \ R_T = \frac{R_1 \cdot R_2 \cdot R_3}{(R_2 \cdot R_3) + (R_1 \cdot R_3) + (R_1 \cdot R_2)}$$

2-2. 키르히호프의 법칙

폐회로망에서 1개 이상의 전원이 저항이나 임피던스에 접속되어 있을 때 전류 법칙(제 1 법칙)과 전압법칙(제 2 법칙)을 이용하여 각 저항에 흐르는 전류 값을 계산할 수 있다.

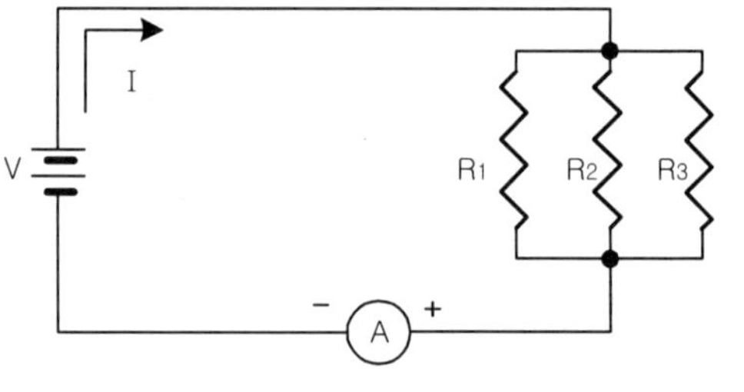

[그림 2-21] 병렬 연결 저항회로

1) 제 1 법칙 (전류 법칙)

회로망 중 임의의 접속점(마디)에 흘러 들어가는 전류의 대수의 합은 그 접속점으로 부터 흘러나오는 전류의 대수의 합과 같다.(그림 2-22 참조)

$$\Sigma I = 0$$

즉, $I_1 + (-I_2) + I_3 + I_4 + (-I_5) = 0$

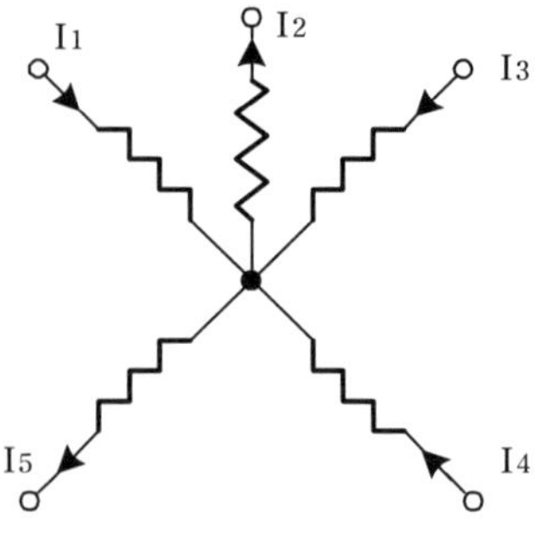

[그림 2-22] 키르히호프의 제1법칙

2) 제 2 법칙 (전압 법칙)

회로망 중 임의의 폐회로를 한쪽 방향으로 일주시켰을 때, 공급된 기전력의 합은 각 지도에서의 전압강하의 합과 같다.(그림 2-23 참조)

$$\Sigma V = \Sigma IR$$
$$V_1 - V_2 = R_1 I + (-R_2 I) + R_3 I + (-R_4 I) + R_5 I$$

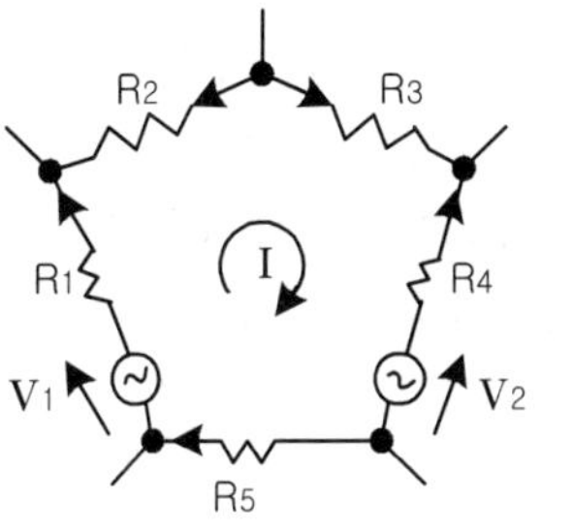

[그림 2-23] 키르히호프의 제2법칙

2-3. 사용기기및 부품

1) 전원공급장치 : 0~+30[V]
2) 회로시험기(V. O. M)
3) 저항 : 330[Ω]× 2, 470[Ω]× 2, 1[kΩ]× 2, 1.2[kΩ]× 2, 2.2[kΩ]× 2, 3.3[kΩ]× 2, 4.7[kΩ]× 2 (1/4[W])
4) 브레드보오드

2-4. 실험순서

1) 그림 2-24의 회로를 구성하라.

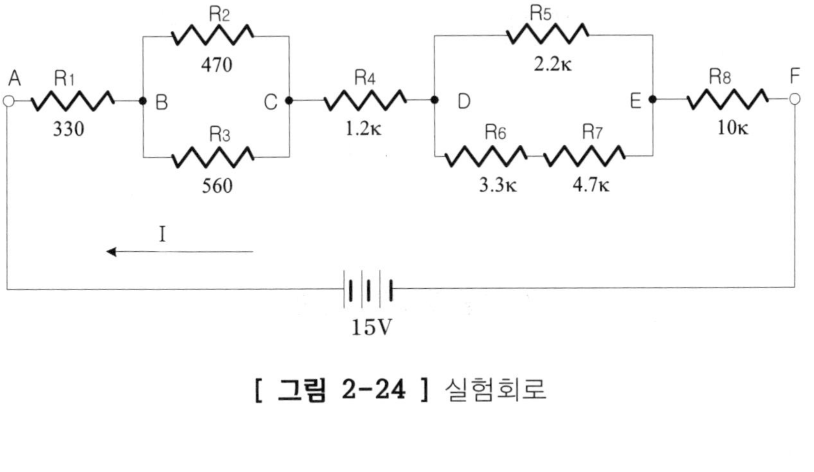

[그림 2-24] 실험회로

2) 회로의 합성 저항값을 계산하여 그 값을 구하고, 회로시험기로 저항값을 측정하여 표 2-6에 기록하라.
3) 직류전원공급장치로 15[V]를 회로에 인가한 후 각 측정점의 전압을 계산하고, 회로시험기로 측정하여 표 2-7에 기록하라.
4) 이 결과로부터 측정점에서의 옴의 법칙이 성립됨을 확인한다.
5) 각 저항을 통하여 흐르는 전류 값을 계산하고 전류계로 그 값을 측정하여 표 2-8에 기록하라. 이 때 다음 식을 참조하여 각 접속점에서 키르히호프의 법칙이 성립하는지 확인하라.

$$I_{R1} = I_{R2} + I_{R3} = I_{R4} = I_{R5} + (I_{R6,\ R7}) = I_{R8}$$

6) 그림 2-25(a)의 회로를 구성하라.

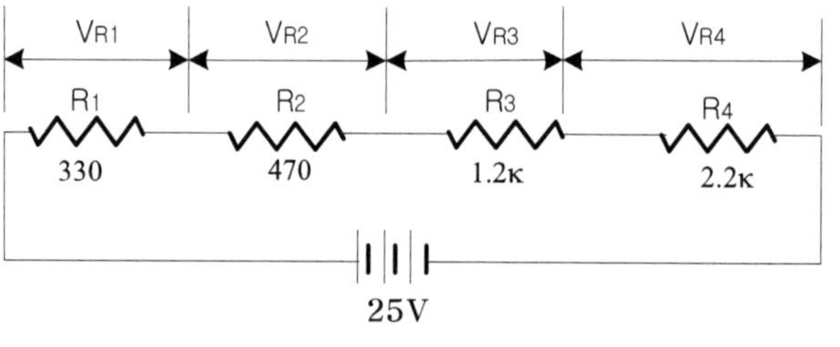

(a)

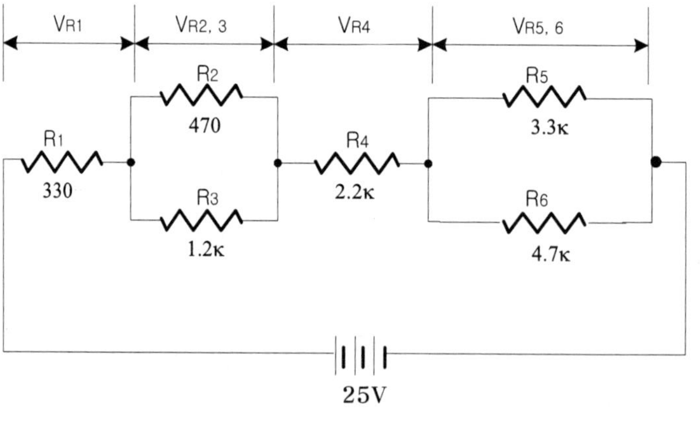

(b)

[그림 2-25] 실험회로

7) 회로에 25[V]를 인가한 후 다음 사항을 회로시험기로 측정하여 기록하라.

$$V_{R1}\ ,\ V_{R2}\ ,V_{R3}\ ,\ V_{R4}$$

8) 이 결과로 부터 각 측정점에서의 옴의 법칙이 성립된을 확인하라.
9) 그림 2-25(b)의 회로를 구성하라.
10) 회로에 25[V]를 인가한 후 다음 사항을 회로시험기로 측정하여 기록하라.

$$V_{R1}\ ,\ V_{R2,3}\ ,V_{R4}\ ,\ V_{R5,6}$$

11) 이 결과로부터 각 측정점에서의 옴의 법칙이 성립됨을 확인하다.
12) 그림 2-26의 회로를 구성하라.

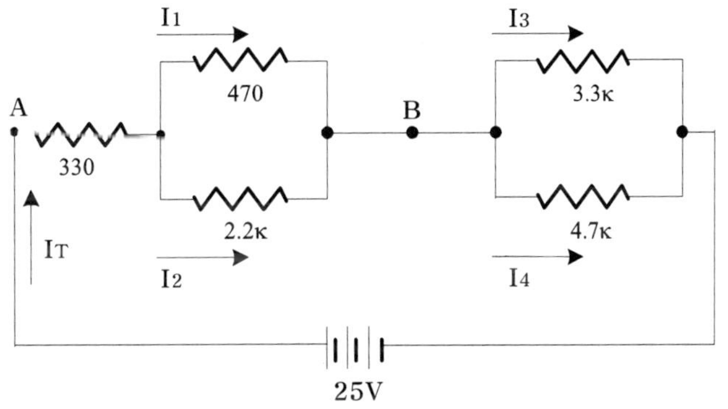

[그림 2-26] 실험회로

13) 회로에 24[V]를 인가한 후 다음 사항을 회로시험기로 측정하여 기록하라.

$$I_T\ ,\ I_1\ ,\ I_2\ ,\ I_3\ ,\ I_4$$

14) 결과로부터 측정점에서의 키르히호프의 법칙이 성립됨을 확인하라

실험 결과보고서

교 과 목 명	
실 험 제 목	
담 당 교 수	
실 험 일 자	년 월 일(요일)

조 편 성	
공동실험자	
학 번	
이 름	

[표 2-6]

저항값 / 저항	계 산 치[Ω]	측 정 치[Ω]
B C 간		
D E 간		
A F 간		

[표 2-7]

전압값 / 저 항	계 산 치[V]	측 정 치[V]
A B 간		
B C 간		
C D 간		
D E 간		
E F 간		

[표 2-8]

전류 \ 전류값	계 산 치[mA]	측 정 치[mA]
I_{R1}		
I_{R2}		
I_{R3}		
I_{R4}		
I_{R5}		
I_{R7}		
I_{R8}		

7) V_{R1} = ____________ [V], V_{R2} = ____________ [V]

V_{R3} = ____________ [V], V_{R4} = ____________ [V]

10) V_{R1} = ____________ [V], $V_{R2,3}$ = ____________ [V]

V_{R4} = ____________ [V], $V_{R5,6}$ = ____________ [V]

13) I_T = ____________ [mA], I_1 = ____________ [mA]

I_2 = ____________ [mA], I_3 = ____________ [mA]

I_4 = ____________ [mA]

실험 후 검토

실험 2-3 RC 스위칭 회로(미분회로, 적분회로)

1 실험목적

RC회로에 구형파를 입력한 경우 미분특성과 적분특성을 나타내는 회로의 구성 및 조건을 알아보고 파형변환에 대해 알아본다.

2 관련이론

2-1. 고역통과 RC회로

이 RC회로는 기본적으로 고역통과 RC회로인데 정현파 입력신호주파수가 극히 높은 경우에는 커패시터의 리액턴스가 크게 감소하여 입력이 거의 그대로 출력에 나타나고 주파수가 낮은 경우에는 커패시터의 리액턴스가 증가하여 출력신호 진폭이 작아진다. 특히 직류에 대해서는 리액턴스가 ∞가 되어 개방회로로 동작하므로 이때 커패시터를 **직류저지(DC blocking)커패시터**라 부른다. 이 회로가 입력과 출력측을 직류적으로 분리시키기 위한 결합(coupling)회로로 사용될 때에는 이 커패시터를 **결합커패시터(coupling capacitor)**라 부른다. 한편 회로의 **시정수(τ=RC)**가 입력신호의 변화시간 길이보다 작을 경우(τ<<T) **미분특성**이 주어지는데 그 이유는 다음과 같다. RC 회로에서 커패시터의 전하를 ±q라 하면

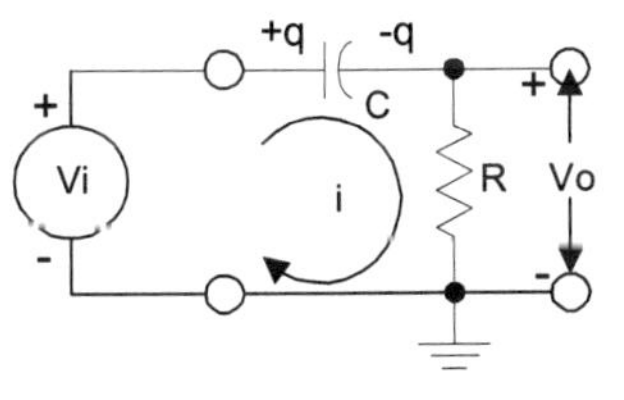

[그림 2-27] 고역통과 RC회로

$$v_i = \frac{q}{c} + v_o$$

이 식을 미분하면

$$\frac{dv_i}{dt} = \frac{1}{C}\frac{dq}{dt} + \frac{dv_o}{dt} = \frac{v_o}{RC} + \frac{dv_o}{dt}$$

$$\therefore \frac{dv_o}{dt} + \frac{v_o}{RC} = \frac{dv_i}{dt}$$

회로시정수(τ=RC)가 극히 작을 경우라면 첫째 항은 무시되므로

$$v_o = RC\frac{dv_i}{dt} \tag{2-1}$$

가 되어 출력은 입력의 도함수에 비례한다.

이 회로에 계단파(step wave)가 입력 되었을 때 응답을 살펴보면 그림 2-28과 같다.

단일 시정수회로에 직류가 인가되었을 때의 시간에 대한 출력의 기본식은 다음과 같다.

$$x(t) = x(\infty) + [x(0) - x(\infty)]\varepsilon^{-\frac{t}{\tau}} \tag{2-2}$$

따라서

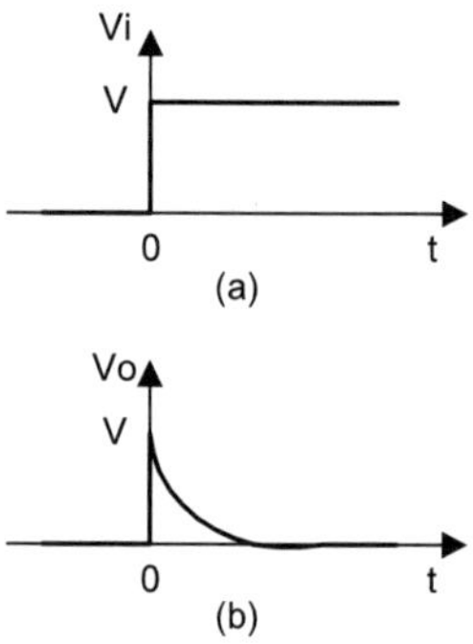

[그림 2-28] Step 파형에 대한 응답

$$v_o(t) = v_o(\infty) + [v_o(0) - v_o(\infty)]\varepsilon^{-\frac{t}{\tau}}$$

i) $t=0^-$: v_c는 연속성 때문에 0가 되므로

$$v_o(0^-) = 0$$

ii) $t=0^+$: v_i가 V로 갑자기 증가하므로

$$v_o(0^+) = V$$

iii) $t=\infty$: 커패시터는 직류를 저지하므로 최종치 전압은

$$v_o(\infty) = 0$$

이상을 상기 식에 대입하면 출력의 시간에 대한 변화식이 다음과 같이 주어지고 이 때 출력파형은 그림 2-28(b)와 같게 된다.

$$v_o(t) = V\varepsilon^{-\frac{t}{\tau}} \tag{2-3}$$

이와 같은 과도구간은 τ가 T에 비해 적으면 적을수록 짧아져 **스파이크(spike)**와 같은 파형을 얻을 수가 있다.

다음 방형파(Square wave)가 입력되었을 때의 응답을 살펴본다. 방형파에 대해서는 다음과 같은 형태로 출력파형이 얻어진다.

i) 출력파형의 평균레벨은 입력신호의 평균레벨에 관계없이 항상 0이다.
ii) 입력이 불연속적으로 V만큼 변화할 때 출력도 역시 V만큼 같은 방향으로 불연속적으로 변화한다.
iii) 입력레벨이 일정하게 유지되어 있는 기간에는 출력은 지수함수적으로 0을 향해 감쇄해 간다.

이상을 고려하여 응답을 고찰하면 그림 2-29의 (b)(c)(d)와 같은 출력이 얻어짐을 알 수 있다.

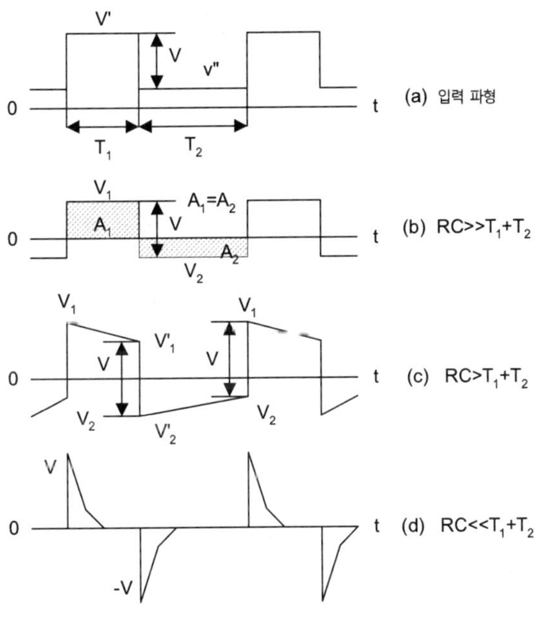

[그림 2-29] 방형파에 대한 응답

이상의 결과 입력신호를 충실히 전송하려면 RC≫T가 되어야하고 입력신호를 날카로운 **펄스(spike 또는 pip)**로 정형하려면 RC≪T 가 되어야 함을 알 수 있다. 방형파에 대한 미분파형은 스파이크파가 된다.

2-2. 저역통과 RC회로

이 RC회로는 커패시터의 리액턴스 때문에 저주파신호는 잘 전송할 수 있으나 고주파신호는 감쇄시키는 특성을 나타내므로 저역통과 RC회로라고 한다.

또 이 회로의 시정수(τ=RC)가 입력신호변화시간길이 T에 비해 극히 클 때 (τ>>5T)는 다음과 같은 이유로 **적분특성**을 나타내게 된다.

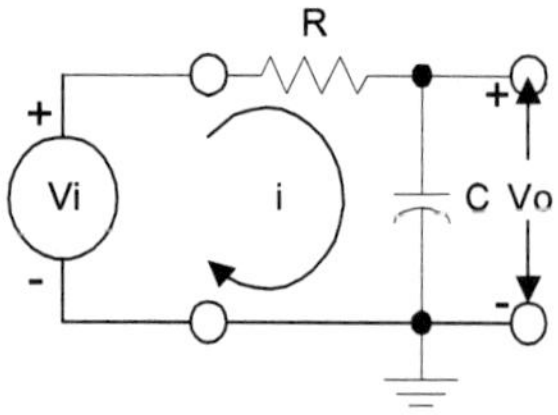

$$v_o = \frac{1}{C}\int i dt \text{ 이므로 } i = C\frac{dv_o}{dt}$$

회로에서

[그림 2-30] 저역통과 RC회로

$$v_i = v_o + v_R = v_o + Ri = v_o + RC\frac{dv_o}{dt}$$

만일 회로시정수(τ=RC)가 극히 큰 경우 vo는 무시 가능하므로

$$v_i = RC\frac{dv_o}{dt}$$

$$\therefore\ v_o = \frac{1}{RC}\int v_i\ dt \qquad (2-4)$$

여기서 이 회로에 계단파(step wave)가 입력되었을 때의 응답을 살펴보면 그림 2-31과 같다.

단일시정수회로의 출력응답의 기본식에서 다음 식이 주어진다.

$$v_o(t) = v_o(\infty) + [v_o(0) - v_o(\infty)]\varepsilon^{-\frac{t}{\tau}}$$

그림에서

i) $t=0^-$: $v_i=0$이므로

$$v_o(0^-) = 0$$

ii) $t=0^+$: v_i가 0에서 V로 급증하나 커패시터의 연속성 때문에

$$v_o(0^+) = 0$$

iii) $t=\infty$: 커패시터가 V까지 충전되므로

$$v_o(\infty) = V$$

가 되므로 상기 기본식에 대입하면 출력의 시간에 대한 변화식은 다음과 같고 이때 출력파형은 그림 2-31(b)와 같게 된다.

$$v_o(t) = V(1-\varepsilon^{-\frac{t}{\tau}}) \qquad (2-5)$$

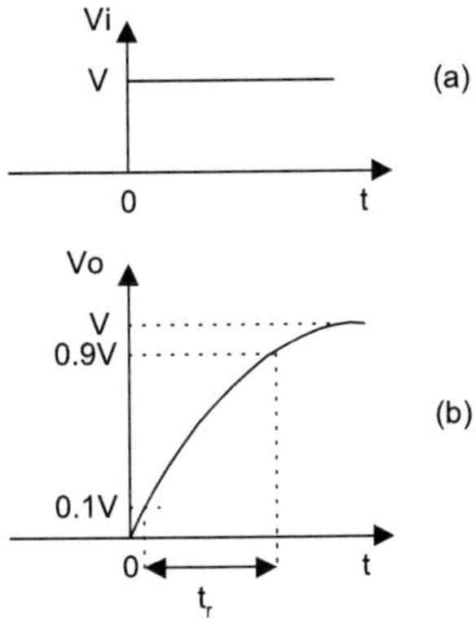

그림 2-31(b)의 출력파형에서 출력이 최종치의 10 %에서 90%까지 상승하는데 소요되는 시간을 **상승시간**(rise time : tr)이라 하는데 이것은 입력전압의 불연속적인 변화에 대해 회로가 얼마나 빨리 응답할 수 있는가를 나타내는 파라미터로 다음 식과 같이 주어진다.

$$t_r = 2.2\tau = 2.2RC = \frac{0.35}{f_2} \qquad (2-6)$$

(단, f_2는 3dB 주파수이다.)

[그림 2-31] Step파에 대한 응답

따라서 출력이 입력의 급격한 변화에 순응하려면 회로시정수는 극히 적게 할 필요가 있다. 다음 방형파 입력에 대한 응답을 살펴보면 그림 2-32와 같다.

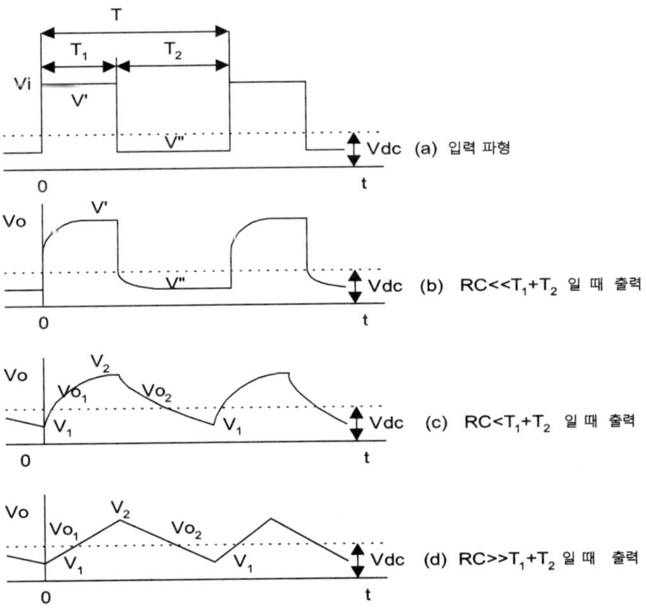

[그림 2-32] 방형파에 대한응답

이상의 결과, 입력신호를 충실히 전송하려면 RC≪T가 되어야 하고 입력신호를 **삼각파**로 정형화하려면 RC≫T가 되어야 함을 알 수 있다. 방향파에 대한 적분파형은 삼각파가 된다.

3 사용기기 및 부품

1) 신호발생기 : 20Hz ~ 1MHz
2) 오실로스코우프
3) 저항 : 10kΩ, 100kΩ, 1MΩ (0.5W)
4) 커패시터 : 0.1μF, 0.01μF, 0.001μF (15WV)

4 실험순서

1) 그림 2-33을 구성하라.

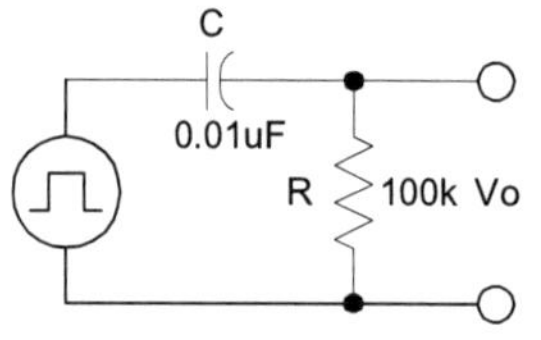

[그림 2-33]

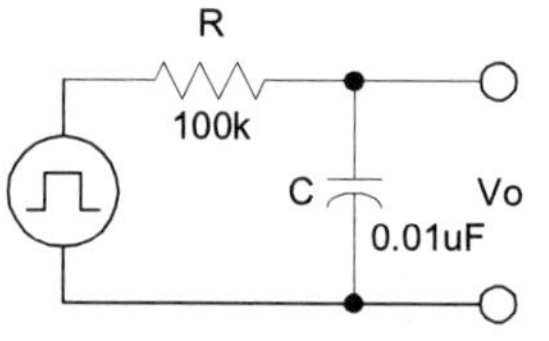

[그림 2-34]

2) 500Hz의 10Vp-p구형파를 입력단자에 공급하라.
3) 이 회로의 시정수를 계산하고 시정수와 입력파형의 주기사이의 비를 표 2-9에 기록하라. 출력파형의 2사이클을 그래프용지에 그려라.
4) 표 2-9에 나머지 R, C에 대해서도 2)~3)의 과정을 반복하라.
5) 그림 2-34의 회로를 구성하라.
6) 입력에 500Hz, 10Vp-p의 방형파를 공급하라.
7) 표 2-10에 이 회로의 시정수를 계산하고 RC/T를 기록하고 2사이클 동안의 출력파형을 그래프용지에 그려라.
8) 표 2-10에 나머지 R, C에 대해서도 과정 6)~7)을 반복하라.
9) 그림 2-35의 회로를 구성하라.
10) 500Hz, 10Vp-p의 구형파를 입력에 공급하라.

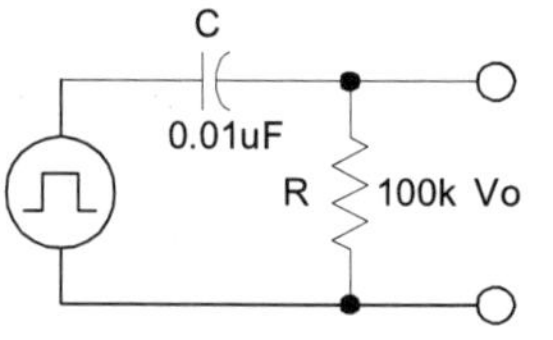

[그림 2-35]

11) 구형파의 주파수를 표와 같이 변화시켜서 각각에 대한 RC : T의 비를 계산하고 표 2-11에 기록하고 그 출력을 오실로스코우프로 관측하여 2사이클 동안의 출력파형을 그래프용지에 그려라.

실험 결과보고서

교 과 목 명	
실 험 제 목	
담 당 교 수	
실 험 일 자	년 월 일(요일)

조 편 성	
공동실험자	
학 번	
이 름	

3)~4)

[표 2-9]

R과 C	시정수	RC/T
C=0.01㎌ R=100㏀		
C=0.01㎌ R=1㏁		
C=0.1㎌ R=100㏀		
C=0.001㎌ R=100㏀		
C=0.001㎌ R=10㏀		
C=0.01㎌ R=10㏀		

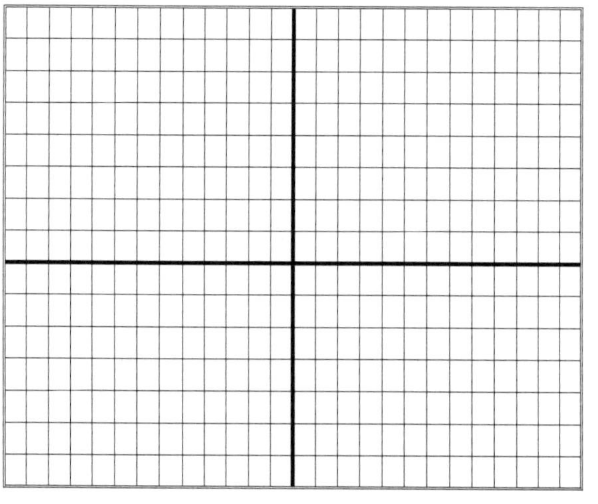

7)~8)

[표 2-10]

R과 C	시정수	RC/T
C=0.01μF R=100kΩ		
C=0.01μF R=1MΩ		
C=0.1μF R=100kΩ		
C=0.001μF R=100kΩ		
C=0.001μF R=10kΩ		
C=0.01μF R=10kΩ		

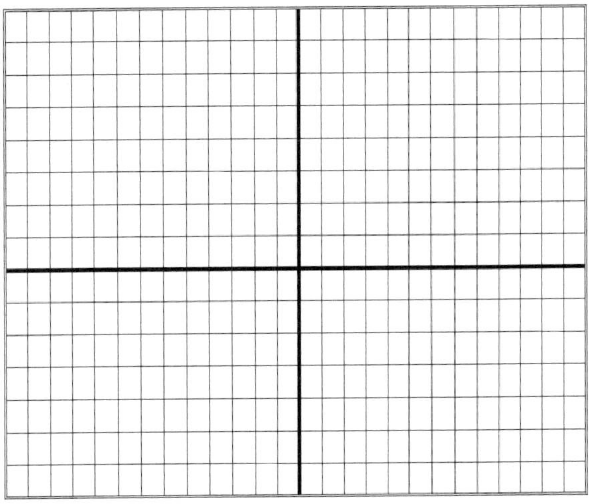

11) **[표 2-11]**

f[Hz]	RC/T
500	
10K	
200K	

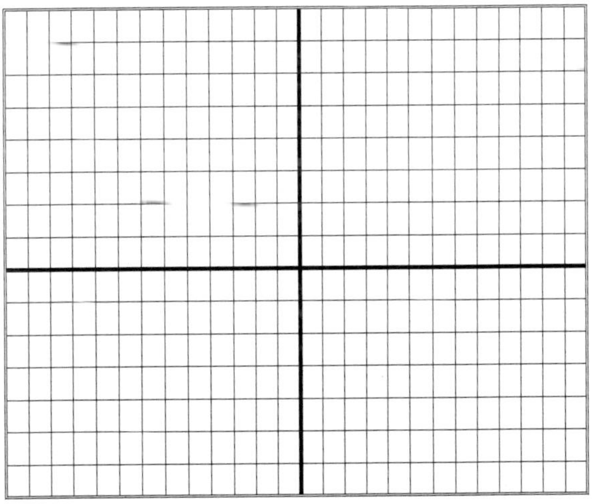

실험 후 검토

연 습 문 제

1. RC 직렬회로에 직류전압을 가해 줄 때 스위치를 on하는 순간 최대전류가 흐르는 이유를 설명하라.

2. 캐패시터 양단에 시정수의 2.2배가 될 때까지 직류전압이 인가되었다면 커패시터전압은 최종치 전압의 몇 %까지 충전되었는가?

3장

다 이 오 드

실험 3-1 다이오드의 특성

1 실험목적

다이오드의 순방향-역방향저항, 스위칭작용, I-V특성 및 다이오드의 직렬접속시 전압강하와 순방향다이오드의 단락효과에 대해 알아본다.

2 관련이론

2-1. PN접합 다이오드의 구조

다이오드를 제조하는 과정에서 Si 또는 Ge의 순수한 반도체 결정에 도우너와 억셉터 불순물을 교대로 도우핑(doping)시키면 그림 3-1과 같은 P형영역과 N형영역이 구성되이 접합을 이루게 되는데 이를 **PN접합**(PN junction)**다이오드**라고 한다. 이 때 P형영역을 **애노우드**(anode: A), N형영역을 **캐소우드**(cathode : K)라 부르며, 이 두 영역의 접합부 부근에는 공핍영역이 형성되어 전장이 발생되는데, 이를 **전위상벽**이라고 부른다.
이 다이오드의 도식적인 기호는 전류의 흐름 방향과 같이 애노우드에서 캐소우드 쪽으로의 화살표식으로 나타낸다. 또한, 실지 대부분의 다이오드에서는 두 단자의 식별을 쉽게 하기 위해 캐소우드쪽에 막대 표식을 하고 있다.

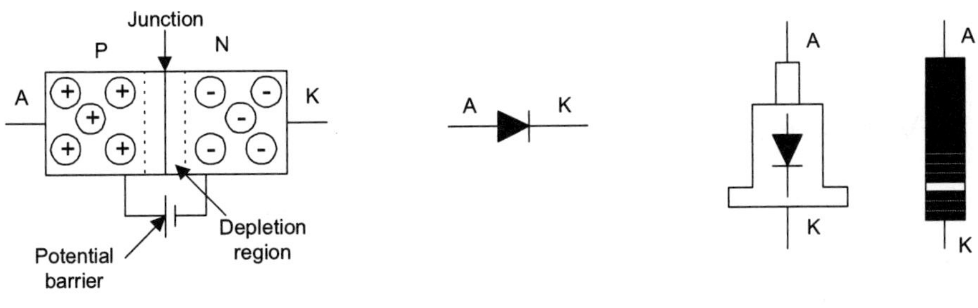

(a) PN접합 구조　　(b) 도식 기호　　(c) 단자 표시

[그림 3-1] 다이오드

2-2. PN접합 다이오드의 바이어스

PN접합 다이오드에 그림 3-2(a)와 같이 전원을 연결하면 N형 반도체의 다수캐리어인 전자는 N에서 P로, P형의 다수 캐리어인 정공은 P에서 N으로 이동하여 많은 전류를 형성시키는데, 이와 같이 전원의 (-)극을 N형에 (+)극을 P형에 접속하는 방법을 **순방향 바이어스**(forward bias)라 하며, 이와 반대로 그림 3-2(b)와 같이 전원의 (-)극을 P형에 (+)극을 N형에 접속하는 방법을 **역방향 바이어스**(reverse bias)라 한다. 역방향 바이어스인 경우, Ge 다이오드에서는 수 μA정도, Si 다이오드에서는 수 nA정도의 극히 미소한 전류만이 흐르는데, 이는 P형에서는 전자, N형에서는 정공인 소수캐리어의 이동에 의한 것이다.
이와 같이 PN접합 다이오드는 양단에 가해지는 전압의 극성에 따라 전류가 흐르거나 흐르지 않거나 하는데, 이같은 작용을 **정류**(rectification)**작용**이라 한다. PN접합 다이오드는 이 정류작용을 갖기 때문에 스위치로 이용이 가능하며 순방향바이어스된 경우에는 **단락스위치**(closed switch), 역방향 바이어스된 경우에는 **개방스위치**(open switch)와 같이 동작한다.

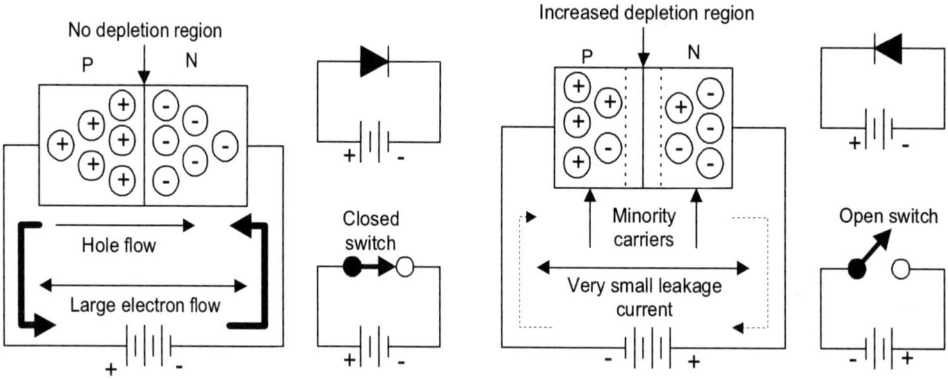

(a) 순방향 바이어스 (b) 역방향 바이어스

[그림 3-2] 다이오드의 바이어스

2-3. I-V 특성곡선

다이오드의 I-V 특성곡선은 그 양단에 전압을 인가하였을 때 다이오드에 흐르는 전류가 얼마인가를 측정한 그림 3-3과 같은 그래프이다. 다이오드를 순방향으로 바이어스시키면 PN접합의 전위장벽에 해당하는 전압 ,즉 Ge≈0.3[V], Si≈0.7[V]가 될 때까지는 전류가 거의 흐르지 않다가 이 전압 이상의 바이어스가 걸리면 급작스럽게 증가한다. 이 순방향 바이어스전류는 다이오드 내부저항에 의해 제어되어 비선형적인 특성을 나타낸다.

순방향바이어스를 인가한 경우 전류가 급증하는 점의 전압을 **커트 인**(cut-in) **전압**이라 부른다. 한편, 다이오드를 역방향으로 바이어스시키면 역방향전류는 거의 흐르지 않는다. 그러나 큰 역방향전압이 인가되면 절연파괴가 일어나 전류사태현상이 발생하여 과도한 전류가 발생하며 다이오드는 **항복(breakdown)현상**을 나타내게 되는데, 이 때는 다이오드가 파손될 염려가 높다.

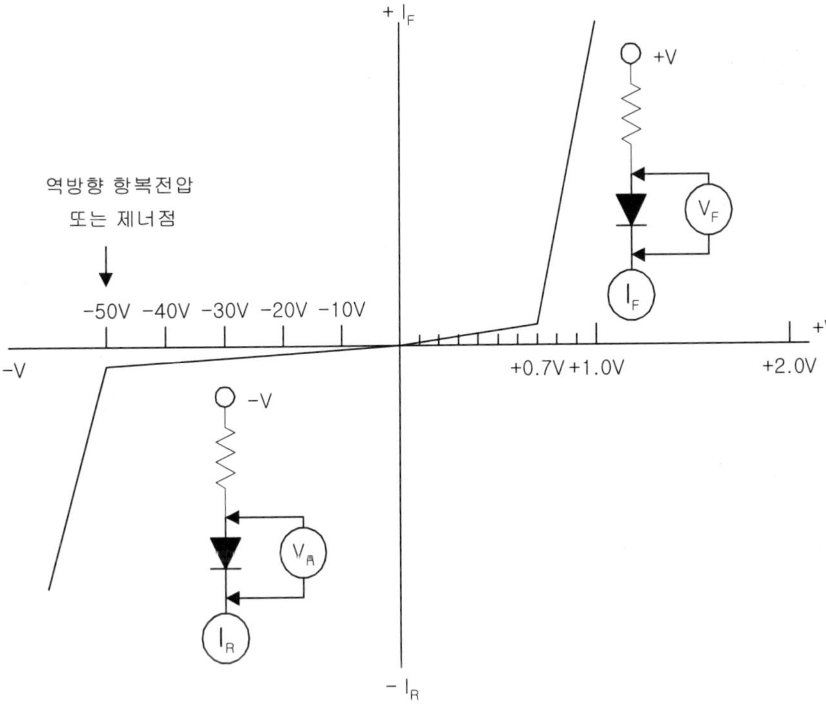

[그림 3-3] 다이오드의 I-V 특성

이 같은 항복 현상이 발생되는 점의 역방향전압을 다이오드의 **제너점(zener point)**이라 부른다. 그러나 이 같은 특성을 적극적으로 활용한 다이오드도 있는데, 다음 장에서 취급하는 제너 다이오드(zener diode)가 바로 그것이다. 다이오드는 이상적으로 가정하여 순방향 바이어스시는 전도, 역방향 바이어스시는 차단되는 것으로 하여 해석해도 큰 오차는 주어지지 않는다.

3 사용기기 및 부품

1) 전원공급장치 : 0~30[V], 0~100[V]
2) 오실로스코우프(2현상)
3) V.O.M(전압계, 저항계)
4) 전류계 : mA, μA

5) 다이오드 : 1N4001×3
6) 저항 : 1[kΩ], 100 [Ω] (0.5[W])
7) 브레드보오드

4 실험순서

1) 저항계를 가장 낮은 측정범위($R \times 1$)에 위치시키고 Si다이오드를 그림 3-4(a)와 같이 구성하여 순방향저항 R_F를 측정하고 기록하라.
2) 저항계를 가장 높은 측정범위($R \times 10K$)에 위치시키고 Si 다이오드를 그림 3-4(b)와 같이 구성하여 역방향저항 R_R을 측정하여 기록하라.
3) 순방향저항에 대한 역방향 저항의 비를 구하여라.
4) 그림 3-5(a)의 회로를 구성하여 +6V의 전압을 공급하라(단, 다이오드는 Si임).
5) 다이오드 양단 전압 V_F를 측정하여 표 3-1에 기록하라.
6) R_L양단전압 V_L을 측정하여 표 3-1에 기록하라.
7) I_F를 계산하여 표 3-1에 기록하라.
8) 그림 3-5(b)와 같이 다이오드의 극성을 바꾸어 실험 5)~7)을 반복하고 표 3-2에 기록하라.
9) Si다이오드를 사용하여 그림 3-6에 주어진 회로를 구성하라.
10) 전원전압을 0[V]부터 바꾸어가면서 표 3-3에 주어진 I_F의 각 값에 대한 다이오드양단전압 V_F를 측정하여 기록하라

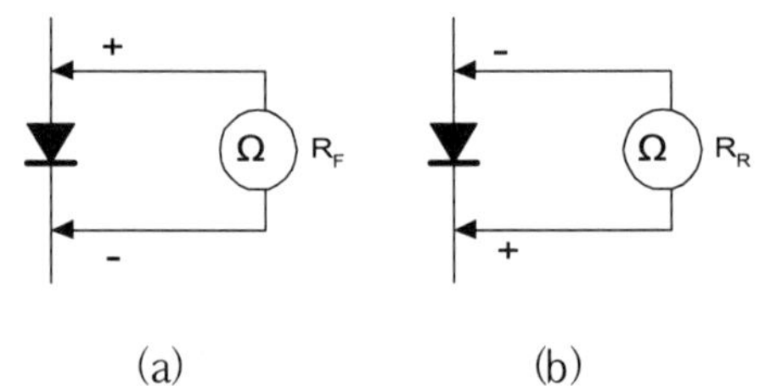

[그림 3-4] 순방향.역방향 저항

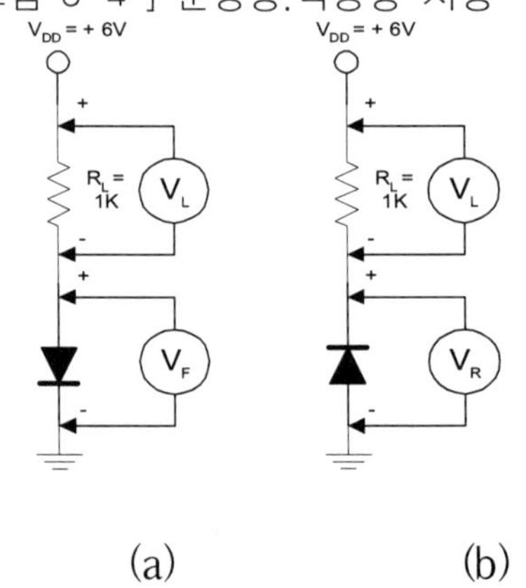

[그림 3-5] 다이오드의 스위칭

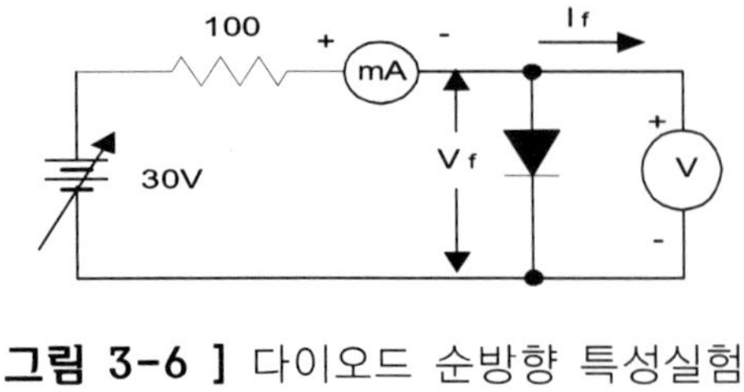

[그림 3-6] 다이오드 순방향 특성실험

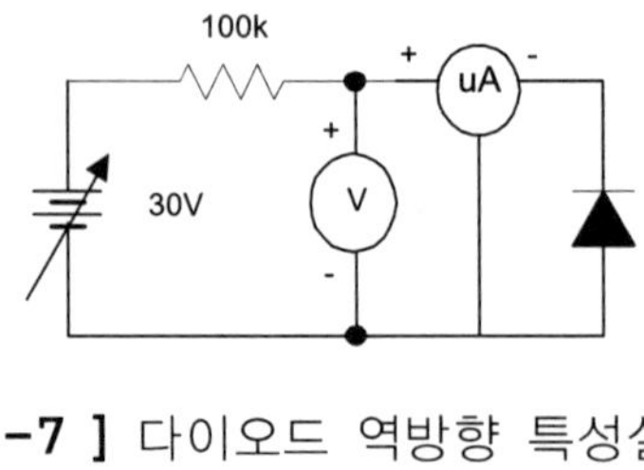

[그림 3-7] 다이오드 역방향 특성실험

11) Si다이오드를 사용하여 그림 3-7의 회로를 구성하라.
12) 표 3-3에 주어진 각각의 V_R 에 대한 I_R을 측정하라.
13) 이상의 결과를 표 3-3에 기록하고 R_F, R_R도 계산하여 기록하라.
14) 표 3-3의 데이터로부터 표 3-4에 Si 다이오드의 I-V 특성곡선을 그려라.
15) 그림 3-8의 회로를 구성하고 전원을 공급하라.
16) 전압계를 사용하여 각 다이오드에 걸리는 전압을 측정하여 기록하라.
17) 전압계의 흑색 리이드를 접지에 접속하라.
18) 전압계의 적색 리이드를 이용하여 다이오드 D_1에 걸리는 전압 M_1을 측정하여 기록하라.
19) 다이오드 D_1, D_2에 걸리는 전압 M_2를 측정하여 기록하라.
20) 다이오드 D_1, D_2, D_3에 걸리는 전압 M_3를 측정하여 기록하라.
21) 그림 3-9의 회로를 구성하고 정현파 발생기를 주파수 1kHz, 진폭 8Vp-p로 하여 회로에 공급하라.
22) 오실로스코우프의 CH1을 회로의 Vin에 접속하라.
23) 오실로스코우프의 CH2를 회로의 Vout에 접속하라.
24) 회로의 입출력 신호의 파형을 관찰하여 표 3-5의 그래프에 그려라.

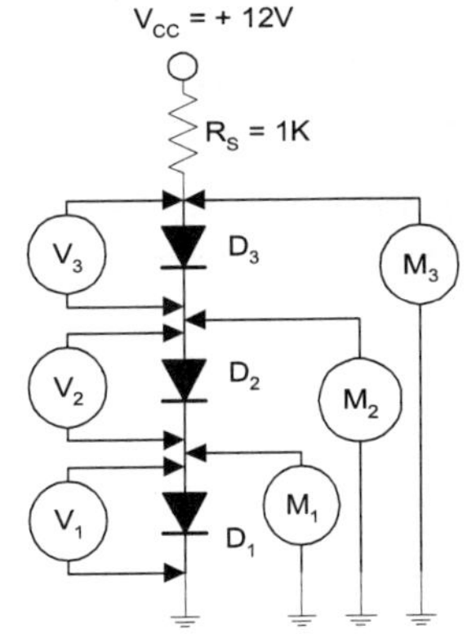

[그림 3-8] 직렬 다이오드 회로의 전압강하

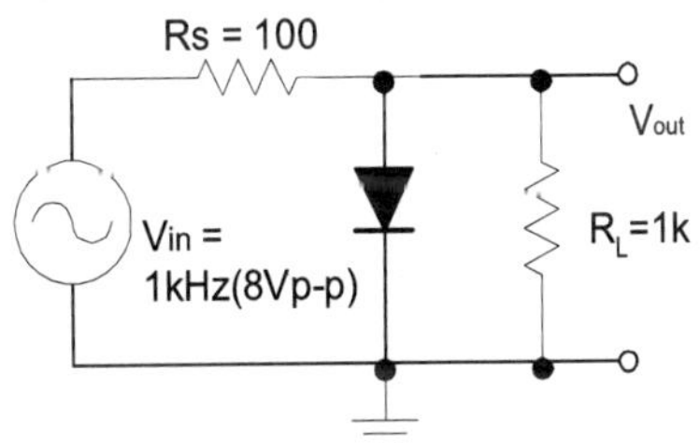

[그림 3-9] 순방향다이오드의 단락효과

실험 결과보고서

교 과 목 명	
실 험 제 목	
담 당 교 수	
실 험 일 자	년 월 일(요일)

조 편 성	
공동실험자	
학 번	
이 름	

1) [R_F =]

2) [R_R =]

3) [$\frac{R_R}{R_F}$ =]

[표 3-1]

V_F	V_L	$I_F = \frac{V_L}{R_L}$

[표 3-2]

V_R	V_L	$I_R = \frac{V_L}{R_L}$

[표 3-3]

Si 다 이 오 드										
I_F [mA]	0.0	0.1	0.2	0.4	0.5	0.8	1.0	2.0	5.0	10
V_F [V]										
R_F [Ω]										
I_R [mA]										
V_R [V]	0	5	10	20	40	60	80	100	–	–
R_R [Ω]										

[표 3-4] 다이오드의 I-V특성곡선

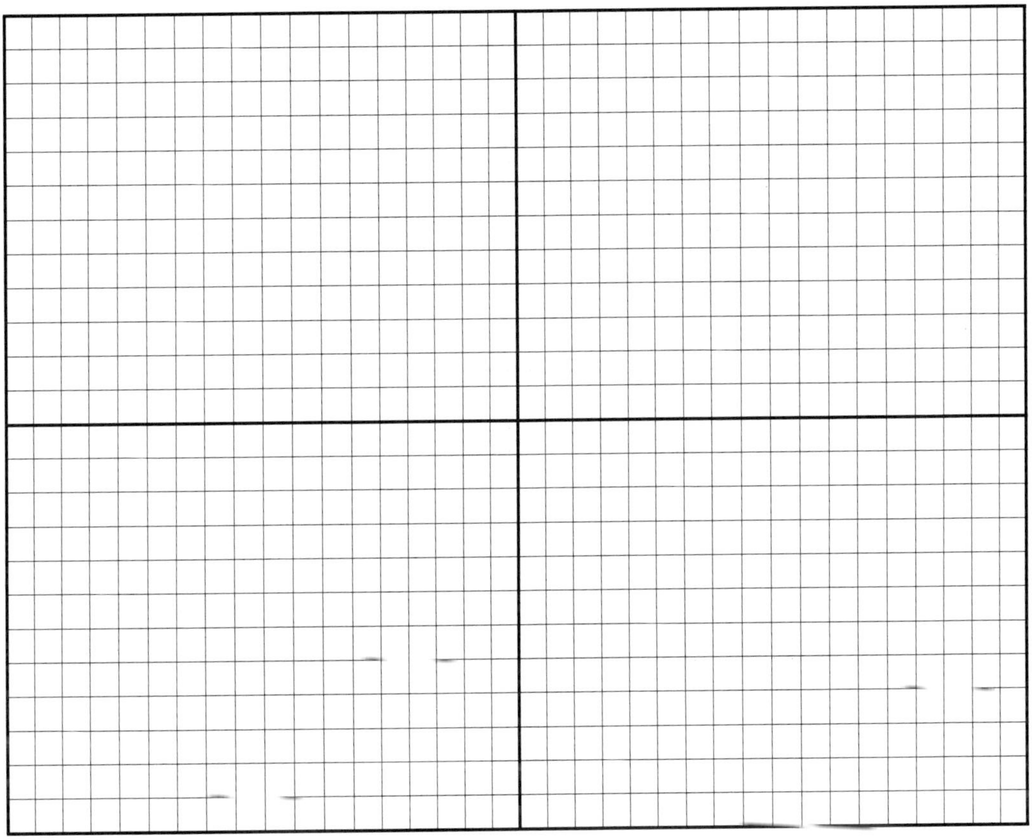

16) [$V_1 =$, $V_2 =$, $V_3 =$]

18) [$M_1 = V_1 =$]

19) [$M_2 = V_1 + V_2 =$]

20) [$M_3 = V_1 + V_2 + V_3 =$]

24) **[표 3-5]** 순방향 다이오드의 단락효과

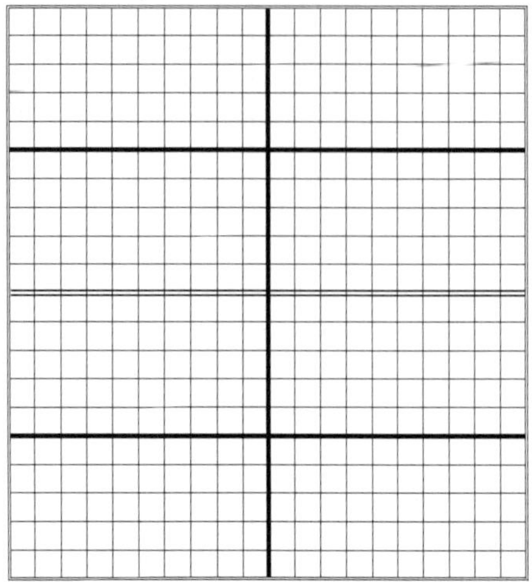

실험 후 검토

연 습 문 제

1. 다이오드의 스위칭 특성에 관해 설명하라.

2. 표 3-4의 I-V특성곡선에서 다이오드의 실방향, 역방향 바이어스시 특징에 관해 설명하라.

3. 그림 3-6, 3-7에서 전원 쪽에 저항을 삽입하는 이유를 설명하고 접속방법이 다른 이유도 설명하라.

4. 순방향특성 측정 시 I 에 대한 V를 측정하는 이유를 설명하라.

5. 그림 3-8과 같이 다이오드를 직렬로 접속하면 어떤 효과가 있으며 이는 주로 어디에 응용되는가?

6. 그림 3-9의 실험결과를 참고하여 다이오드의 순방향바이어스에서의 단락효과를 설명하라.

실험 3-2 다이오드의 파형정형회로

실험 3-2-1. 클리핑 회로

1 실험목적

다이오드를 이용한 여러가지 클리핑회로의 동작에 대해 알아본다.

2 관련이론

2-1. 클리핑 회로

클리핑(clipping) 회로는 다이오드의 단방향성 전류특성(정류특성)을 이용하여 임의의 교류신호파형에 대해 바이어스된 특정 기준전압 이상 혹은 이하를 잘라내는 동작을 하는 회로를 말하며 이는 교류신호파형을 다른 유용한 함수파형으로 변형시킬 수 있는 회로가 된다.

1) 병렬 클리퍼

그림 3-10(a)와 같이 다이오드를 신호전송로에 병렬로 넣은 회로를 말하며, Vi가 기준전압 V_R보다 작을 때 다이오드는 차단상태에 있고, Vi가 V_R보다 클 때는 전도상태에 있어 출력이 아래 파형과 같게 되므로 이를 **피이크 클리퍼**(peak clipper)라고 한다. 그림 3-10(b)는 다이오드의 극성을 반대로 한 회로로 출력은 위와는 달리 아랫쪽이 클립되는데 이를 **베이스 클리퍼**(base clipper)라 한다.

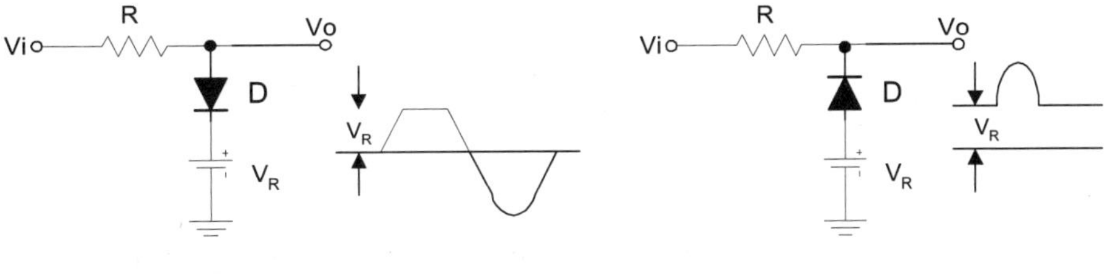

(a) (b)

[그림 3-10] 병렬 클리퍼

2) 직렬 클리퍼

그림 3-11(a)와 같이 다이오드를 신호전송로에 직렬로 넣은 회로인데, 그 출력이 아래의 파형과 같으므로 피이크 클리퍼(peak clipper)라 하고, 그림 3-11(b)는 베이스 클리퍼(base clipper)이다.

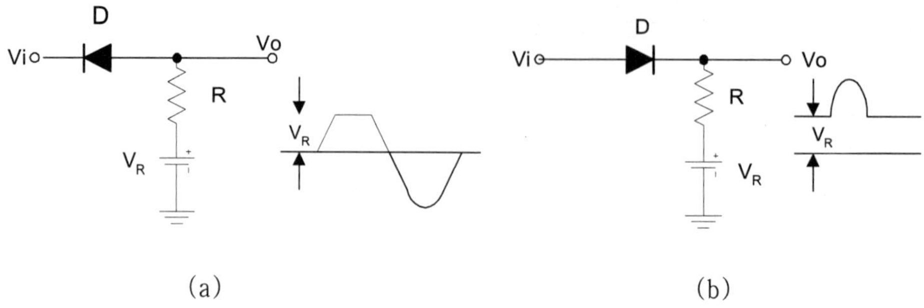

[그림 3-11] 직렬 클리퍼

또한, 상기 4개의 회로에서 기준전압 V_R을 단락시켜 회로를 구성하면 입력 교류신호의 정(+) 또는 부(−)의 반주기가 클리핑되는 반파출력을 얻을 수가 있다.

2-2. 클리핑 회로의 동작 해석

상기 4개의 회로 중에서 직렬 피이크 클리퍼의 동작에 대해 정성적으로 해석해 본다.
그림 3-11(a)회로에서 Vi의 정(+)의 반주기에서는 전원이 2개 존재하므로 회로소자의 극성은 시간에 따라 두 전압 값의 크기가 비교되어 그 값이 큰 쪽의 전원에 의해 결정된다. 그러므로,

1) V_i가 정(+)의 반주기 동안

ⓐ V_R>Vi : 극성이 V_R에 의해 결정되므로 다이오드는 순방향바이어스되어 전도되고 전류 I 가 형성된다.

$$\therefore\ V_0 = V_R - RI = V_R - R\cdot\frac{(V_R - V_i)}{R+R_f} \qquad (R \gg R_f)$$

$$\approx +V_i \qquad (3\text{-}1)$$

ⓑ V_R<Vi : 극성이 Vi에 의해 결정되므로 다이오드는 역방향바이어스되어 차단되고 전류 I 가 형성되지 못한다.

$$\therefore V_0 = V_R - RI$$
$$\approx V_R \qquad (3-2)$$

2) V_i가 부(-)의 반주기 동안

극성이 Vi에 의해 결정되므로 다이오드는 순방향바이어스가 되어 전도되고 전류 I 가 형성된다.

$$\therefore V_0 = V_R - RI = V_R - (R \cdot \frac{V_i + V_R}{R + R_f}) \qquad (R \gg R_f)$$
$$\approx -V_i \qquad (3-3)$$

이상의 결과, 출력은 그림 3-12(b)와 같이 피이크가 클리핑 됨을 알 수 있다.

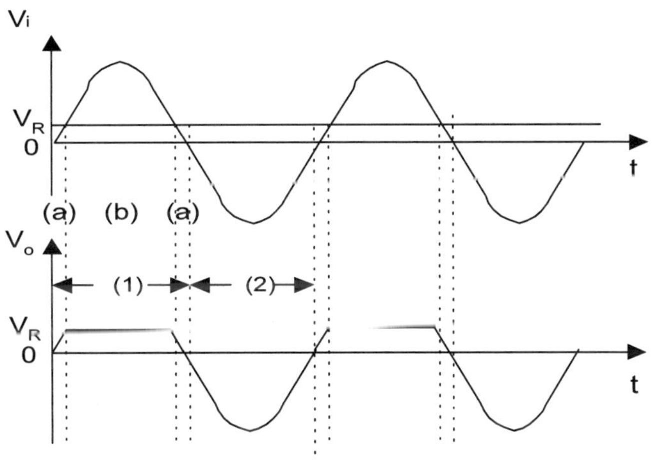

[그림 3-12] 직렬 피이크 클리퍼

2-3. 슬라이스 회로

임의의 2개의 기준전압레벨 V_{R1}, V_{R2} 이상, 이하의 입력신호를 잘라내는 것을 슬라이스라 하고, 이를 위한 회로를 **양단**(double-ended)**클리퍼** 또는 **슬라이스**(Slice)**회로**라고 한다. 그림 3-13에 다이오드를 사용한 회로를 나타내었고, 그림 3-14에는 입출력파형을 나타내었다.

이 결과 슬라이스회로는 기준전압레벨 내에 포함된 입력신호만이 출력됨을 알 수 있고 만일 교류입력신호의 피이크 값이 기준직류전압보다 훨씬 큰 경우에는 정현파 입력신호를 구형파로 정형시킬 수 있음도 알 수 있다.

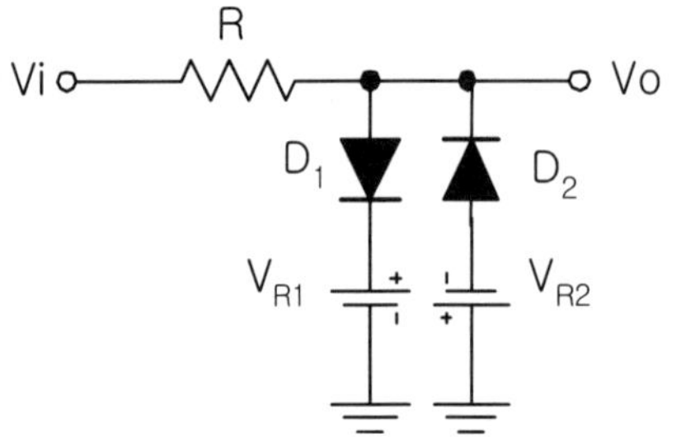

[그림 3-13] 슬라이스회로

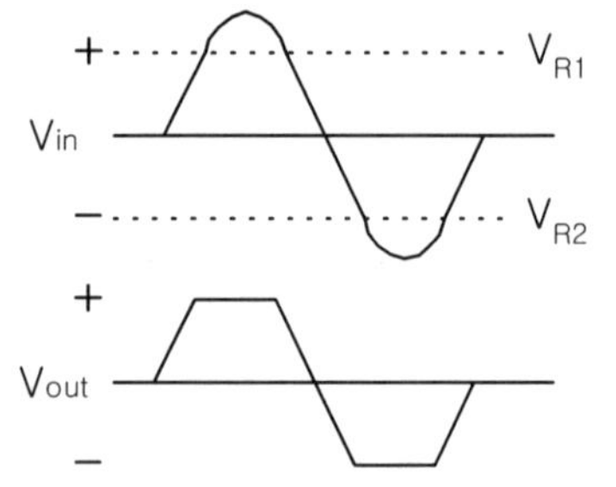

[그림 3-14] 입·출력 파형

3 사용기기 및 부품

1) 전원공급장치 : 0～+10[V]
2) V.O.M(전압계)
3) 오실로스코우프(2현상)
4) 신호발생기 : 20[Hz]～1[MHz]
5) 다이오드 : 1N4001 × 2
6) 저항 : 120[kΩ](0.5W)
   전위차계(선형) : 5[kΩ](2W)
7) 브레드보오드

4 실험순서

1) 그림 3-15(a)의 회로를 구성하라.
2) 입력신호 Vi가 1[kHz] 10[Vp-p]인 정현파가 되도록 신호발생기를 조정하라.
3) 오실로스코우프를 사용하여 입력신호와 출력신호의 2～3주기를 관찰하고 입, 출력파형을 그래프용지(표 3-6)에 그려라.
4) 그림 3-15(b)의 회로를 구성하라.
5) 실험 2)～3)을 반복하라.(표 3-7)

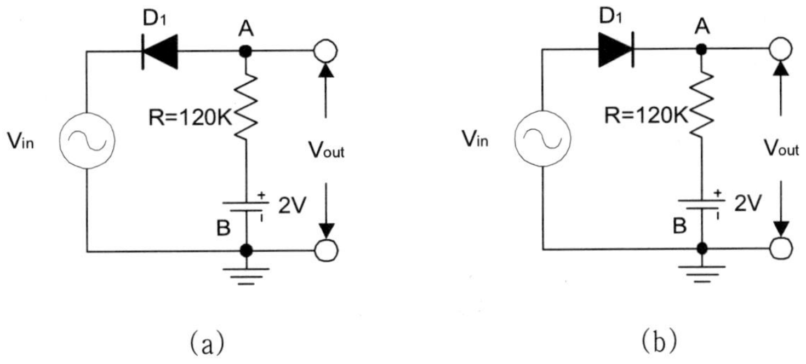

[그림 3-15] 직렬 클리퍼

6) 그림 3-16(a)의 회로를 구성하고 상기 직렬클리퍼와 마찬가지로 하여 출력파형을 관찰하고 입, 출력파형을 그래프용지(표 3-8)에 그려라.
7) 그림 3-16(b)의 회로를 구성하여 출력파형을 관찰하고 입, 출력파형을 그래프용지(표 3-9)에 그려라.

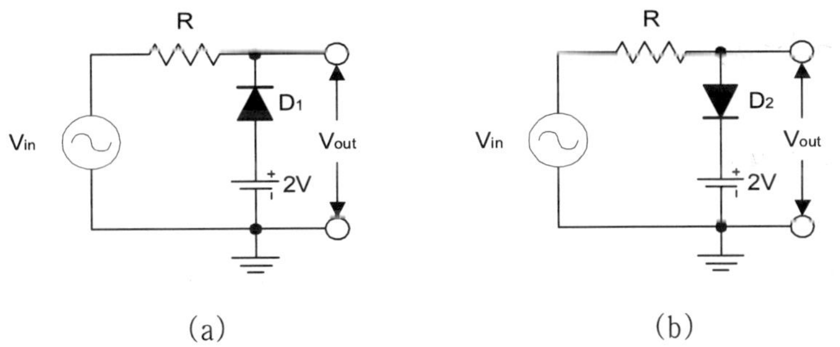

[그림 3-16] 병렬 클리퍼

8) 그림 3-17의 회로를 구성하고, 스위치 S_1과 S_2는 개방하고 V_R의 전압은 4[V]로 맞추고 가변저항 R_2를 조절하여 점 F와 점 G의 전압이 같게 되도록 하라.
9) 스위치 S_1을 단락하고 이 때의 Vout을 관찰하여 파형을 그래프용지(표 3-10)에 그려라.
10) 스위치 S_1은 개방하고 S_2를 단락하여 이 때의 Vout을 관찰하여 파형을 그래프용지(표 3-11)에 그려라.
11) 스위치 S_1과 S_2를 모두 닫고 이 때의 Vout을 관찰하여 파형을 그래프용지(표 3-12)에 그려라.
12) 전원 V_R을 10[V]까지 증가시키고 이 때의 Vout을 관찰하여 파형을 그래프용지(표 3-13)에 그려라.
13) 다시, 전압 V_R을 4[V]로 감소시키고 가변저항 R_2를 변화시키면서 이 때의 Vout에 변

화가 일어나는지를 관찰하라.

14) R_2를 조정하여 D_1은 +1[V]로, D_2는 −3[V]로 각각 바이어스되게 하여 이때의 Vout을 관찰하여 파형을 그래프용지(표 3−14)에 그려라.

15) R_2를 조정하여 D_1은 +3[V]로, D_2는 −1[V]로 각각 바이어스되게 하여 이때의 Vout을 관찰하여 파형을 그래프용지(표 3−15)에 그려라.

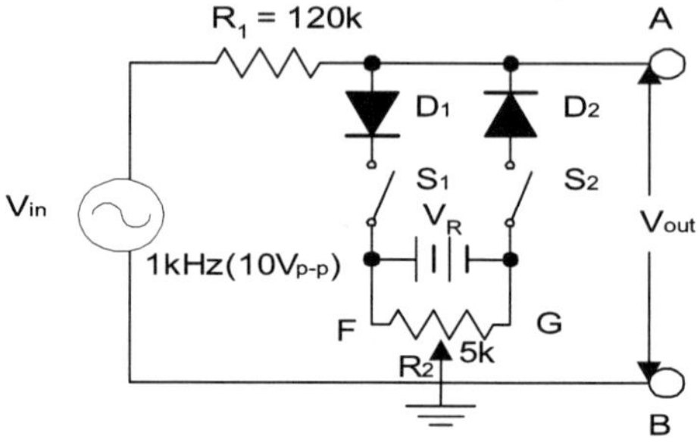

[그림 3-17] 슬라이스회로

실험 3-2-2. 클램퍼

1 실험목적

다이오드를 이용한 여러가지 클램퍼회로의 동작에 대해 알아본다.

2 관련이론

2-1. 클램퍼 회로

클리핑회로와 슬라이스회로는 파형의 일부를 잘라내어 입력파형이 변형되지만, **클램퍼(clamp)회로**는 입력파형의 형태는 변화되지 않는 대신 직류레벨이 변화되는 특성을 가진 회로이다. 따라서 임의의 주기적인 파형의 정(+) 또는 부(−)의 피이크를 임의의 기준레벨에 고정시키는 조작이 가능한 회로이다.

1) 부(−)의 클램퍼

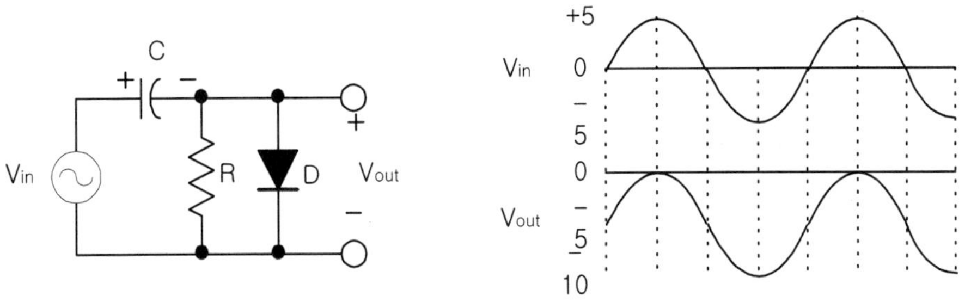

[그림 3-18] 부(−)의 클램퍼회로

이 회로의 동작은 다음과 같다.

입력신호가 인가되는 순간에는 C양단전압이 0이므로 출력전압도 0을 나타낸다. 입력신호가 +5[V]를 향해 증가해 가면 C양단전압은 입력전압에 따라 서서히 충전되므로 이 순간은 입력신호가 C양단전압보다 크게 주어져 다이오드의 극성은 입력전압에 의해 순방향바이어스되고 다이오드는 단락되어 출력전압은 0[V]를 유지한다.

그러나 처음 입력신호가 +5[V]가 된 이후 그 다음 입력신호가 (−),(+)를 교번하면서 주어지더라도 회로의 시정수 RC가 입력신호파형의 주기 T보다 충분히 크게 주어진다면 C양단전압은 +5[V]를 그대로 유지하므로 C양단전압이 입력신호보다 크게 되어 다이오드의 극성은 C양단전압에 의해 역방향바이어스되고 다이오드가 개방되어 출력은 0[V]를 기점으로 입력신호파형의 변화를 그대로 반복하게 된다.

따라서 이 회로는 입력신호의 정(+)의 피이크가 0레벨에 클램퍼되며 출력파형은 0에서 −10[V]범위에서 변화되는데 이 같은 동작을 하는 회로를 **부(−)의 클램퍼회로**라고 한다.

2) 정(+)의 클램퍼

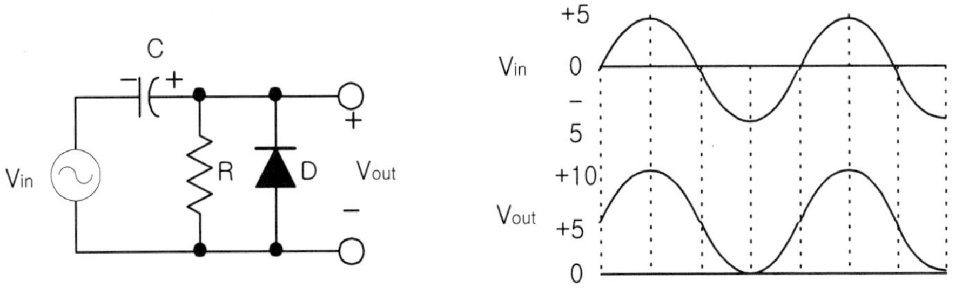

[그림 3-19] 정(+)의 클램퍼회로

이 회로에서 C는 입력신호가 (−)의 값을 갖는 동안에 충전된다. 따라서 상기 부(−)의 클램퍼와 마찬가지로 해석해 보면 입력신호의 부(−)의 피이크가 0 레벨에 클램퍼됨을 알 수 있고 출력파형은 0에서 +10[V]범위에서 변화되는데 이 같은 동작을 하는 회로를 **정(+)의 클램퍼회로**라고 부른다.

3) 기준전압을 바이어스로 갖는 클램퍼

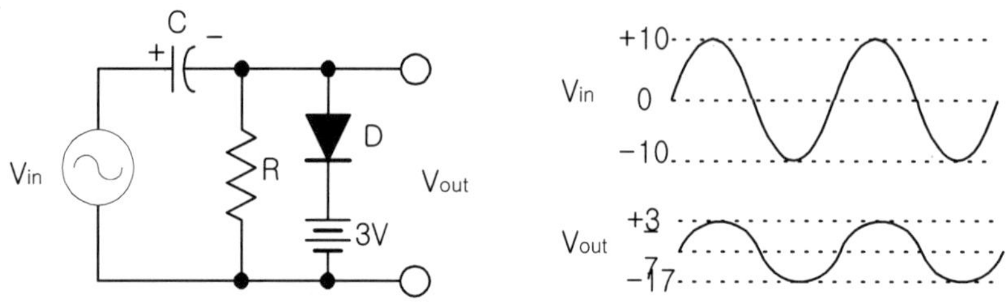

[그림 3-20] 기준전압 +3[V]를 바이어스로 갖는 클램퍼

그림 3-20은 바이어스가 걸린 부(−)의 클램퍼회로이다. 이 회로에서는 다이오드의 캐소오드에 3[V]의 바이어스를 걸어주었으므로 애노우드의 전위, 즉 입력신호의 전위가 3[V] 이상이 되어야 다이오드가 단락상태에 들어간다. 따라서 입력신호가 +3[V]에서 +10[V] 사이일 때 다이오드가 단락상태가 되어 C 양단전압이 −7[V]까지 충전된다. 커패시터가 충전된 이후의 동작은 그림 3-18 회로와 같아지므로 출력은 정(+)의 피이크가 3[V]에 클램퍼되며 출력파형은 +3[V]에서 −17[V]범위에서 변화하게 된다.

3 사용기기 및 부품

1) 전원공급장치 : 0～+10[V]
2) V.O.M(전압계)
3) 오실로스코우프(2현상)
4) 신호발생기 : 20[Hz]～1[MHz]
5) 다이오드 : 1N4001
6) 저항: 120[kΩ](0.5W)
   전위차계(선형) : 50[kΩ](2W)
7) 커패시터 : 0.1 [μF](25WV)
8) 브레드보오드

4 실험순서

1) 그림 3-21(a)의 회로를 구성하라(단, R=120[kΩ], C=0.1[μF]).
2) 신호발생기의 출력을 1[kHz] 4[Vp-p]의 정현파로 조정하고 이 때의 Vout을 관찰하여 그래프용지(표 3-16)에 그려라.
3) 저항 R을 가변저항 50[kΩ]으로 교환하여 가변저항을 조절(① R=500[Ω] ② R=50[kΩ] ③ R=∞)하여 Vin에 인가한 후 출력을 관찰하여 그래프 용지(표 3-17 ①②③)에 그려라.
4) 그림 3-21(b)의 회로를 구성하고, 과정 2), 3)을 반복하라(표 3-18 ①②③).
5) 그림 3-22(a)의 회로를 구성하고, 가변전원 V_R을 (① V_R=0[V] ② V_R=1[V] ③ V_R=2[V])로 변화시키면서 이때의 출력파형을 관찰하고 그래프 용지(표 3-19 ①②③)에 그려라.
6) 그림 3-22(b)의 회로를 구성하여 과정 5)를 반복하라(표 3-20 ①②③).

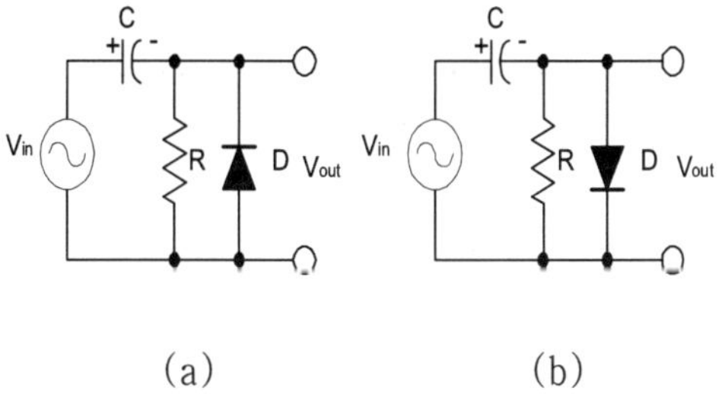

[그림 3-21]

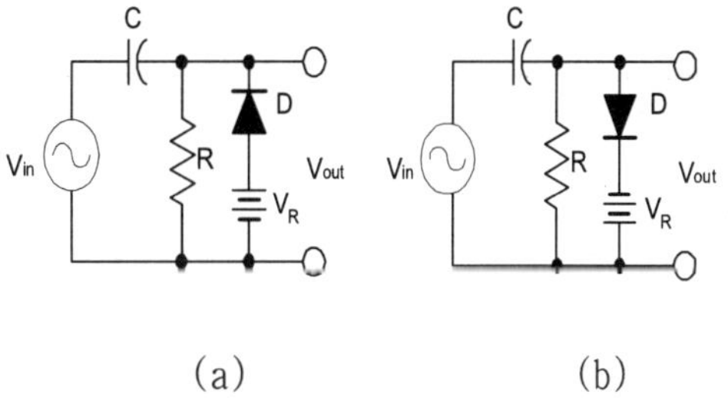

[그림 3-22]

실험 결과보고서

교과목명	
실험제목	
담당교수	
실험일자	년 월 일(요일)

조편성	
공동실험자	
학 번	
이 름	

[표 3-6]

[표 3-7]

[표 3-8]

[표 3-9]

[표 3-10]

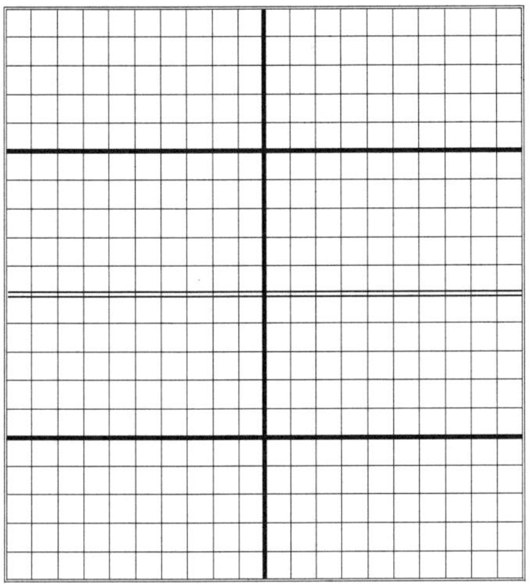

[표 3-11]

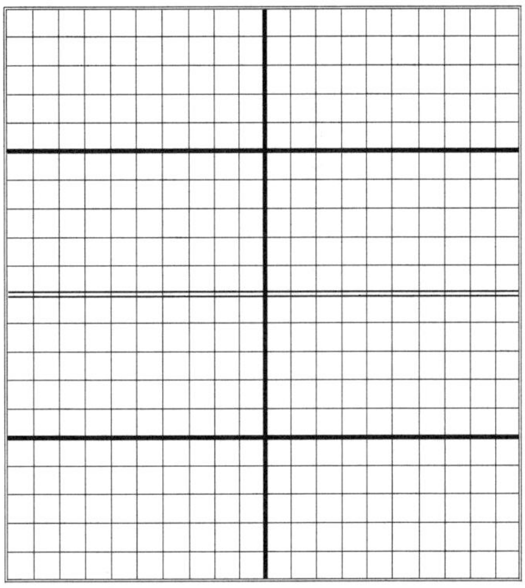

[표 3-12]

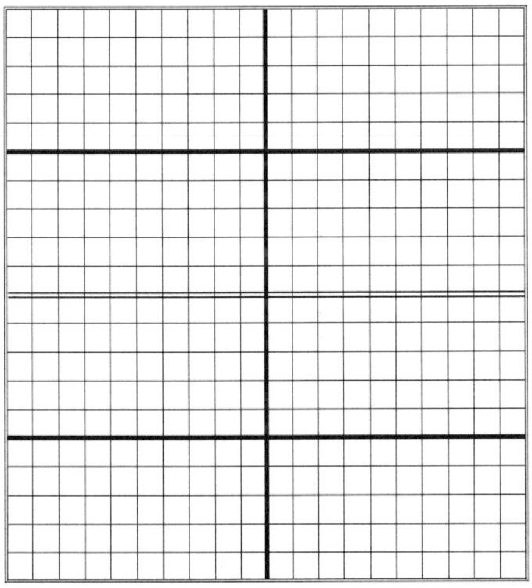

[표 3-13]

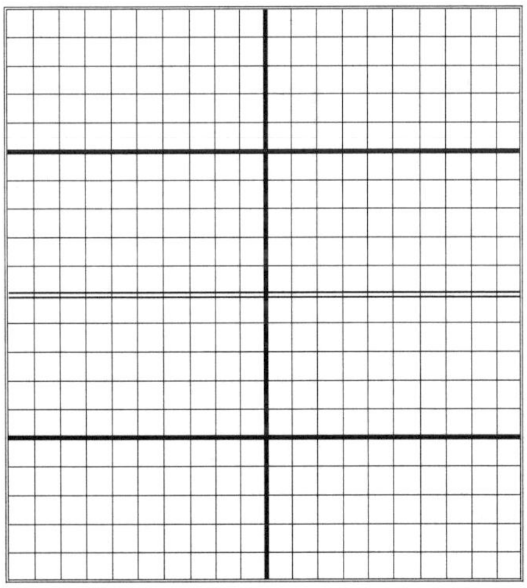

[표 3-14]

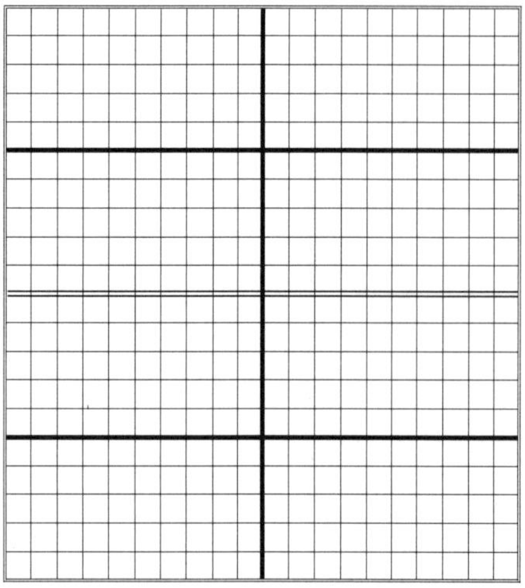

[표 3-15]

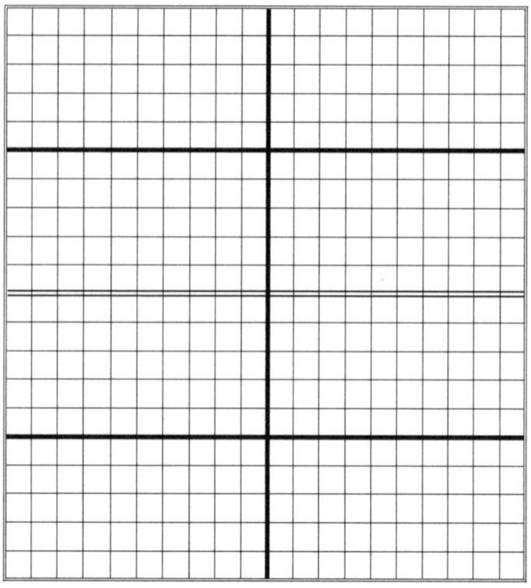

[표 3-16]

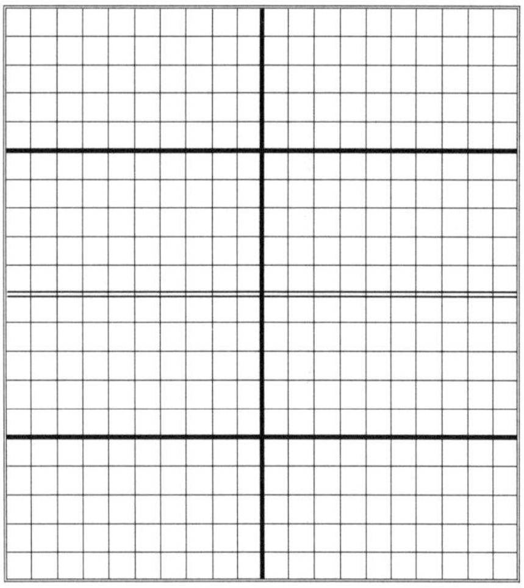

[표 3-17 ①]

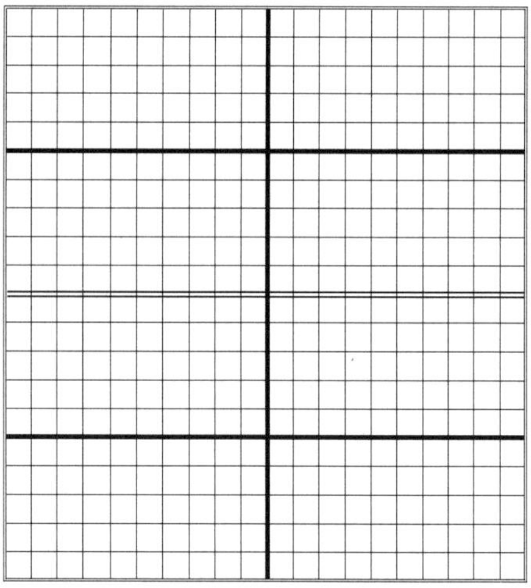

[표 3-17 ②]

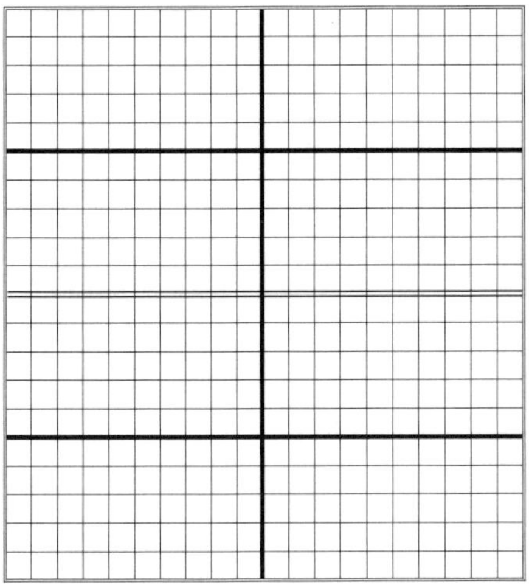

[표 3-17 ③]

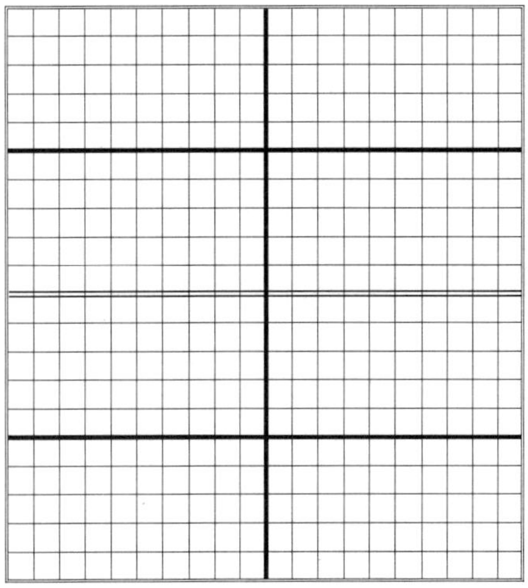

[표 3-18 ①]

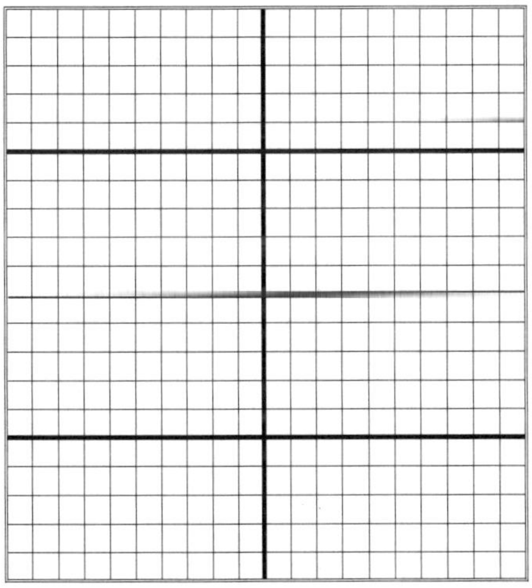

[표 3-18 ②]

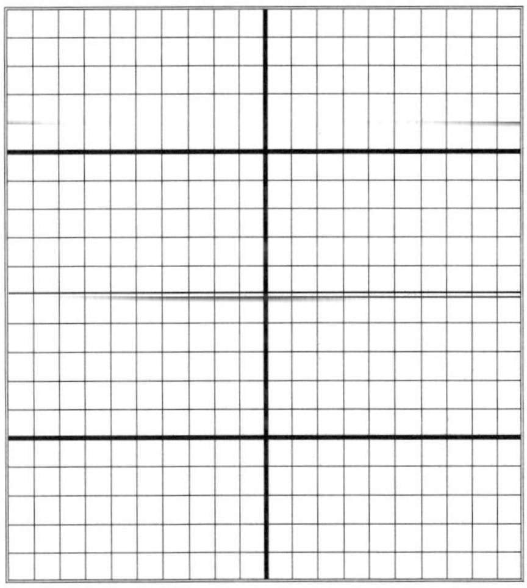

[표 3-18 ③]

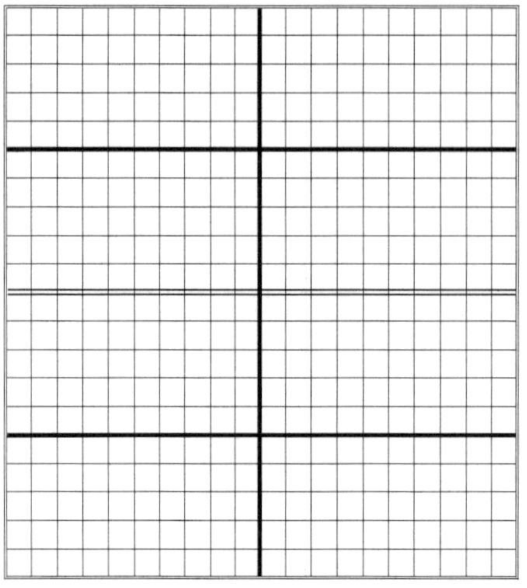

[표 3-19 ①]

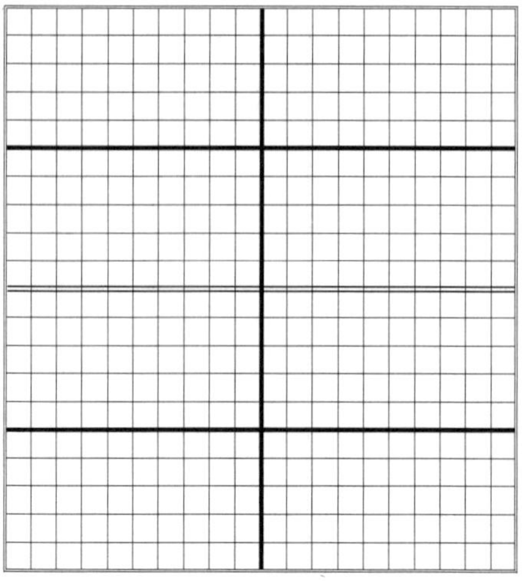

[표 3-19 ②]

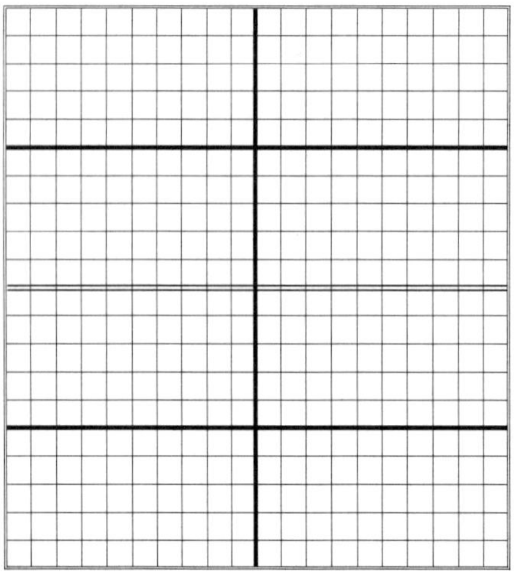

[표 3-19 ③]

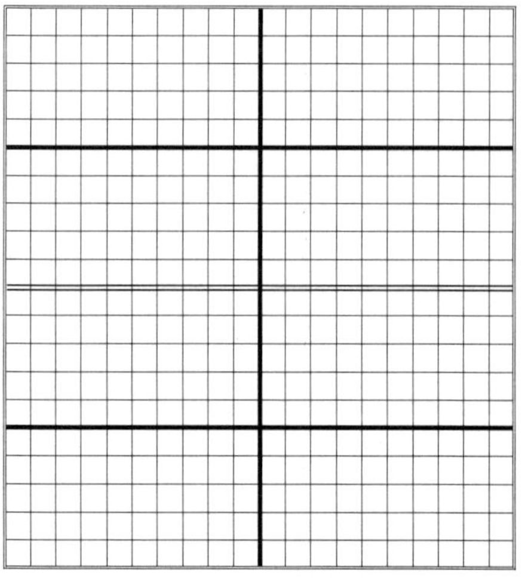

[표 3-20 ①]

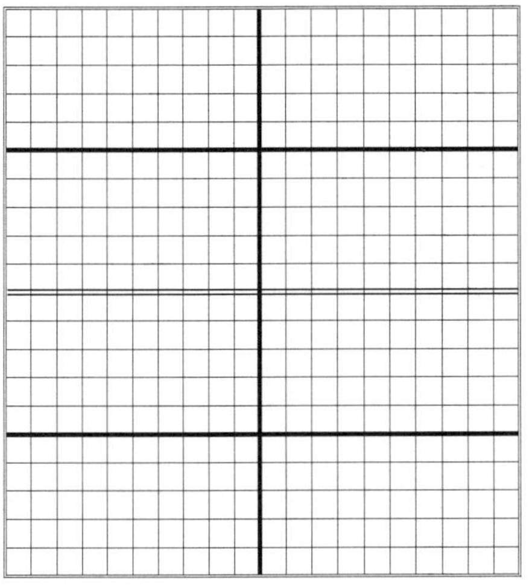

[표 3-20 ②]

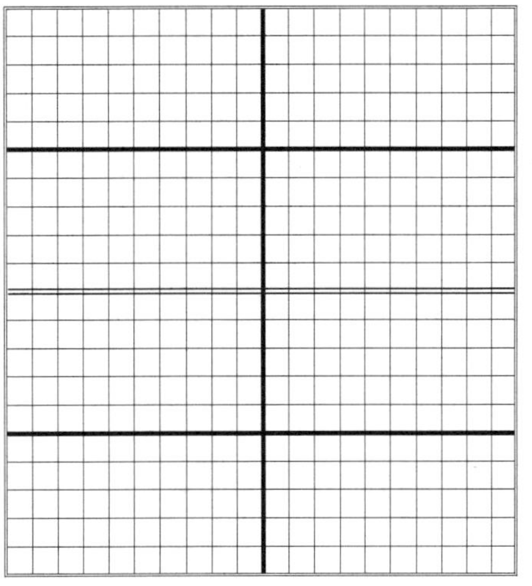

[표 3-20 ③]

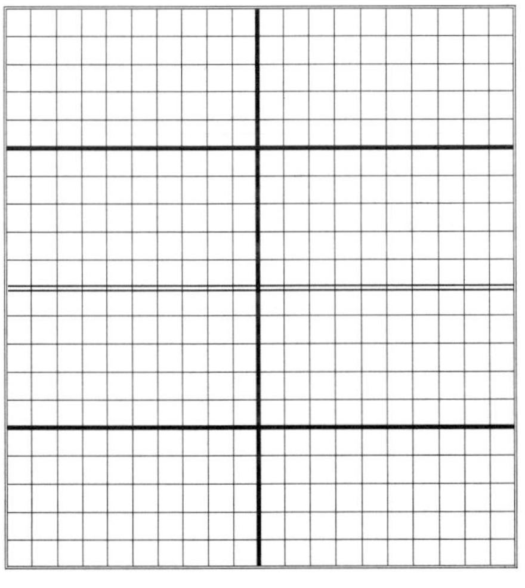

실험 후 검토

연 습 문 제

1. 클리핑 회로에서 Vo 관측시 기준레벨에 대해 수평으로 clip되지 않고 조금 기울어지는 이유는 무엇인가?

2. 그림 3-17의 slicer회로의 동작에 대해 해석하고 출력파형도 도시하라.

3. 이 실험에서 바이어스 전압 V_R이 갖는 의미는 무엇인가?

4. 클램퍼 회로실험에서 과정 1)~4)를 통하여 R의 변화에 대한 출력파형의 변화를 조사하라.

5. 클램퍼 회로실험에서 과정 5)~6)을 통하여 V_R의 변화에 대한 출력파형의 변화를 조사하라.

실험 3-3 정류회로

1 실험목적

1) 반파, 전파, 브릿지전파정류회로의 구성과 동작에 대해 알아본다.
2) 필터회로의 구성과 동작에 대해 알아본다.

2 관련이론

2-1. 반파정류회로

교류전압(전류)을 직류전압(전류)으로 변환하는 정류작용은 전자회로의 여러분야에 이용되고 있다. 직류전류는 단 방향성 극성을 가지는 전류이므로 단방향 전류특성을 가지는 다이오우드를 사용하면 정류회로를 만들 수 있다. 그림 3-23(a)에서 입력전압 Vi는 시간에 따라 (+)(−)를 교번하는 교류전압이다. 정(+)의 반주기동안 다이오드의 애노우드는 캐소우드에 대해서 정(+)의 전압을 가지므로 다이오우드는 전도상태가 된다. 입력이 부(−)의 반주기 동안은 반대로 역방향바이어스가 걸리므로 다이오우드에는 전류가 흐르지 않는다. 따라서 부하 R_L 양단의 출력전압파형은 다이오드의 순방향저항 R_f및 커트 인(cut-in)전압 Vr을 무시하면, 그림 3-23(c)와 같이 되고, 이것을 **반파정류**라 한다. 출력파형의 평균치, 실효치 및 주파수는 다음과 같다.

$$\left.\begin{aligned} V_{dc} &= 0.318\,V_m = \frac{V_m}{\pi} \\ V_{rms} &= 0.5\,V_m = \frac{V_m}{2} \\ f_{out} &= f_{in} \end{aligned}\right\} \qquad (3\text{-}9)$$

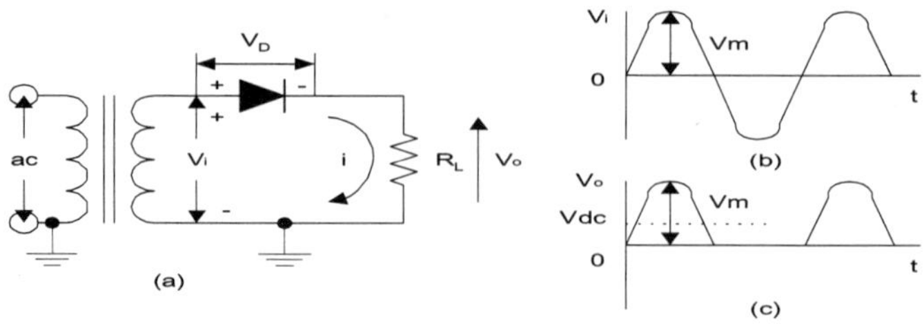

(a) 반파정류회로 (b)(c) 입출력파형

[그림 3-23] 반파정류회로 및 출력파형

2-2. 전파정류회로

그림 3-24(a)는 전파정류회로이다. 여기서 D_1, D_2의 입력전압 V_1및 V_2는 크기가 같고 위상이 180°다르다. 입력전압 Vi가 정(+)의 반주기일 때 D_1은 순방향, D_2는 역방향으로 바이어스되므로 D_1은 전도상태, D_2는 개방상태로 된다. 반대로 Vi가 부(-)의 반주기일 때는 D_2는 전도상태, D1은 개방상태가 된다. 이와 같이 입력전압이 정, 부 어느 때이든 두 다이오우드 중 하나는 전도상태에 있고, 부하 R_L에는 항상 한쪽 방향(이것을 정의 방향으로 함)으로만 전류가 흐르게 되므로 정의 전압이 나타나며, 그 파형은 그림 3-24(b)와 같다. 따라서 이 회로는 입력신호의 한주기간 부하에 전류가 흘러 출력 전압이 나타나므로 **전파정류**라고 한다. 여기서 주의할 것은, 반파정류의 경우에는 6.3[Vrms] 입력에 대하여 출력의 피이크값이 9[V]이다. 그러나 전파정류의 경우에는 입력전압이 변압기의 중간탭(center tap)에 의하여 양분되므로 출력전압의 피이크값은 4.5 [V]가 된다. 그러나 이회로는 반파나 뒤에 나오는 모릿지정류회로와 통일한 출력전답을 얻기위해서는 트랜스 외 권선비가 2배가 되어야 하므로 비경제적이다.

출력파형의 평균치, 실효치 및 주파수는 다음과 같다.

$$\left.\begin{aligned} V_{dc} &= 0.636\,V_m = \frac{2V_m}{\pi} \\ V_{rms} &= 0.707\,V_m = \frac{V_m}{\sqrt{2}} \\ f_{out} &= 2f_{in} \end{aligned}\right\} \qquad (3\text{-}10)$$

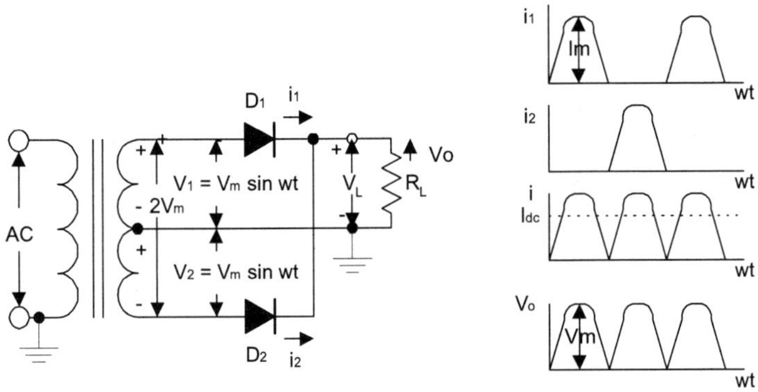

(a) 전파정류회로　　　　(b) 각 다이오드를 흐르는 전류, 부하전류 및 출력전압

[그림 3-24] 전파정류회로 및 출력파형

2-3. 브릿지형 전파정류회로

그림 3-25는 실제의 전파정류회로로서 널리 사용되는 브릿지정류회로 및 그의 출력파형이다. 여기서 입력전압이 정(+)의 반주기일 때 점 C는 D에 대하여 정(+)의 전압이므로 D_1 및 D_3가 순방향으로 바이어스되어 전도되고 R_L양단의 전압은 그림 3-26과 같이 위쪽이(+), 아랫쪽이(−)로 된다. 이 때 D_2및 D_4는 역방향으로 바이어스되므로 개방상태이다. 반대로 입력전압이 부(−)의 반주기일 때는 D_2및 D_4는 전도상태이나, D_1및 D_3은 개방상태이다.

그러나 R_L에 흐르는 전류의 방향은 위의 두 경우 모두 같다. 그림 3-26은 이들 두 가지 경우의 등가회로 및 전압파형이다. 이 두 경우의 출력파형의 합이 전체출력파형이며, 그림 3-25(b)와 같이 된다. 이 회로의 장점은, 그림 3-24의 전파정류회로에 비해 동일 입력에 대하여 2배의 출력을 얻을 수가 있다는 것이다. 즉 6.3[Vrms](18[Vp−p])입력에 대해 출력전압의 피이크 값은 9[V]이다. 그리고 이 회로의 내압(PIV)도 2배가 된다.

그리고 단점으로는 전류가 직렬로 연결된 두 개의 다이오드를 통하여 흐르므로 순방향전압강하가 다소 발생되지만 큰 문제는 되지 않는다.

출력파형의 평균치, 실효치 및 주파수는 다음과 같다.

$$\left.\begin{aligned} V_{dc} &= 0.636\,V_m = \frac{2V_m}{\pi} \\ V_{rms} &= 0.707\,V_m = \frac{V_m}{\sqrt{2}} \\ f_{out} &= 2f_{in} \end{aligned}\right\} \qquad (3\text{-}11)$$

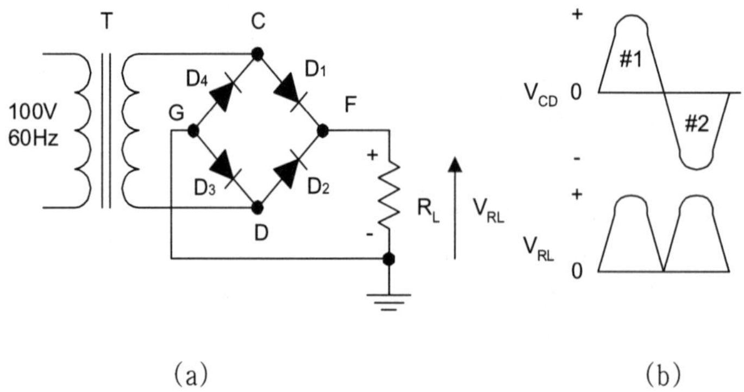

[**그림 3-25**] 브릿지정류회로 및 그 출력파형

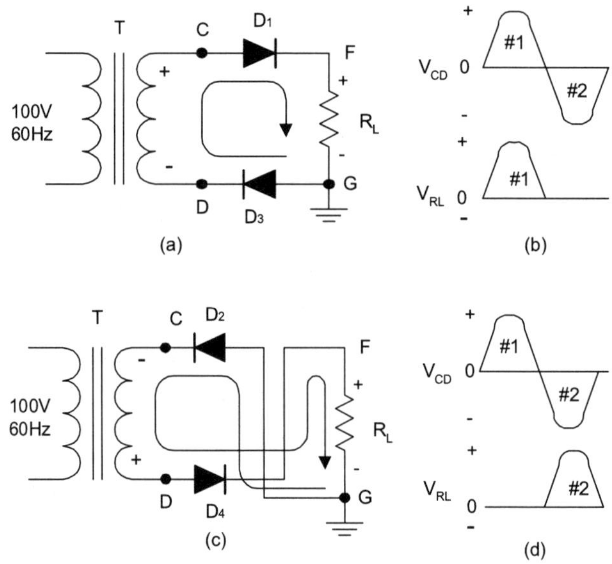

[**그림 3-26**] 그림 3-25의 등가회로 및 그 출력파형

2-4. 필터회로

정류회로로부터 얻은 정류출력은 순수한 직류가 아니고, 직류성분과 기본파 및 고조파성분으로 구성된 맥류이기 때문에 전원으로 사용된다면 큰 잡음을 가져오므로 AC성분을 제거하고, DC성분만을 선택하는 **평활회로** 또는 **필터**(filter)라 불리는 회로를 사용한다. 필터에는 커패시터필터, RC필터, CHOKE 필터, LC필터, π형필터 등이 있으며, 필터회로의 리플계수(맥동률 γ)는

$$\gamma = \frac{\text{리플전압의 실효치}}{dc \text{ 전압}} \quad (3-12)$$

로 정의된다.

반파정류회로의 리플계수는 V_{rms}/V_{dc}가 $\pi/2$이므로

$$\gamma = \sqrt{(\frac{\pi}{2})^2 - 1} = 1.21 \quad (3-13)$$

가 되어 리플전압이 DC전압보다 크게 나타난다.

한편, 전파정류회로의 리플계수는 V_{rms}/V_{dc}가 $(1/\sqrt{2})(2/\pi)$이므로

$$\gamma = \sqrt{(\frac{Vrms}{V_{dc}})^2 - 1} = 0.482 \quad (3-14)$$

가 되어 반파정류보다 훨씬 적게 나타난다.

그리고, 전압원에서의 전압변동률은

$$\text{전압변동률} = \frac{\text{무부하에서의 전압} - \text{부하에서의 전압}}{\text{부하상태에서의 전압}} \quad (3-15)$$

으로 정의한다.

그림 3-27(a)는 브릿지 전파정류회로의 커패시터필터회로이고, 그림 3-27(b)는 출력파형을 나타내있다. 그림으로부터 알 수 있는 바와 같이 필터된 전압이 dc레벨상에 작은 리플전압을 가짐을 볼 수 있다. 만약, 부하저항 R_L이 필터에 접속되지 않으면, 출력파형은 정류기의 출력 peak전압 V_m과 같은 일정한 dc레벨이 된다. 그러나, dc전압을 얻는 목적은 다른 전자회로에 전원으로 사용하기 위한 것이므로 필터에는 항상 부하가 존재하게 된다.

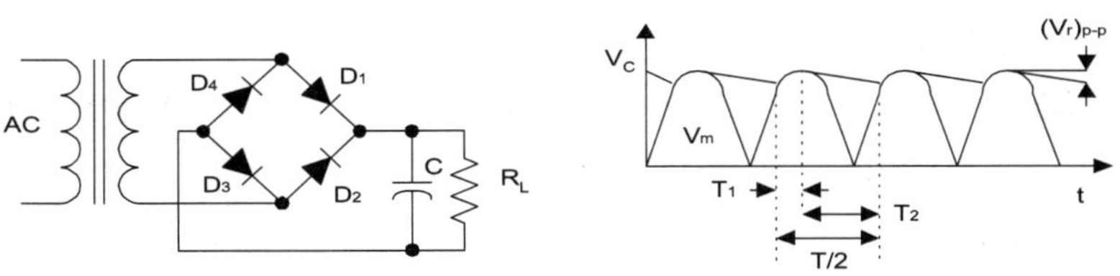

(a) 커패시터 필터회로　　　　(b) 출력파형

[그림 3-27] 브릿지 전파정류회로의 커패시터필터

전파정류신호에 대해서 그림 3-27(b)에는 전파정류신호에 대한 두개의 시간구간을 표시하였다. T_1은 전파정류기의 다이오드가 전도되어, 커패시터가 peak정류회로의 출력전압(V_m)에

충전되는 시간이고, T_2는 정류회로의 전압이 peak전압 이하로 떨어지면서 커패시터가 부하를 통하여 방전하는 시간이다.

만약 커패시터가 조금만 방전된다면, 이때 평균전압은 최적치인 V_m에 가깝게 될 것이다. 커패시터필터회로는 적은 부하에 대해서는 더 큰 dc전압과 적은 리플전압을 나타내고 큰 부하에 대해서는 더 적은 dc전압과 큰 리플전압을 나타냄을 보여준다.

그림 3-27(b)에서 리플전압파형의 충전 및 방전곡선을 직선적으로 근사화하면, 다음과 같은 관계식이 얻어진다.

$$V_{dc} = V_m - \frac{V_{r(p-p)}}{2}, \qquad V_{r(rms)} = \frac{V_{r(p-p)}}{2\sqrt{3}} = \frac{V_m - V_{dc}}{\sqrt{3}} \tag{3-16}$$

3 사용기기 및 부품

1) 트랜서포머 : 중간탭 12[V],24[V]
2) V.O.M(전압계)
3) 오실로스코우프(2현상)
4) 다이오드 : (1N4001)×4
5) 저항 : 500[Ω], 2.7[kΩ], 5.6[kΩ], 10[kΩ](0.5W), 100[Ω] (1W)
6) 캐패시터 : 100[μF]×3, 470[μF]×2 (50WV)
7) 브레드보오드

4 실험순서

1) 그림 3-28(a)의 회로를 구성하고 전원을 공급하라.
2) 오실로스코우프를 사용하여 R_L 양단전압을 측정하고 V_{dc}, V_{rms}도 계산하여 기록하고 파형도 그려라(표 3-21).
3) 그림 3-28(b)의 회로를 구성하고 전원을 공급하라.
4) 오실로스코우프를 사용하여 R_L 양단전압을 측정하여 기록하고 파형도 그려라(표 3-22).
또 전압계로 R_L 양단전압(V_{dc})를 측정하라.

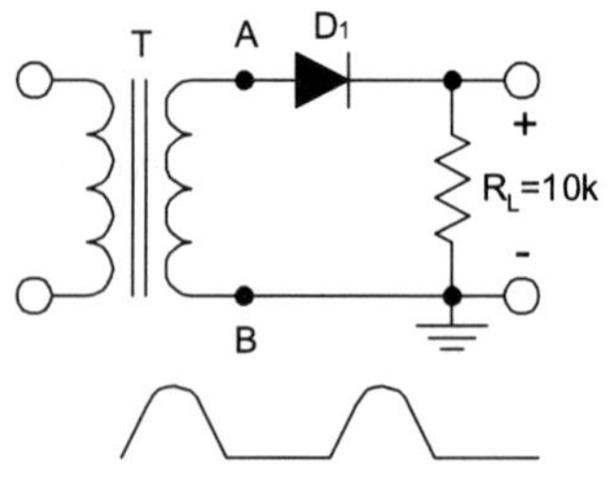

(a) 반파정류회로

5) 전압계를 제거하라.
6) 오실로스코우프를 ac에 놓고 수직입력제어단자(VOLT/DIV)를 최저위치에 맞춰라.

7) 오실로스코우프를 사용하여 R_L양단전압을 측정하여 ripple전압을 기록하고 파형도 그려라(표 3-23).

8) R_L제거 후 R_L양단전압을 측정하고 파형을 그려라(표 3-24).

9) 회로에서 전원을 제거하고 회로를 해체하라.

10) 다이오드 극성을 바꾸고 다시 그림 3-28(a)의 회로를 구성하라.

11) 회로에 전원을 공급하라.

12) 오실로스코우프를 사용하여 출력전압의 진폭을 조사하고 V_{dc}, V_{rms}도 계산하여 기록하고 파형도 그려라(표 3-25).

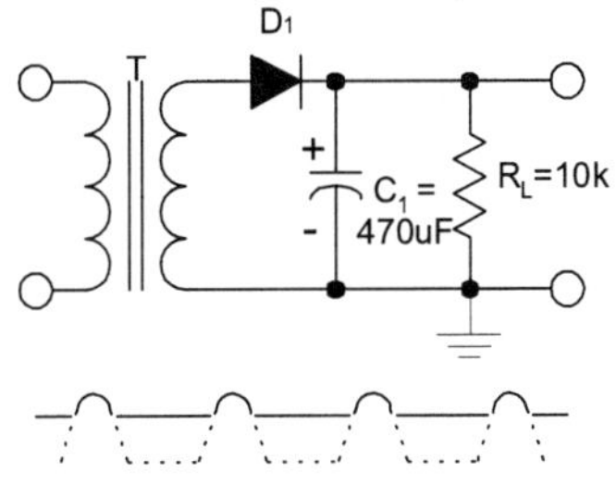

(b) C형 필터

[그림 3-28]

13) 그림 3-29의 회로를 구성하고 전원을 공급하라.

14) 오실로스코우프를 사용하여 R_L 양단전압을 측정하고 V_{dc}, V_{rms}도 계산하여 기록하고 파형도 그려라(표 3-26).

15) 회로에서 전원을 제거하라.

16) 다이오드 2개 모두의 극성을 바꾸어라.

17) 회로에 전원을 공급하라.

18) 오실로스코우프를 사용하여 출력전압의 진폭을 측정하고 V_{dc}, V_{rms}도 계산하여 기록하고 파형도 그려라(표 3-27).

19) 그림 3-30의 회로를 구성하고 전원을 공급하라.

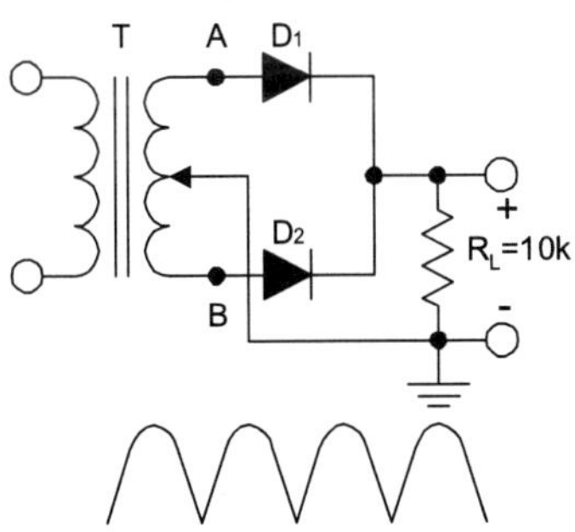

[그림 3-29] 전파정류회로

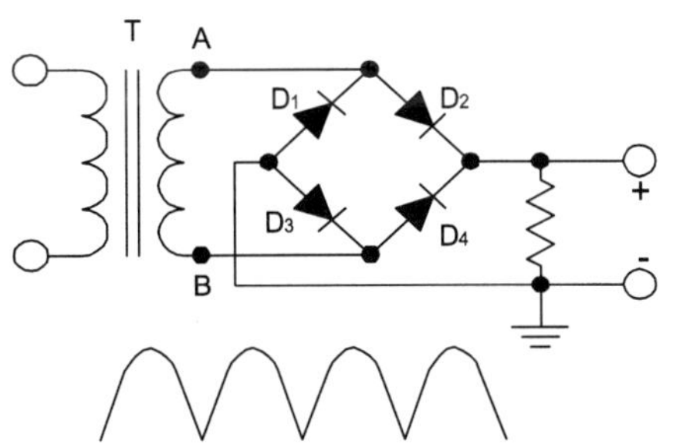

[그림 3-30] 브릿지 전파정류회로

20) 오실로스코우프를 사용하여 R_L 양단전압을 측정하고 V_{dc}, V_{rms}도 계산하여 기록하고 파형도 그려라(표 3-28).

또 V_{in}과 V_{out}의 주기를 살펴보고 $f_{out}=2f_{in}=120[Hz]$임을 확인하라.

21) 회로에서 전원을 제거하라.

22) 그림 3-31의 회로를 구성하고 전원을 공급하라.

23) 오실로스코우프를 사용하여 R_L 양단전압을 측정하여 기록하고 파형도 그려라(표 3-29).

24) 전압계를 사용하여 R_L 양단전압을 측정하여 기록하라.

25) 전압계를 제거하라.

26) 오실로스코우프를 사용하여 R_L 양단전압을 측정하여 ripple 전압을 기록하고 파형도 그려라(표 3-30).

27) 회로에서 전원을 제거하라.

28) 회로에서 C_1을 제거하라.

29) 회로에 전원을 공급하라.

30) ripple 전압의 변화를 조사하고 파형도 그려라(표 3-31).

31) 회로에서 전원을 제거하라.

32) C_1은 접속시키고 C_2를 제거하라.

33) ripple 전압의 변화를 조사하라(표 3-32).

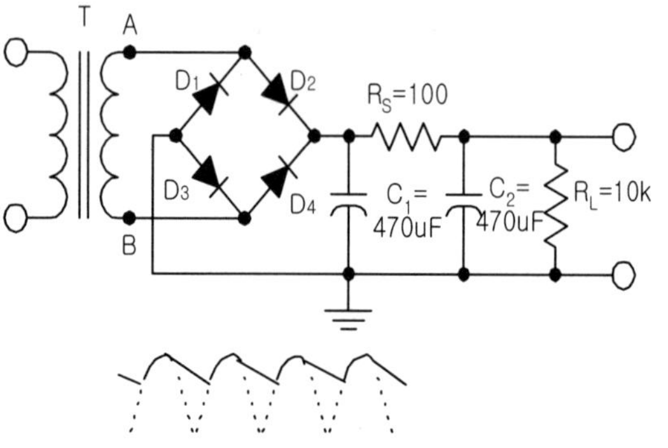

[그림 3-31] π형 필터회로

실험 결과보고서

교 과 목 명	
실 험 제 목	
담 당 교 수	
실 험 일 자	년 월 일(요일)

조 편 성	
공동실험자	
학 번	
이 름	

2) [v_{outp} = 또는 V_m =]
[V_{dc} = , v_{rms}=]

[표 3-21]

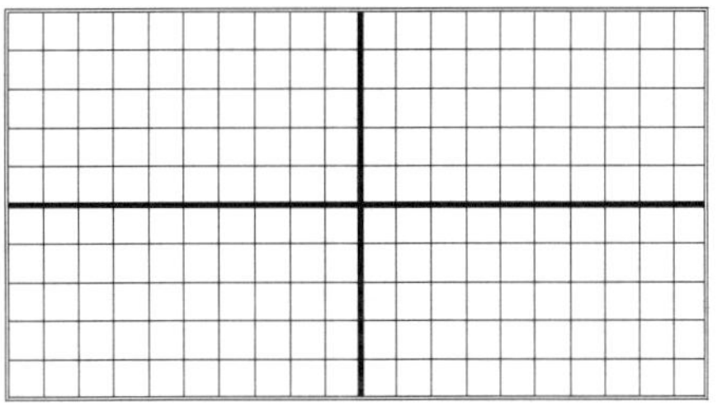

4) [v_{out} =]

[v_{dc} =]

[표 3-22]

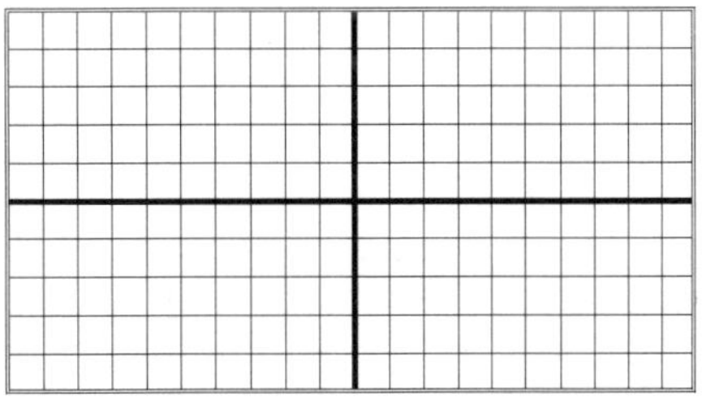

7) [*ripple* 전압 = V_{p-p}]

[표 3-23]

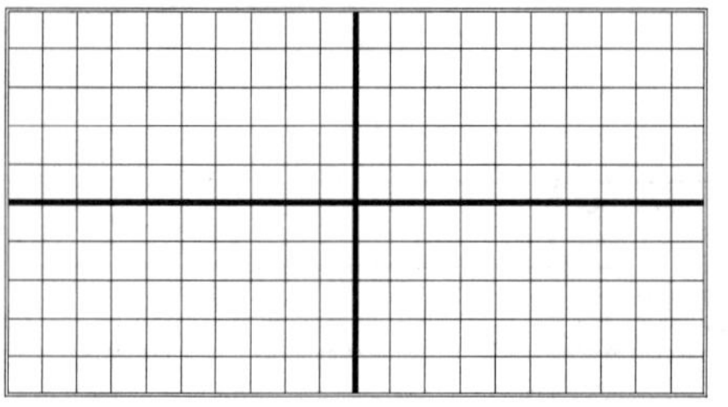

8)

[표 3-24]

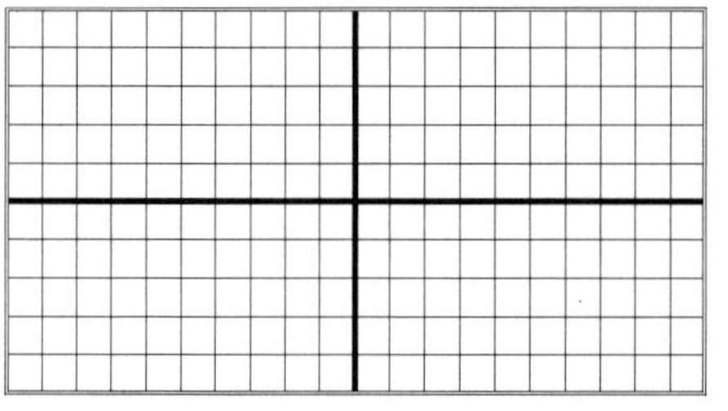

12) [v_{outp} = 또는 V_m =]
[V_{dc} = , v_{rms} =]

[표 3-25]

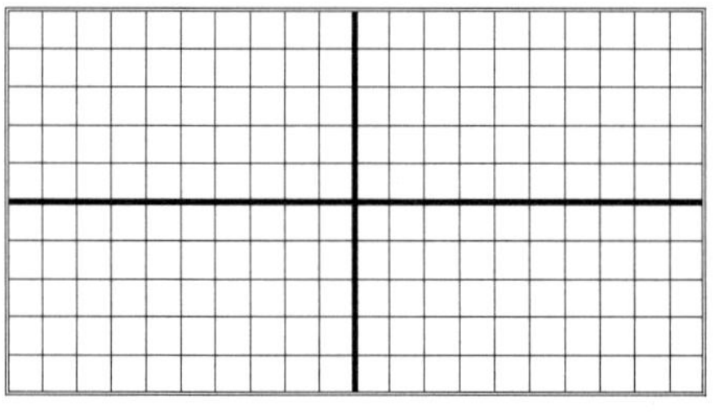

14) [v_{outp} = 또는 V_m =]
[V_{dc} = , v_{rms} =]

[표 3-26]

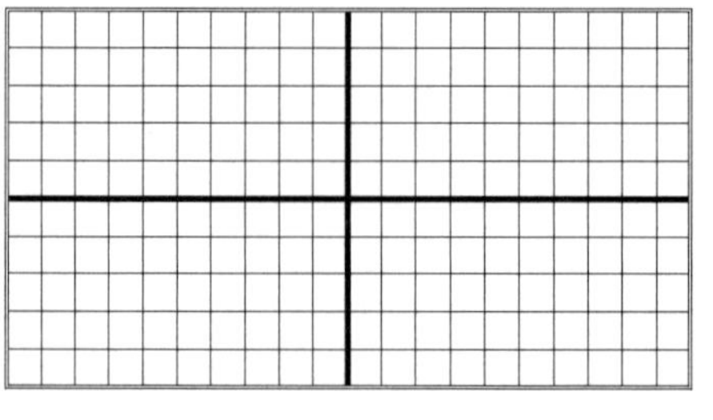

18) [v_{outp} = 또는 V_m =]
[V_{dc} = , v_{rms} =]

[표 3-27]

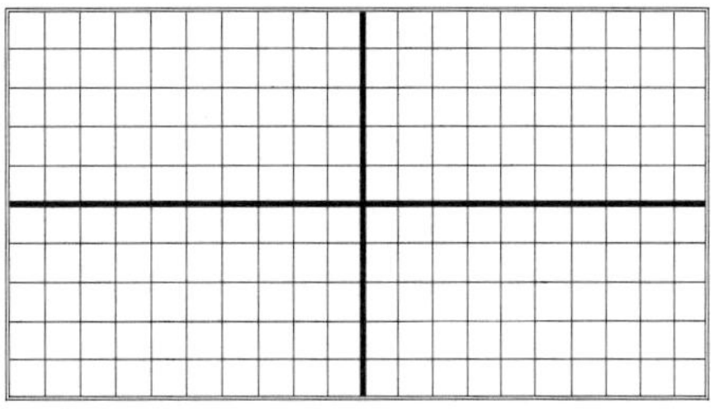

20) [v_{outp} = , V_m =]
[v_{dc} = , v_{rms} =]

[표 3-28]

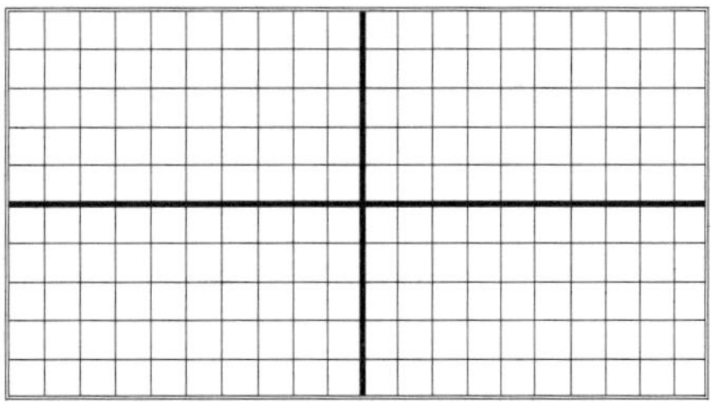

23) [v_{outp}]

24) [v_{dc} =]

[표 3-29]

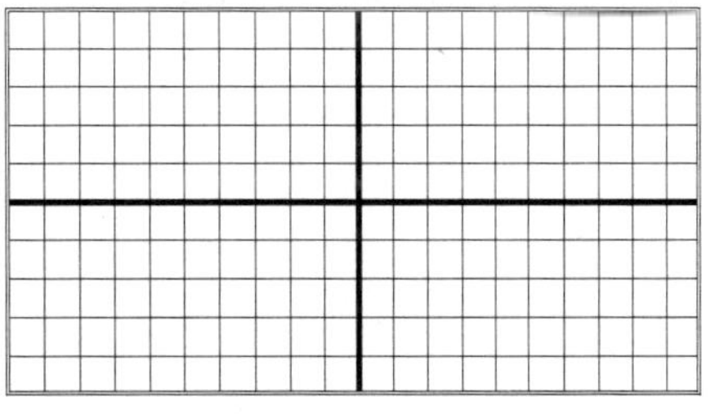

26) [*ripple*전압 = V_R = v_{p-p}]

[표 3-30]

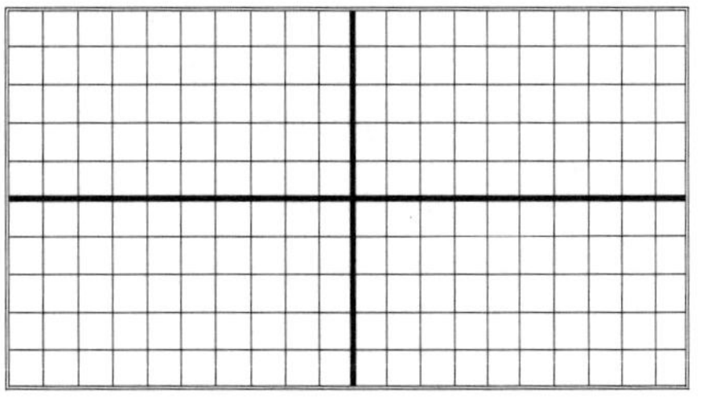

30) [*ripple* 전압 = v_{p-p}] **[표 3-31]**

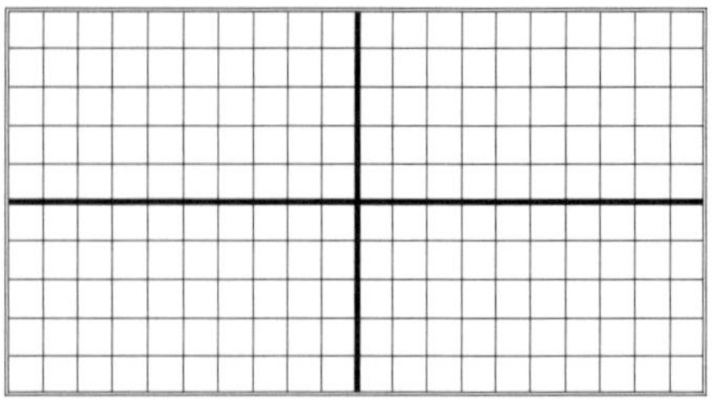

33) [*ripple* 전압= v_{p-p}] **[표 3-32]**

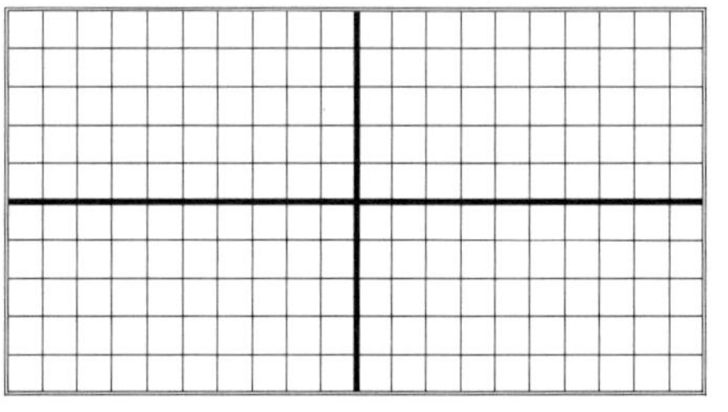

실험 후 검토

연 습 문 제

1. 3가지 정류회로에 대해 순방향저항 R_f 및 cutin 전압 V_r을 고려했을 때의 출력파형을 그려라.

2. 일반 전파정류회로와 브릿지 전파정류회로의 출력전압 크기를 비교하고 차이가 발생하면 그 이유를 설명하라.

3. 반파정류회로와 전파정류회로의 출력신호의 주파수는 입력신호의 주파수와 어떤 관계가 있는가?

4. 반파 및 전파정류회로의 평균치전압 V_{dc}를 계산하라.

5. 그림 3-28(b)에서 부하저항 R_L을 제거했을 때와 부가했을 때의 출력전압 차이에 대해 설명하라.

6. 필터회로에서 게페시디 C의 용량 크기와 ripple과의 관계에 대해 실명하라.

7. 필터회로에서 부하저항 R_L의 크기와 ripple과의 관계에 대해 설명하라.

4장

제너다이오드

실험 4-1 제너다이오드 특성 및 전압조절기

1 실험목적

제너다이오드의 정전압특성 및 전압조절기회로(Voltage regulator)구성과 동작에 대해 알아본다.

2 관련이론

2-1. 구조와 동작

제너다이오드는 다이오드의 항복특성을 적극적으로 활용한 다이오드로서 외부 선전압이나 부하저항이 변해도 부하전압이 일정하게 유지되는 성질을 가지고 있다 외형적으로는 그림 4-1과 같이 일반다이오드와 비슷하다.

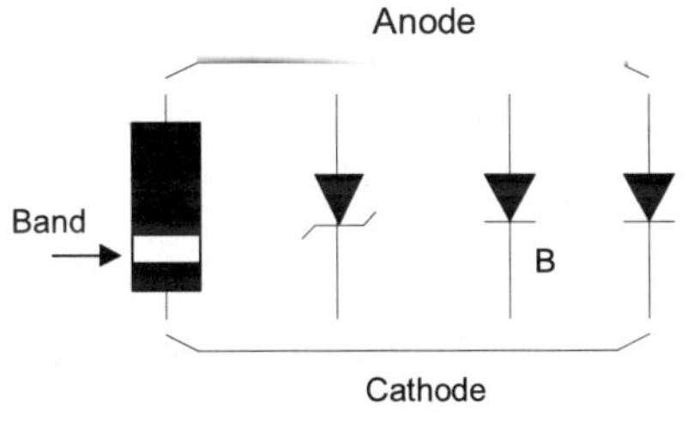

[그림 4-1] 제너다이오드와 도식기호

제너다이오드도 애노우드에 정(+), 캐소우드에 부(−)의 전위가 주어질 때를 순방향바이어스가 걸렸다고 하고 그 반대의 전위가 주어지면 역방향바이어스가 걸렸다고 한다. 순방향바이어스된 상태에서의 제너다이오드는 순방향전압(V_F)이 약 0.7[V]가 될 때 큰 순방향전류(I_F)를 흘리고, 역방향 바이어스된 상태에서는 역방향전압(V_R)이 제너전압(V_Z)에 도달할 때까지는 극히 미소한 전류(거의 0)를 흘리나 이 절연파괴점에 해당되는 제너전압(V_Z)에서 큰 역방향전류를 흘리게 되고 또한 제너전압(V_Z)은 포화되어 거의 일정한 값을 유지한다.

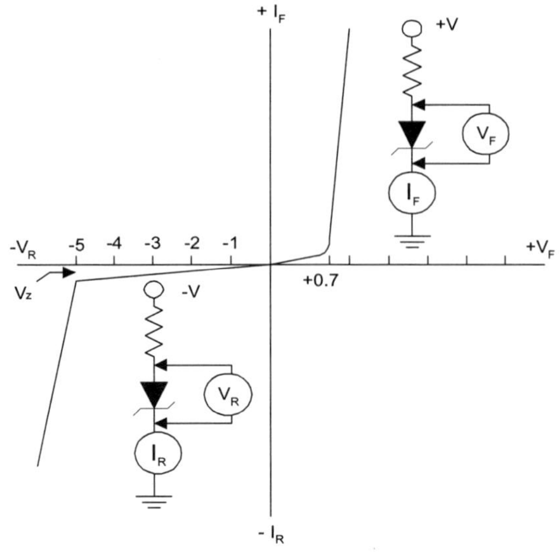

[그림 4-2] 제너다이오드의 I-V 특성

일반다이오드는 이 역방향전류에 의해 절연파괴가 일어나지만 제너다이오드는 제조과정에서 불순물 농도의 도우핑 레벨을 변화시켜 이 절연파괴영역에서 안전하게 동작할 수 있도록 제조된다. 그림 4-2는 이를 나타낸 제너다이어드의 I-V특성곡선이다.

제너다이오드는 항상 **역방향바이어스**시켜 동작시켜야 하고 외부전원전압(V_S)이 제너전압(V_Z)보다 충분히 클 때 제너다이오드양단에는 항상 일정한 **제너전압**(V_Z)이 유지되게 된다. 다이오드가 전도되고 있을 동안 제너전압(V_Z)이 일정하게 유지되기 때문에 흔히 이 다이오드를 **전압기준다이오드** 또는 **정전압다이오드**라고 부른다.

일반적으로 2[V]에서 200[V]정도까지의 제너전압을 갖는 제너다이오드가 제조되고 있다. 제너다이오드를 파손하지 않고 안전하게 사용할 수 있는 역방향전류 즉, 제너전류(I_Z)에는 한계가 있는데 이 전류를 최대제너전류(I_{Zmax})라 하고 이것은 일반적으로 데이타시이트에 제조회사로부터 제공된다. 만일 이 데이타가 제공되지 않는 경우에는 그림 4-3과 같이 계산할 수도 있다.

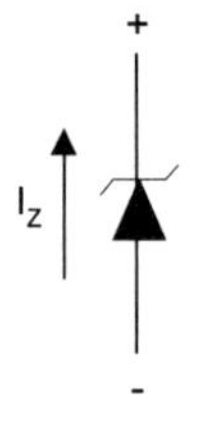

[그림 4-3]
제너다이오드의
최대제너전류

P_{Zmax}=1[W], V_Z=5.1[V]의 정격을 가진 제너다이오드인 경우에는 $I_{Zmax} = P_{Zmax}/V_Z$ =196[mA]가 된다. 제너다이오드는 항상 이 허용전류이하에서 동작시켜야 하고 가능한 $I_{Zmax}/2$이하로 사용하는 것이 안전하므로 이 다이오드인 경우에는 98[mA] 이하로 사용하는 것이 안전하다.

2-2. 전압안정화 회로

1) 간단한 제너전압조절기(voltage regulator)

그림 4-4에 나타낸 간단한 **제너다이오드 전압조절기회로**에서 공급전압(+V)은 제너전압(V_Z)보다 적어도 1[V]이상은 커야 전압조절기의 기능을 할 수가 있다. 예를 들어 +V=20[V], V_Z=10[V]이면 출력에는 V_Z값인 10[V]가 일정하게 유지되나 +V=5[V], VZ=10[V]이면 제너다이오드가 제너점 이하에서 동작하므로 출력도 거의 +V의 값인 5[V]가 주어지고 제너기능을 상실하게 된다. 출력에 부하가 없는 회로에서 직렬저항(R_S)은 다이오드를 흐르는 전류(I_Z)를 제한하기 위한 전류제한기이다. 이 저항은 옴의 법칙을 이용하여 $R_S=V_{RS}/I_Z$로 계산할 수 있는데, 여기서 $V_{RS}=+V-V_Z$로 계산한다.

예를 들어, +V=8[V], V_Z=5.1[V] 이고 I_Z를 90[mA] 흘리기로 결정했다면

$$V_{RS} = +V - V_Z = 8 - 5.1 = 2.9[\mathrm{V}]$$

$$R_S = \frac{V_{RS}}{I_Z} = \frac{2.9V}{90mA} = 32[\Omega]$$

을 선정하면 된다.

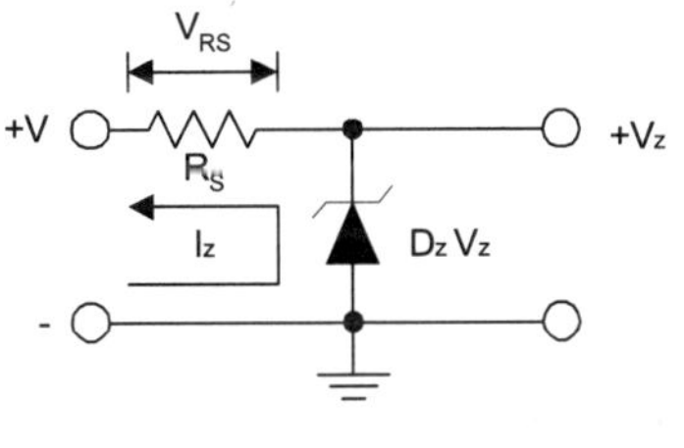

[그림 4-4] 제너전압조절기의 직렬저항 선정

2) 부하가 접속된 제너전압조절기

간단한 제너전압조절기에 부하가 접속되면 먼저 제너다이오드가 항복영역에서 동작하는지를 확인하여야 한다. 그림 4-5와 같은 회로에서 제너다이오드 제거시의 부하전압 V_{TH}를 $V_{TH} = \{(R_L/R_S + R_L)\cdot(+V)\}$로 계산하여 $V_{TH} > V_Z$가 되면 이 회로는 제너효과가 나타나 출력은 항상 일정한 V_Z의 정전압을 유지하게 된다. 만일 $V_{TH} < V_Z$가 되면 제너기능을 상실하게 되기 때문에 이를 먼저 확인해야 한다.

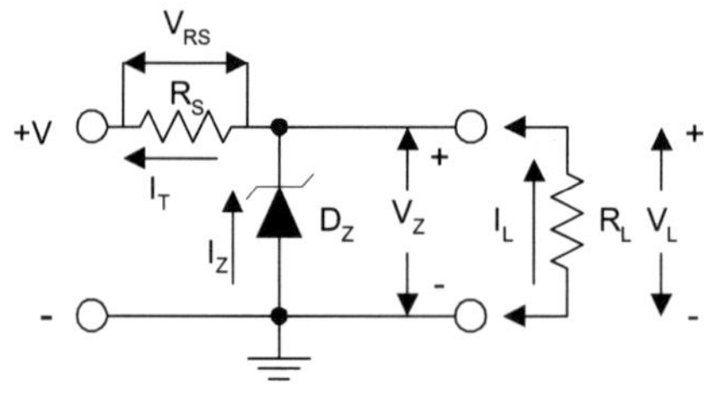

[그림 4-5] 제너다이오드 조절전압

이 회로에서 제너다이오드를 흐르는 전류는 다음과 같은 순서로 계산하면 된다.

$$(a)\ \text{직렬전류} : I_T = \frac{+V - V_Z}{R_S} = \frac{V_{RS}}{R_S} \quad (4-1)$$

$$(b)\ \text{부하전류} : I_L = \frac{V_Z}{R_L} \quad (4-2)$$

$$(c)\ \text{제너다이오드전류} : I_Z = I_T - I_L \quad (4-3)$$

만일, 부하가 없는 회로인 경우라면 $I_Z = I_T$가 된다. 그러나 부하가 존재하면 이 두 전류치는 달라지는데 예를 들어 $+V = 8V$, $V_Z = 5.1V$이고 $R_S = 32\Omega$, $R_L = 1k\Omega$이면

$$V_{RS} = +V - V_Z = 8V - 5.1V = 2.9V$$

$$I_T = \frac{V_{RS}}{R_S} = \frac{2.9V}{32\Omega} = 90mA$$

$$I_L = \frac{V_Z}{R_L} = \frac{5.1V}{1k\Omega} = 5.1mA$$

$$I_Z = I_T - I_L = 90mA - 5.1mA = 84.9mA$$

즉, 부하가 없는 회로인 경우라면 $I_Z = I_T = 90mA$가 되나 부하가 주어질 때는 $I_Z = 84.9mA$로 제너전류가 감소한다.

만일, $R_L = 500\Omega$으로 감소하면 $I_L = 5.1V/500\Omega = 10.2mA$가 되어 $I_Z = 90mA - 10.2mA = 78.9mA$가 되므로 부하저항값에 따라 제너전류가 변화됨에 주의해야 한다.

3 사용기기 및 부품

1) 전원공급장치 : 0 ~ +12[V]
2) V.O.M(전압계,전류계)
3) 전류계 : mA
4) 제너다이오드 : 1N5231($V_z = 5.1V$) × 2, 1N9231($V_z = 9.1V$)
5) 다이오드 : 1N4001
6) 저항 : 100[Ω], 220[Ω], 470[Ω], 500[Ω], 1[kΩ], 2.2[kΩ], 3.3[kΩ], 4.7[kΩ], 10[kΩ] (0.5W)
   전위차계(선형) : 5[kΩ], 10[kΩ] (2W)
7) 브레드보오드

4 실험순서

1) 그림 4-6의 회로를 구성하라.
2) R_A를 조정하여 V_{ab}가 0[V]가 되도록 조정하라.
3) 표 4-1에 주어진 V_{ab}전압에 대한 V_Z를 각각 측정하여 기록하라.

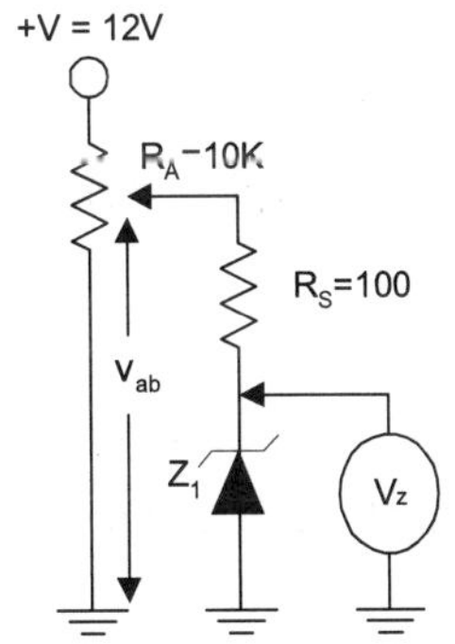

[그림 4-6] 제너다이오드의 정전압특성

4) 그림 4-7의 회로를 구성하라.
5) 다이오드 V_{Z1}에 걸리는 전압을 측정하여 기록하라.
6) 다이오드 V_{Z2}에 걸리는 전압을 측정하여 기록하라.
7) 다음 식을 이용하여 V_{out}을 계산하여 기록하라.
8) V_{out} 을 측정하여 기록하라.
9) V_{out}와 접지간에 부하저항 (① R_L=1[kΩ] ② R_L=100[Ω] ③ R_L=10[kΩ])을 접속하라.

10) 이 때 각 R_L에 대한 V_{RL}을 측정 후 기록하라.

11) 그림 4-8의 회로를 구성하라. 이 때 RL은 접속하지 말고 I_Z와 I_L을 측정할 수 있도록 전류계를 접속하라.

12) 다음 식을 이용하여 V_{RS}를 계산하여 기록하라.

$$[V_{RS} = +V - V_Z]$$

13) 다음 식을 이용하여 I_T를 계산하여 기록하라.

$$[I_T = \frac{V_{RS}}{R_S}]$$

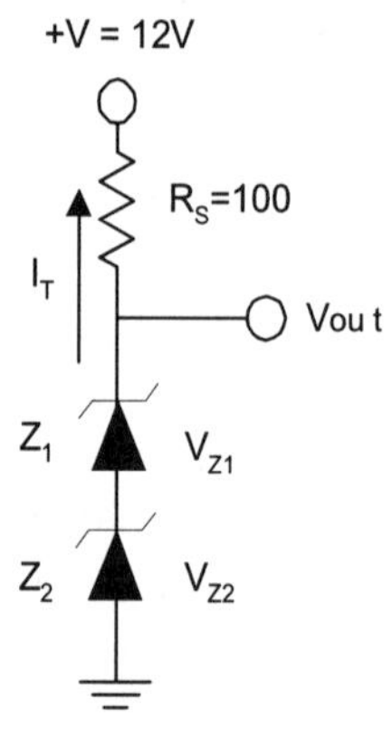

[그림 4-7] 제너다이오드의 직렬접속시 특성

14) 회로에 전원을 인가하고 I_L, I_Z, V_{RS} 및 V_Z를 측정하여 표 4-2에 기록하라.

15) 저항 10[kΩ]을 A,B간에 접속하고 I_L을 측정하여 표 4-2에 기록하라.

16) I_Z를 측정하여 표 4-2에 기록하라.

17) 다음 식을 이용하여 전체전류 I_T를 계산하여 표 4-2에 기록하라. $[I_T = I_L + I_Z]$

18) V_{RS}와 V_Z를 측정하여 표 4-2에 기록하라.

19) 다음 식을 이용하여 전체 전압 V_T를 계산하여 표 4-2에 기록하라. $[V_T = V_{RS} + V_Z]$

20) 표 4-2에 주어진 나머지 R_L값에 대해서도 과정 15) ~19)를 반복하라.

21) 그림 4-9의 회로를 구성하라.

22) 가변저항 5[kΩ]을 변화시키면서 표 4-3에 주어진 부하전류값에 대해 출력 전압V_o와 I_Z를 측정하여 기록하라.

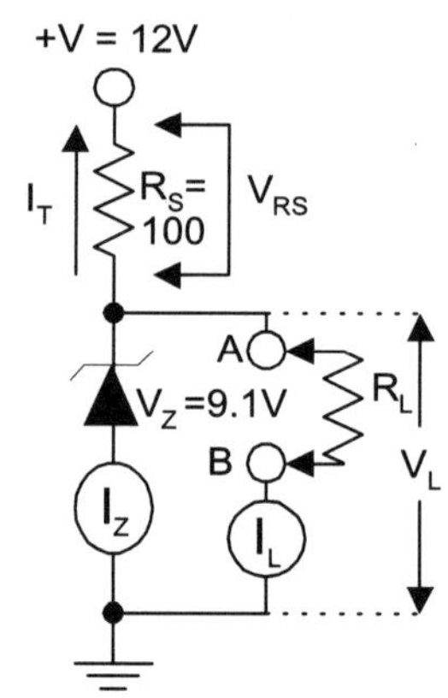

[그림 4-8] 제너다이오드

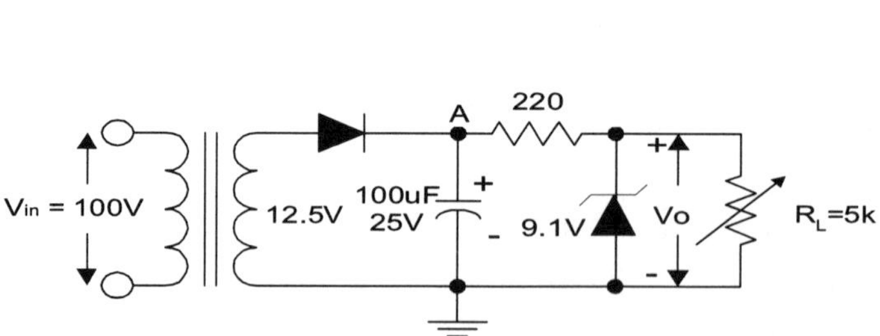

[그림 4-9] 정전압회로

실험 결과보고서

교 과 목 명		조 편 성	
실 험 제 목		공동실험자	
담 당 교 수		학 번	
실 험 일 자	년 월 일(요일)	이 름	

3)

[표 4-1]

$+V_{ab}$	V_Z
0	
1	
2	
3	
4	
5	
6	
7	
8	
9	
10	
11	
12	

5) [$V_{Z1}=$]

6) [$V_{Z2}=$]

7) [$V_{out}=V_{Z1}+V_{Z2}=$]

8) [$V_{out}=$]

10) ① [$V_{RL}=$], ② [$V_{RL}=$], ③ [$V_{RL}=$]

12) [$V_{RS}=+V-V_Z=$]

13) [$I_T=\frac{V_{RS}}{R_S}=$]

14) ~ 20)

[표 4-2] I-V 데이터 작성표

R_L (Ω)	V_L [V]	V_{RS} [V]	$V_T = V_{RS} + V_L$ [V]	I_L (mA)	I_Z (mA)	$I_T = I_L + I_Z$(m A)
무부하						
10k						
4.7k						
2.2k						
1.0k						
500						
100						

22)

[표 4-3]

I_o[mA]	0	2	4	6	8	10	12	14	16	18	20
V_o[V]											
I_Z[mA]											

실험 후 검토

실험 4-2 제너다이오드 파형정형회로

1 실험목적

제너다이오드의 클리핑회로와 슬라이스회로의 구성 및 동작에 대해 알아본다.

2 사용기기 및 부품

1) 교류전원 :
2) 오실로스코우프(2현상)
3) 제너다이오드 : 1N5231(5.1[V]) × 2
4) 저항: 100[Ω], 1[kΩ] (0.5W)
5) 브레드보오드

3 실험순서

1) 그림 4-10의 회로를 구성하고 V_{out}에 오실로스코우프를 접속하라.
2) 입력에 36[Vp-p]의 정현파신호를 인가하고 출력전압을 오실로스코우프로 관측한 후 그래프용지에 그리고 피이크값도 표시하라.
3) 입력전원을 제거하고 제너다이오드의 극성을 바꾸어라.
4) 과정 2)를 반복하라.

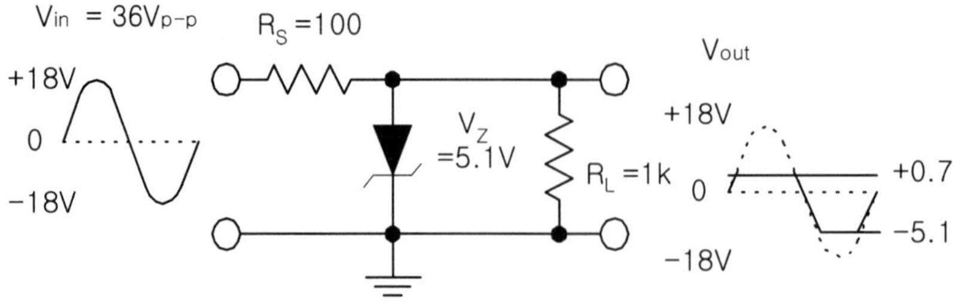

[그림 4-10] 제너다이오드 클리핑회로

5) 그림 4-11의 회로를 구성하고 출력파형을 오실로스코우프로 관측하여 그래프용지에 그려라.

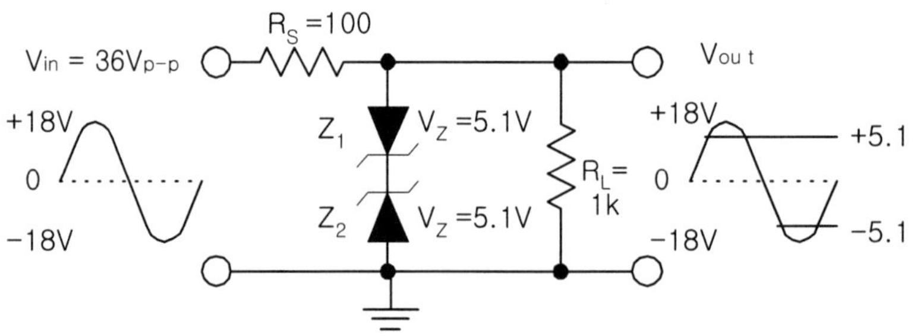

[그림 4-11] 제너다이오드 슬라이스회로

실험 결과보고서

교 과 목 명	
실 험 제 목	
담 당 교 수	
실 험 일 자	년 월 일(요일)

조 편 성	
공동실험자	
학 번	
이 름	

2)

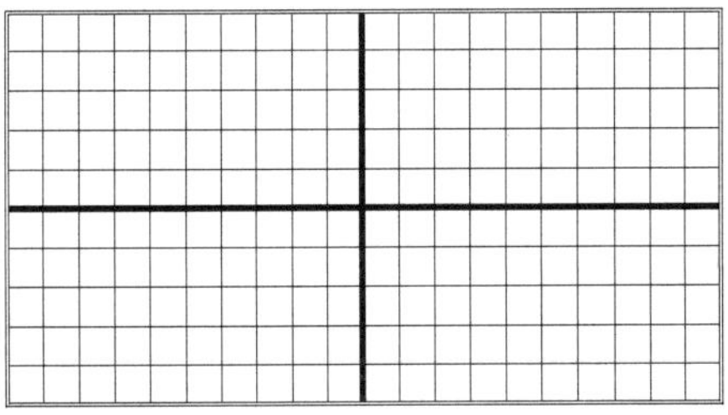

4)

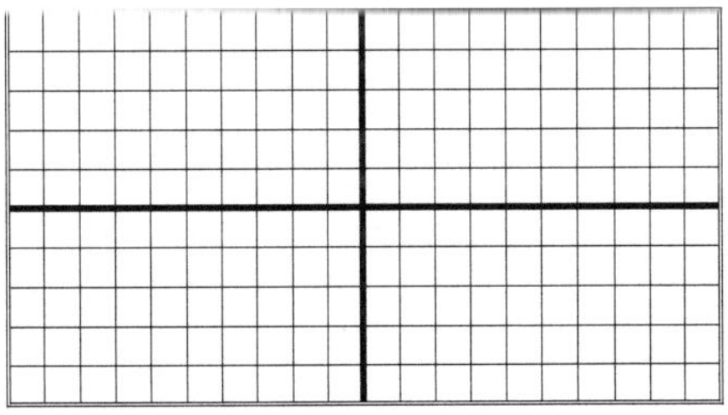

5)

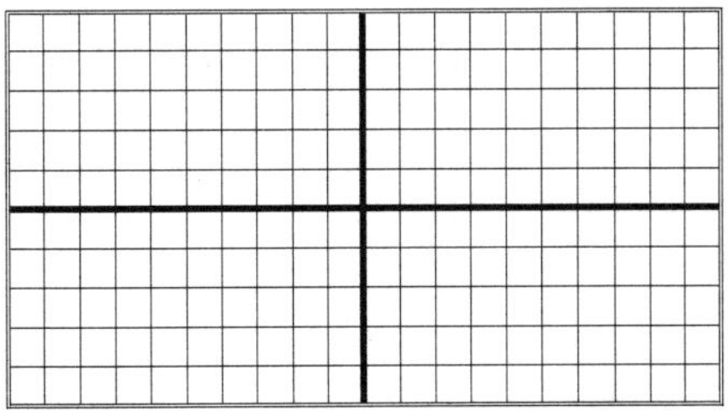

실험 후 검토

연 습 문 제

1. 접합 다이오드와 제너다이오드의 차이점을 설명하라.

2. 실험 4-1의 순서 1)~3)의 결과로부터 제너다이오드의 특성을 설명하라.

3. 전압 레귤레이터의 회로동작을 그리고 설명하라.

4. 전압 레귤레이터에 이용되는 제너 다이오드의 특성은 특성곡선에서 어느 부분인가? 또 그 이유를 설명하라.

5. 실험 4-1의 결과 표 4-2로 부터 전압조절기의 부하효과를 설명하라.

6. 실험 4-1의 결과 표 4-3로 부터 $I_o - V_o$ 간의 관계를 살펴보고 제너다이오드의 효과를 설명하라.

7. 제너다이오드 슬라이스 농삭에 내해 설벙하라.

5장

트랜지스터

실험 5-1. 트랜지스터의 스위치와 저항
실험 5-2. 공통 에미터 증폭기
실험 5-3. 저주파증폭기의 주파수특성
실험 5-4. 멀티바이브레이터

실험 5-1 트랜지스터의 스위치와 저항

실험 5-1-1. 스위치로서의 트랜지스터

1 실험목적

트랜지스터가 스위치로 동작할 때 전도 · 차단상태에서 회로의 전압강하가 어떻게 주어지는가에 대해 알아본다.

2 관련이론

2-1. 구조 및 동작과 외형

바이폴라 트랜지스터는 그림 5-1과 같은 3개의 반도체 물질로 구성된다. **NPN 트랜지스터는 베이스**(B)라 불리는 매우 얇은(0.001인치 이하) P형 반도체영역을 경계로 좌우로 두개의 N형영역인 **에미터**(E)와 **콜렉터**(C)가 접합되고 있다. 한편 **PNP트랜지스터**는 N형반도체를 베이스로 하여 P형반도체인 에미터와 콜렉터가 접합되고 있다.

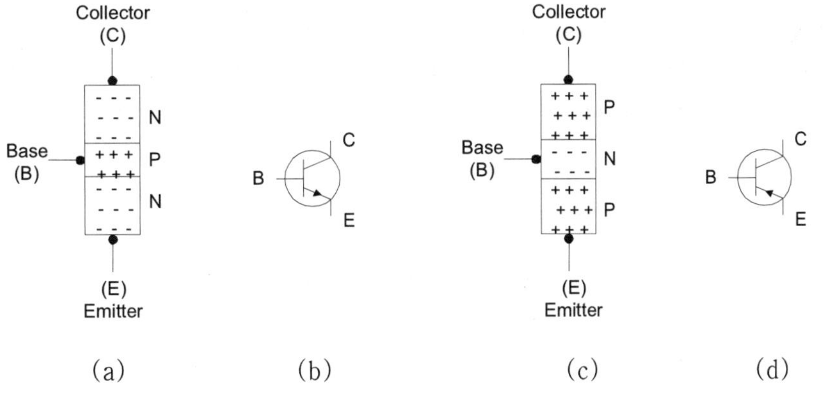

[그림 5-1] 바이폴라트랜지스터의 구조와 도식적기호
(a)(b) : NPN형 (c)(d) : PNP형

에미터는 캐리어전류를 공급하기 위해 불순물 doping량이 콜렉터보다 많으며, 불순물량이 적게 도우핑된 콜렉터로의 캐리어의 흐름량은 베이스에 의해 조절된다. 정상전류의 흐름방향에 따라 NPN트랜지스터의 도식기호(Symbol)는 베이스에서 에미터로, PNP트랜지스터의 도식기호는 에미터에서 베이스를 향해 화살표를 표시한다. 트랜지스터의 외형은 그림 5-2와 같이 주어지는데 이 외형에는 단자들이 접속되어 있다. 회로 구성시에는 데이타시이트를 찾아보든지 테스터를 이용하여 정확한 단자를 식별하여 접속하는 것이 필요하다.

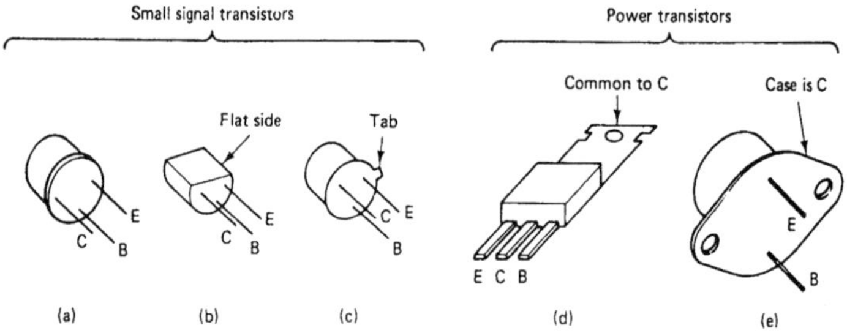

[그림 5-2] 일반적인 트랜지스터 패키지와 단자식별
(a) TO-5 (b) TO-92 (c) TO-18
(d) TO-220 (e) TO-3 또는 TO-66케이스

2-2. 트랜지스터 작용(action)

바이폴라 트랜지스터는 **"Normally off소자"** 이므로 전류를 형성시키기 위해서는 각각의 접합부에 바이어스전압을 인가해 주어야 한다. 트랜지스터는 두개의 다이오드의 중첩으로 볼 수 있으므로 에미터-베이스 다이오드(접합부)에는 **순방향바이어스**, 콜렉터-베이스 다이오드(접합부)에는 **역방향바이어스**를 그림 5-3과 같이 인가해 주어야한다.

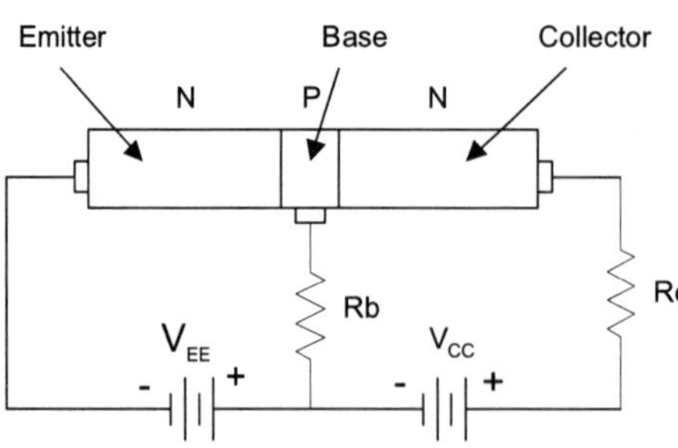

[그림 5-3] NPN 트랜지스터의 바이어스

이 회로는 NPN트랜지스터에 대한 바이어스이나 PNP인 경우에도 마찬가지로 바이어스를 생각할 수 있으므로 V_{EE}와 V_{CC}의 극성만 반대로 해 주면 전류가 형성된다. 그림 5-4에 NPN트랜지스터의 내부 및 외부의 전류 흐름을 나타내었다.

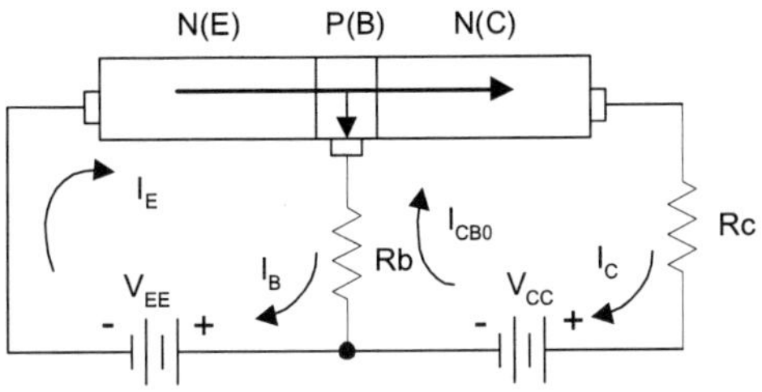

[그림 5-4] NPN 트랜지스터의 외부회로의 전류 흐름도

에미터-베이스다이오드에서 N형 에미터에 끌려나온 전자는 **다수캐리어**가 되고 이 전자는 전자농도가 적은 N형의 콜렉터쪽으로 확산해 가는데 도중에 극히 소수가 P형인 베이스영역의 정공과 **재결합**하는 과정에서 베이스전류(I_B)를 형성시키고 그 나머지는 콜렉터쪽으로 전송되어 콜렉터전류(I_C)를 형성한다.

한편 에미터-베이스 다이오드의 **소수캐리어**인 정공은 드리프트운동에 의해 베이스전류(I_B)를 형성한다. 또 콜렉터-베이스의 역방향바이어스에 의한 콜렉터 역포화전류(I_{CBO})도 극소 발생되는데 이는 콜렉터전류(Ic)의 일부가 된다. 이와같이 에미터측의 다수, 소수캐리어 전류(I_E)는 거의 대부분 콜렉터전류(Ic)를 형성하고 일부 베이스선류(I_B)를 형성시킨다. 즉, I_E는 I_B에 I_C를 합한 전류가 된다. 이와같이 트랜지스터에는 바이어스를 인가하면 전자,정공의 2가지 캐리어에 의해 전류가 형성되므로 흔히 **바이폴라(bipolar)**란 용어를 첨부하기도 한다.

이상의 **트랜지스터작용**을 식으로 정리하면 다음과 같다.

$$I_E = I_B + I_C \tag{5-1}$$

이 식에서 I_B는 극히 적기 때문에(수μA) 일반적으로 I_E는 I_C와 거의 같다고 표현한다. 또 I_B는 직접 I_C를 제어하기 때문에 I_B가 변하면 I_C가 변화됨을 알 수 있다.

PNP트랜지스터의 경우에도 마찬가지로 해석할 수 있고 이때는 다수캐리어가 정공이 되고 소수캐리어가 전자가 되어 이 두 캐리어에 의해 식(5-1)과 같이 전류를 형성시킨다.

2-3. 트랜지스터의 스위칭 작용

트랜지스터는 I_B를 제어하면 스위치로도 사용할 수 있는데 이를 그림 5-5에 나타내었다.

그림 5-5(a)와 같이 트랜지스터의 베이스를 접지 쪽으로 접속시키면 에미터-베이스 접합에 순방향바이어스가 걸리지 못하므로 I_B가 0가 되어 I_C도 0가 된다. 이때 트랜지스터가 **차단(스위치:개방)**되었다고 말한다. 트랜지스터의 차단상태에서는 스위치적으로 보아 트랜지스터가 개방되므로 출력전압이 공급전압과 같아진다. 그러므로 트랜지스터의 차단상태는 출력전압을 측정하여 공급전압과 같게 나오는 경우로 판별한다. 그림 5-5(b)와 같이 트랜지스터의 베이스를 저항 R_A쪽으로 접속시키면 에미터-베이스접합은 순방향바이어스되고 I_B가 흘러 I_C가 형성되게 된다. 이때 트랜지스터는 **전도(스위치:단락)**되었다고 말한다.

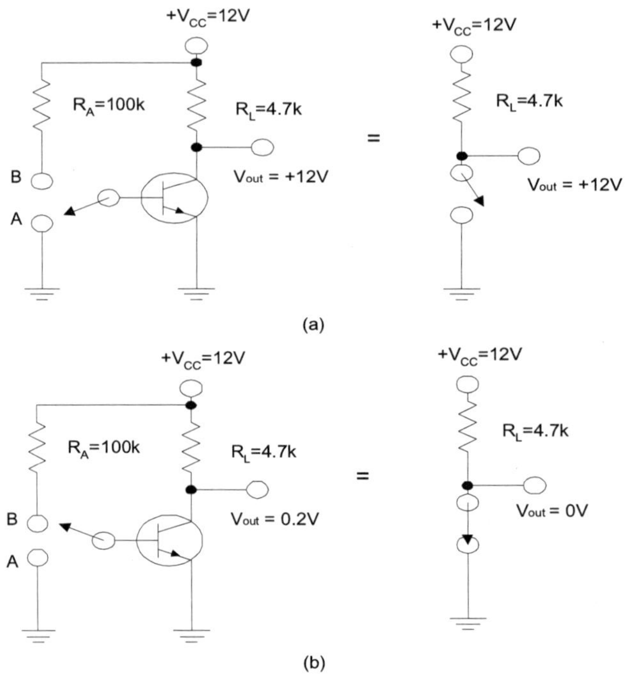

[그림 5-5] 스위치로 사용되는 트랜지스터. (a)개방스위치 (b)단락스위치

트랜지스터의 전도상태에서는 스위치적으로 보아 트랜지스터가 단락되므로 출력전압은 거의 0V(약 0.2V정도)가 된다. 그러므로 트랜지스터의 전도상태는 출력전압을 측정하여 거의 0V가 나오는 경우로 판별한다.

이 같은 **트랜지스터의 스위치동작**은 펄스, 스위칭회로에서는 트랜지스터를 과대포화로 바이어스하여 적극적으로 활용하고 있다. 또한 이 같은 트랜지스터의 전도 또는 차단상태를 측정하는 기술은 모든 능동소자회로를 실험하는데 중요한 고장진단의 수단이 된다.

3 사용기기 및 부품

1) 전원공급장치 : +12V
2) V.O.M(전압계)
3) 트랜지스터 : MPS2222
4) 저항 : 2.2kΩ, 22kΩ, 100kΩ (0.5W)
5) 스위치 : DTST
6) 브레드보오드

4 실험순서

그림 5-6에서 스위치 S_1이 위치 A에 놓일 때 E-B접합이 역방향바이어스되어(V_B=0) 트랜지스터는 차단(off)되고 C-E간의 V_C에 회로전체전압인 $+V_{CC}$가 걸리게 된다. 스위치 S_1이 위치 B에 놓일 때 E-B접합은 순방향바이어스되어($V_B \approx 0.7V$) 트랜지스터는 전도(on)되고 콜렉터전압 V_C는 거의 접지전위($V_C \approx 0.2V$)레벨이 된다. 이 상태에서 트랜지스터는 포화된다.

1) 그림 5-6의 회로를 구성하라.
2) 스위치를 위치 A에 놓아라.
3) V_B와 V_C를 측정하여 표 5-1에 기록하고 트랜지스터의 전도, 차단상태도 기록하라 .
4) 스위치를 위치 B에 놓아라.
5) 과정 3)을 반복하라.
6) 다음 식을 이용하여 I_C를 계산하고 기록하라. [$I_C = \frac{V_{RC}}{R_L} = \frac{+V_{CC} - V_{c(con)}}{R_L}$]

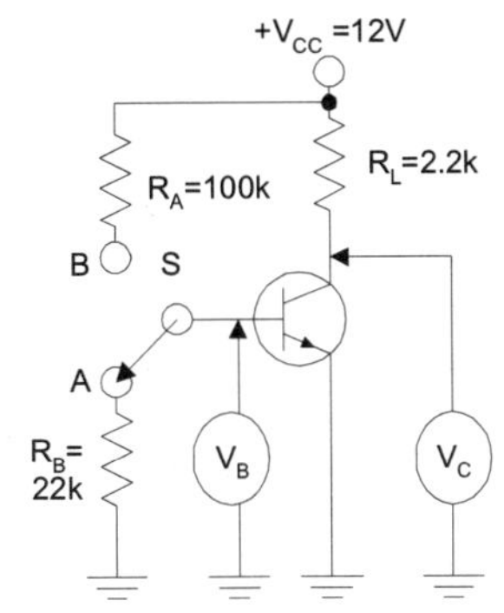

[그림 5-6] 스위치로서의 트랜지스터 시험회로

실험 5-1-2. 가변저항으로서의 트랜지스터

1 실험목적

트랜지스터의 I_B가 I_C를 직접 제어함을 알아보고 트랜지스터의 저항은 그에 반비례함을 알아본다.

2 사용기기 및 부품

1) 전원공급장치 : +6V
2) V.O.M(전압계)
3) 전류계(다범위)
4) 트랜지스터 : MPS2222
5) 저항 : 1MΩ, 470kΩ, 220kΩ, 100kΩ, 47kΩ, 22kΩ (0.5W)
6) 브레드보오드

3 실험순서

그림 5-7에서 저항 R_A는 다양한 I_B를 발생시키기 위해 변화시킬 수 있다. 다시 말해 이것은 다양한 I_C의 값을 발생시킬 수 있고 트랜지스터 저항이 변화되는 효과가 있다. 공급전압 $+V_{CC}$는 R_A의 변화에 대해서도 일정한 값을 유지시켜야 한다. I_B와 R_X의 근사값은 표 5-2에 주어진 식으로 부터 구할 수도 있다. 또한 직류 β_{dc}도 마지막 항의 식으로 근사적으로 구할 수 있다.

1) 그림 5-7에서 A-B를 개방한 상태로 회로를 구성하라.

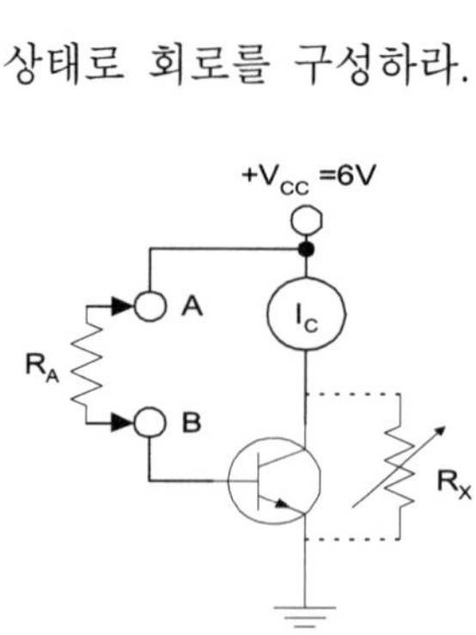

[그림 5-7] 가변저항으로서의 트랜지스터 시험회로

2) 점 A-B간에 저항 1MΩ을 접속시켜라.

3) 전원 +VCC를 +6V로 인가하고 I_C를 측정하고 I_B, R_X, B_{dc}를 계산하여 표 5-2에 기록하라.

4) 표에 주어진 나머지 R_A값에 대해서도 과정 2)~3)를 반복하라.

실험 결과보고서

교과목명		조편성	
실험제목		공동실험자	
담당교수		학 번	
실험일자	년 월 일(요일)	이 름	

1-3)

[표 5-1]

S_1 위 치	V_B	V_C	트랜지스터상태 (전도, 차단)
A			
B			

1-6)

$$[I_C = \frac{V_{RL}}{R_L} = \frac{+V_{CC} - V_{C(con)}}{R_L} = \qquad]$$

2-3, 4)

[표 5-2]

R_A (Ω)	I_C (mA)	$I_B \approx +V_{CC}/R_A$ (μA)	$R_X = +V_{CC}/I_C$ (Ω)	$\beta_{dc} = I_C/I_B$
1M				
470K				
220K				
100K				
47K				
22K				

실험 後 검토

연 습 문 제

1. 트랜지스터의 포화상태와 차단상태에 대하여 설명하라.

2. 이상적인 트랜지스터에 대해 설명하라.

3. 역방향 포화전류가 콜렉터전류에 미치는 영향을 설명하고 열폭주현상을 설명하라.

4. 트랜지스터의 스윗칭동작의 응용분야를 아는 데로 열거하라.

5. 바이폴라 트랜지스터를“normally off 소자”라고 부르는 이유를 설명하라.

6. pnp와 npn 트랜지스터를 구별하는 방법을 설명하라.

7. 트랜지스터의 스위치에서 베이스전류가 흐르지 않을 때 출력전압은 어떻게 되는가?

8. 트랜지스터를 가변저항으로 사용하는 방법을 설명하라.

실험 5-2 공통에미터증폭기

1 실험목적

공통에미터증폭기의 전압, 전력이득과 입 · 출력임피이던스 및 입 · 출력신호의 위상관계에 대해 알아본다.

2 관련이론

2-1. 기본적인 에미터접지 증폭기

먼저 그림 5-8의 기본적인 에미터접지증폭기의 교류입력에 대한 **hybrid파라미터**(h-파라미터)를 이용한 동작량 계산에 대해 정리해 본다. 상기회로의 h-파라메터에 대한 등가회로는 그림 5-9와 같고 각 동작량의 정의 및 계산식은 다음과 같다. 일반적으로 트랜지스터의 CE-h-파라미터의 값은 데이타시이트에 제공되고 있다.

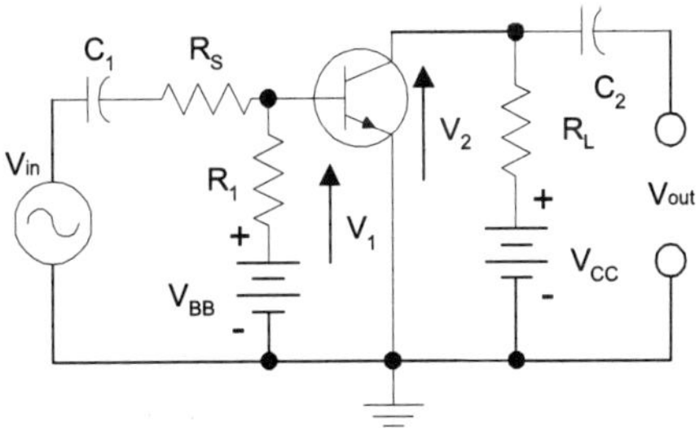

[그림 5-8] NPN형 트랜지스터를 사용한 기본적인 에미터접지 증폭기

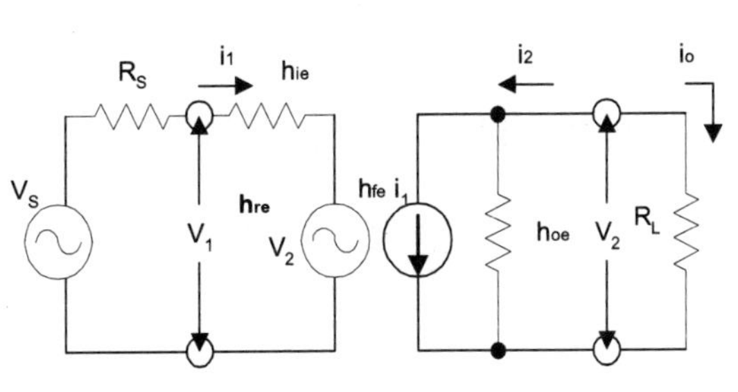

[그림 5-9] h-파라미터에 의한 교류등가회로

전류이득 A_i는 입력전류 i_i와 출력전류 i_o간의 비로 정의되므로

$$A_i = \frac{i_o}{i_i} = -\frac{i_2}{i_1} = \frac{-h_{fe}}{1 + h_{oe}R_L} \tag{5-2}$$

입력임피이던스 R_i는 입력전류 i_1과 입력전압 v_1간의 비로 정의되므로

$$R_i = \frac{v_1}{i_1} = hie + hreA_iR_L \tag{5-3}$$

전압이득 Av는 입력전압 v_1과 출력전압 v_2간의 비로 정의되므로

$$A_v = \frac{v_2}{v_1} = \frac{R_L}{R_i} A_i \tag{5-4}$$

출력임피이던스 R_o는 신호원단락시 출력전류 i_2와 출력전압 v_2간의 비로 정의되는데 이를 구하기 위해서는 먼저 출력어드미턴스 Y_o를 구한 후 그 역수를 취한다.

$$Y_o = \left.\frac{i_2}{v_2}\right|_{V_{S=0}} = hoe - \frac{h_{fe}h_{re}}{hie + R_S}$$

$$R_o = \frac{1}{Y_o}$$

(5-12)

전력이득 A_P는 입력전력 P_1과 출력전력 P_2의 비로 정의되므로

$$A_p = \frac{P_2}{P_1} = \frac{V_2 i_o}{V_1 i_1} = A_V A_i = \frac{R_L}{R_i} A_i^2 = \frac{\frac{(V_o)^2}{R_o}}{\frac{(V_i)^2}{R_i}} = \frac{(i_o)^2 R_o}{(i_i)^2 R_i} \tag{5-5}$$

가 된다.

2-2. 일반적으로 사용되는 에미터접지 증폭기

일반적으로 CE증폭기는 앞서 말한 전압분배바이어스회로와 같이 구성하고 그림 5-5와 같이 에미터에 바이패스커패시터 C_E를 접속하여 사용한다.

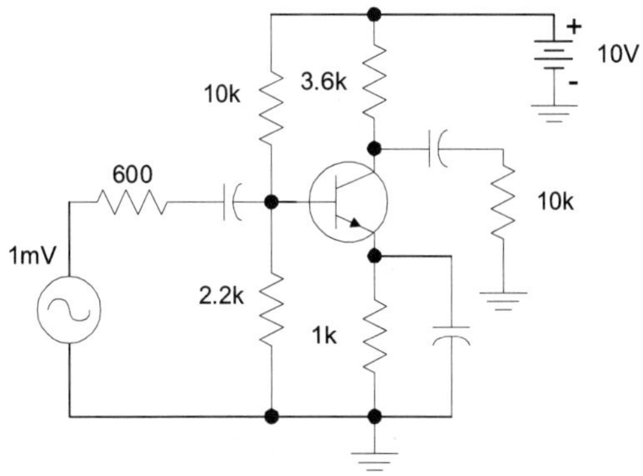

[그림 5-10] 일반적인 에미터접지 증폭기

여기서 에미터 바이패스커패시터는 교류신호가 베이스에 인가될 때 직류와 교류의 감소 효과가 나타나 교류이득저하 현상이 발생되는데 이 교류신호에 대한 측로를 구성해 주므로 이를 보상해 주는 효과가 주어진다.

일반적으로 $X_{CE} = R_E/10$를 만족하면 가장 적절하다. 먼저 상기회로에서 트랜지스터를 제거하고 교류적인 해석을 가해본다. 교류에 대해서는 모든 직류전원은 GND가 되고 회로내의 모든 커패시터는 난락되므로 그 능가회로는 그림 5-11(a)와 같고 이를 간략화하면 그림 5-11(b)와 같다.

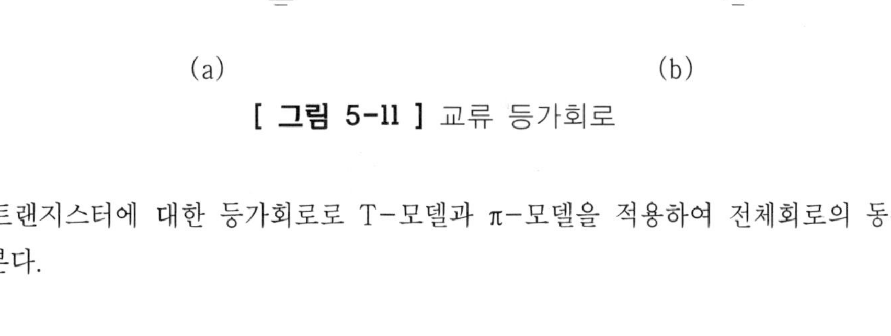

[그림 5-11] 교류 등가회로

다음 트랜지스터에 대한 등가회로로 T-모델과 π-모델을 적용하여 전체회로의 동작량을 계산해 본다.

1) T-Model

트랜지스터의 콜렉터는 전류원적으로 동작하고 에미터에는 다음과 같은 **교류 에미터저항**

r_e'가 포함된다고 생각한 등가회로이다.

$$r_e' = \frac{25mA}{I_E} = \frac{hie}{h_{fe}} \tag{5-6}$$

이를 적용하여 그림 5-11을 다시 표현하면 그림 5-12와 같다.

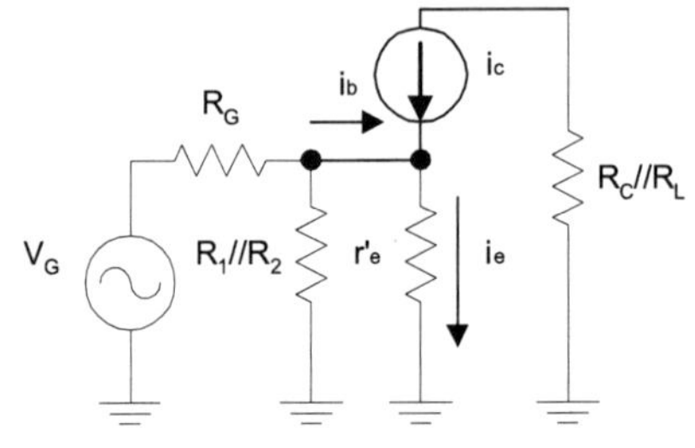

[그림 5-12] T-Model에 의한 등가회로

여기서 $i_e = \frac{v_b}{r_e'} = i_c$, $v_c = r_c i_c$ 이다.

2) π-Model

T-Model에서 **베이스에서 본 입력임피이던스는**

$$Z_{in(base)} = \frac{v_b}{i_b} = \frac{r_e' i_e}{i_b} = \beta r_e' \tag{5-7}$$

이므로 콜렉터는 T-Model과 같이 전류원으로 표현되나 여기서는 베이스측에 $Z_{in(base)}$가 주어지는 것으로 표현한 그림 5-13과 같은 회로가 된다.

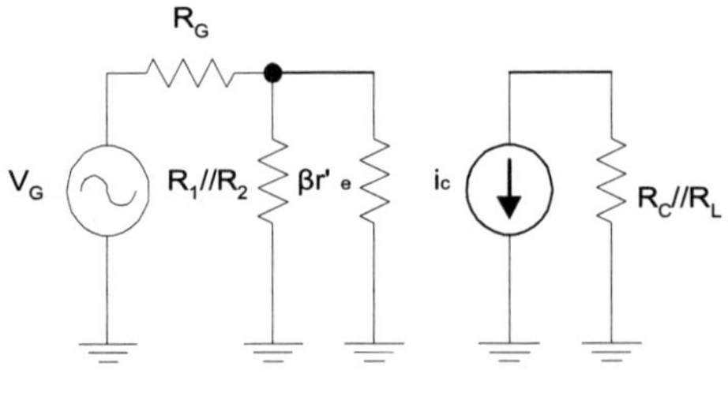

[그림 5-13] π-Model에 의한 등가회로

이 회로에서 증폭단의 **입력임피이던스** Z_{in}은 다음과 같이 계산할 수 있다.

$$Z_{in} = R_1 // R_2 // Z_{in(base)} \qquad (5-8)$$

이를 기초로 그림 5-10의 회로에서 트랜지스터의 β=100일 때 입력임피이던스 및 전압이득을 계산해 보자. 직류해석에서 I_E=1.1mA 이므로 r_e'=25mA/1.1mA=22.7Ω이 되고, $Z_{in(base)} = \beta r_e'$= 2.27KΩ이 된다. 전압이득을 계산하기 위해 먼저 v_b를 계산해 보자. 그림 5-17의 등가회로에서

$$v_b = \frac{Zin}{R_G + Zin} V_G = \frac{1K}{600 + 1K}(1mV) = 0.625mV$$

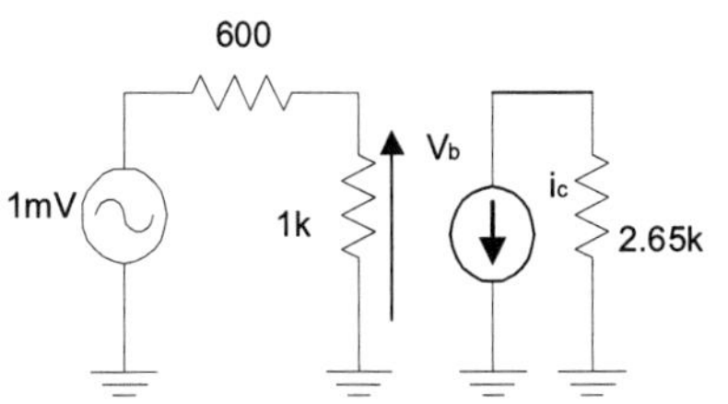

[그림 5-14] 교류등가회로

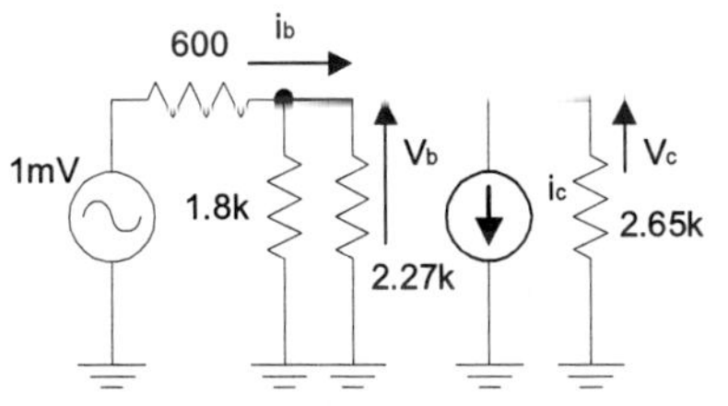

[그림 5-15] π-Model 등가회로

다음 v_C를 계산해 본다. 먼저 β=100을 알고 있을 때는 그림 5-15의 π-Model 등가회로에서

$$i_b = \frac{v_b}{\beta r_e'} = \frac{0.625mV}{(100)(22.7)} = 0.275uA$$

$$i_c = \beta i_b = (100)(0.275uA) = 27.5uA$$

$$\therefore\ v_c = r_c i_c = (2.65K\Omega)(27.5uA) = 72.9mV$$

로 계산한다. 또 β를 모를 때는 그림 5-19의 T-Model을 이용하면 되는데 앞선 계산에서

$v_b = 0.625\text{mA}$ 이므로

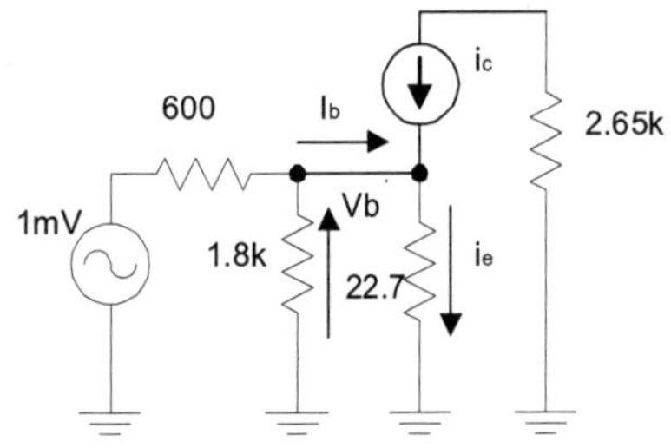

[그림 5-16] T-Model에 의한 등가회로

$$i_e = \frac{v_b}{r_e'} = \frac{0.625mV}{22.7\Omega} = 27.5uA = i_c$$

$$\therefore \ v_c = r_c i_c = (2.65K\Omega)(27.5\mu A) = 72.9mV$$

로 구할 수 있다.

이상에서 **전압이득** A_v는

$$A_v = \frac{v_c}{v_b} = \frac{V_{out}}{V_{in}} = \frac{72.9mV}{0.625mV} = 117\text{배}$$

가 된다. 전압이득은 다음과 같은 간략화된 식으로도 계산할 수 있으므로 적극 활용할 수가 있다.

$$A_v = \frac{V_{out}}{V_{in}} = \frac{r_c i_c}{r_e' i_c} = \frac{r_c}{r_e'} \qquad (5-9)$$

이 식을 이용하여 상기회로의 전압이득을 계산해보면

$$A_v = \frac{r_c}{r_e'} = \frac{2.65K\Omega}{22.7\Omega} = 117\text{배}$$

로 앞선 해석에서의 결과와 같음을 알 수 있다.

2-3. 위상관계

에미터공통증폭기에서 콜렉터 출력신호전압 V_c는 베이스 입력전압 V_{in}과의 사이에 그림 5-17과 같은 180°의 위상차가 존재한다. 그러므로 CE회로는 반전증폭기(Inverter)로 동작한다.

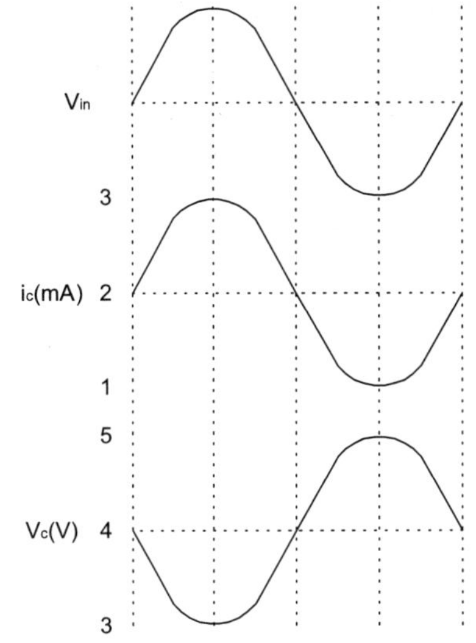

[그림 5-17] CE증폭기에서 콜렉터 전압의 위상은 콜렉터전류와 입력전압에 대해 180°의 위상차가 발생한다.

2-4. 스웜프 CE증폭기 (직렬전류 귀환증폭기)

앞선 기본 CE증폭기는 소신호에 대해서는 일그러짐이 없는 큰 출력전압을 증폭할 수 있으나 입력신호의 진폭이 조금 큰 신호에 대해서는 일그러짐이 나타나므로 완전한 전압증폭기로서의 구실을 하기가 어렵다. 따라서 회로를 변형하여 교류적으로도 R_E가 존재하는 회로인 **스웜프 CE회로**(일명 **직렬 전류 귀환증폭기**)가 보다 큰 입력신호에서는 사용된다.

먼저 회로를 해석하기 전에 일반적인 귀환증폭회로의 동작과 특징에 대해 알아보기로 한다. **귀환증폭회로**는 **기본증폭기**(예 : CE회로, OP amp)의 출력의 일부를 **귀환회로**(예 : 저항, 저항과 커패시터)를 통해 입력으로 되돌려 일반증폭기가 가지는 회로의 특성을 개선시키고자 한 회로를 말한다. 그림 5-18에 귀환증폭회로의 블록다이아그램을 나타내었다.

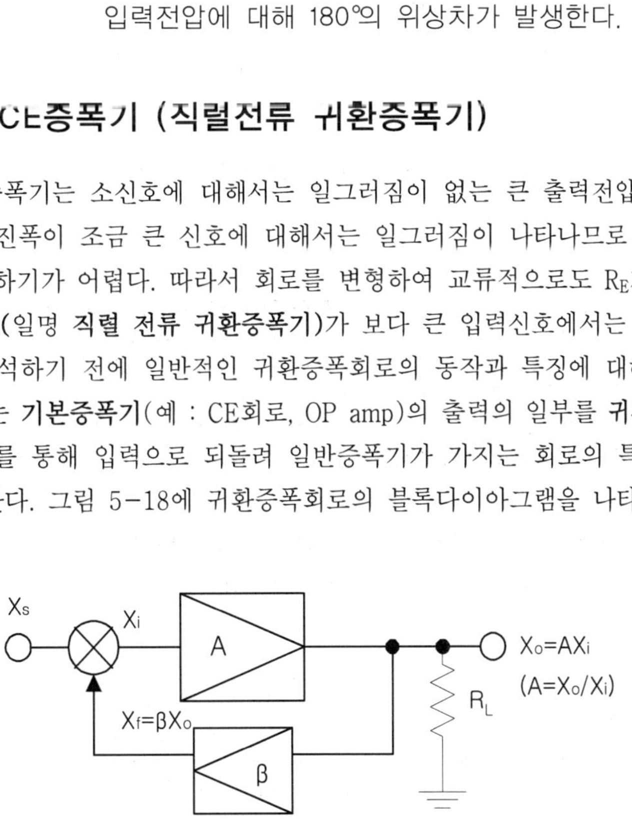

[그림 5-18] 귀환증폭회로의 블록다이아그램

귀환회로는 출력신호 중 귀환되는 신호가 전압인가 전류인가에 따라 전압귀환, 전류귀환 회로로 구분되고 입력신호 X_S와 귀환신호 X_f의 합 · 차의 구조가 직렬인가 병렬인가에 따라 직렬귀환, 병렬귀환회로로 구분되며 이 4가지가 조합되어 **직렬전압, 직렬전류, 병렬전압, 병렬전류귀환**으로 구성할 수 있다. 여기서는 일반적인 동작개념과 특징을 알아보기로 한다.

먼저 귀환증폭회로의 이득 A_f를 계산해 보자.

$$X_i = X_s - X_f = X_s - \beta X_o$$

이므로

$$X_s = X_i + \beta X_o$$

따라서

$$A_f = \frac{X_o}{X_s} = \frac{X_o}{X_i + \beta X_o} = \frac{\frac{X_o}{X_i}}{1 + \beta \frac{X_o}{X_i}} = \frac{A}{1 + \beta A} \tag{5-10}$$

이다. 이 식에서 분모를 일반적으로 **둔감계수**(desensitivity)라 부르는데 이 값에 따라 회로의 동작특성이 다음과 같이 달라진다.

① $|1+\beta A|>1$: $A_f<A$→이득감소→**부귀환**(*negative feedback*)
이는 증폭기에서 주로 사용하는 귀환회로 방식이 된다.
② $|1+\beta A|<1$: $A_f>A$→이득증가→**정귀환**(*positive feedback*)
이는 발진기의 시동조건으로 사용된다.
③ $|1+\beta|=0$, 즉 $|\beta A|=1\angle 0^\circ$: $A_f=\infty$→**발진**(*oscillation*)
이 조건을 ***Barkhausen* 발진조건**이라 부르고 이는 발진기의 정상동작조건이 된다.

이상과 같이 부귀환은 비록 이득이 감소되는 단점을 가지고 있으나 다음과 같은 장점들을 가지고 있으므로 증폭기 구성에 주로 사용되게 된다.

① 이득이 안정 ------------------ $(1+\beta A)$배 안정
② 대역폭의 증가 -------- { 저역차단주파수 : $(1+\beta A)$배 감소 / 고역차단주파수 : $(1+\beta A)$배 증가 }
③ 일그러짐, 잡음의 감소 ---------------- $(1+\beta A)$배 감소
④ 회로의 구성에 따른 입출력 임피이던스의 다양화 :

	직렬 전압	직렬 전류	병렬 전압	병렬 전류
입력 임피이던스	대	대	소	소
출력 임피이던스	소	대	소	대

그러면 여기서 스웜프 CE증폭기에 대해 그 동작 및 특징을 알아보기로 하자. 그림 5-19(a)에 스웜프 CE증폭기를 나타내었다.

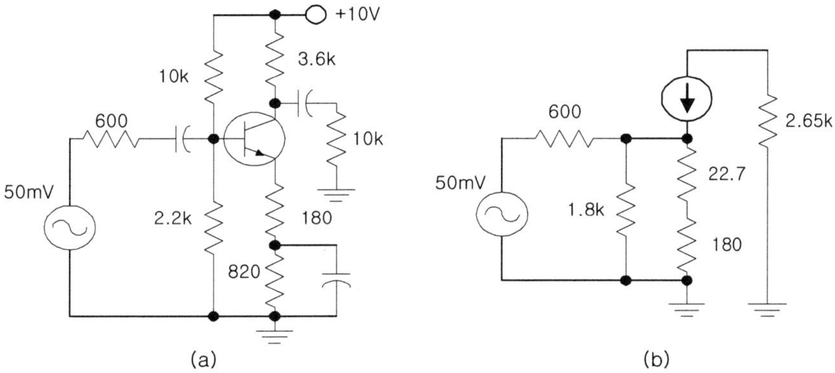

[그림 5-19] 스웜프 CE증폭기

이 회로의 직류등가회로는 $R_E = 180\Omega + 820\Omega = 1k\Omega$이므로 앞선회로와 동일하기 때문에 $I_E = 1.1mA$이고 $r_e' = 22.7\Omega$이다. 교류등가회로는 그림 5-19(b)에 나타내었다. 기본 CE증폭기의 $A_v = r_c/r_e'$이므로 이 회로의 전압이득도 마찬가지로 표현하여 다음과 같이 쓸 수 있다.

$$A_v = \frac{r_c}{r_e' + r_e} = \frac{2.65K\Omega}{22.7\Omega + 180\Omega} = 13.1\text{배}$$

그러므로 이 회로는 기본CE증폭기 보다는 이득이 크게 감소함을 알 수 있다. 그러나 이 회로는

① $A_v = r_c/r_e' + r_e$에서 $r_e \gg r_e'$이므로 r_e'의 변화는 거의 무시되므로 (Swamped라고 함) I_E변화 또한 무시되어서 전압이득이 안정화되는데 r_e가 크면 클수록 r_e'변화가 크게 억제되어 이득은 더욱 안정화되고,

② $Z_{in(base)} = v_b/i_b = (r_e'+r_e)i_c/i_b = \beta(r_e'+r_e)$이므로 입력임피이던스가 증가하며,

③ 기본 CE증폭회로는 $A_v = r_c/r_e'$이므로 좀 큰 입력신호에 대해서는 $V_{BE} - I_E$ 특성곡선이 비선형이므로 I_E가 크게 일그러지나, 이 회로는 $A_v = r_c/r_e' + r_e \approx r_c/r_e$($\because$ $r_e' \ll r_e$)가 되어 Av가 순수한 정수로서 r_e'에 무관하므로 대신호에 대해서도 일그러짐이 거의 발생되

지 않는 장점을 가지게 됨을 알 수 있다.

3 사용기기 및 부품

1) 전원공급장치 : +12V
2) V.O.M(전압계)
3) 오실로스코우프(2현상)
4) 신호발생기 : 20Hz ~ 1MHz
5) 트랜지스터 : MPS2222
6) 저항 : 220Ω, 2.2kΩ, 22kΩ, 100kΩ (0.5W)
7) 커패시터 : 1μF (25WV)×2
   전해커패시터 : 220μF (25WV)
8) 브레드보오드

4 실험순서

1) 그림 5-20의 회로를 구성하라.
2) 신호발생기를 인가하기 전에 V_C, V_B, V_E, V_{BE}, V_{CE}를 측정하여 기록하라.
   또 V_L을 측정하여 $I_C = \frac{V_L}{R_L}$도 계산하라.
3) 신호주파수를 정현파주파수 1kHz로 하고 그 출력을 최소로 하여 회로에 인가하라. 증폭기의 출력단자에 오실로스코우프를 접속하라.
4) 오실로스코우프상에 일그러짐이 없는 최대신호인 최대무왜정현파가 나타나도록 신호발생기의 출력을 조정하라. 이때 입출력파형을 오실로스코우프로 관측하여 표 5-4에 그리고 피이크-피이크전압을 측정하여 기록하고 $A_v = \frac{v_{out\,p-p}}{v_{s\,p-p}}$를 계산하여 기록하라. 이때 입·출력파형간의 위상차에 대해서도 고찰하라.

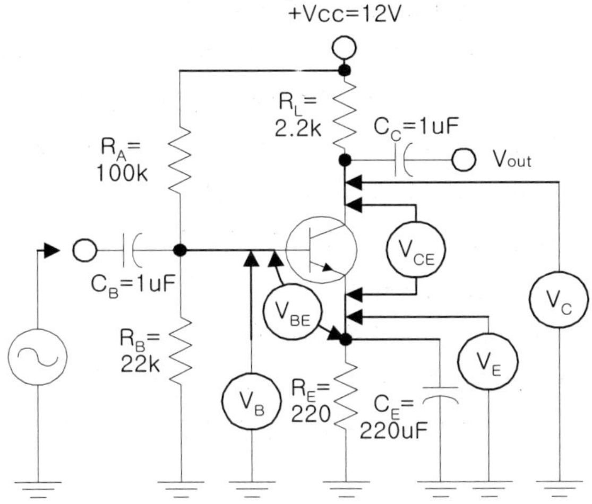

[그림 5-20] 공통에미터 증폭기

5) 전원을 끄고 그림 5-20의 회로에 그림 5-21과 같이 1[KΩ]저항을 연결하라.

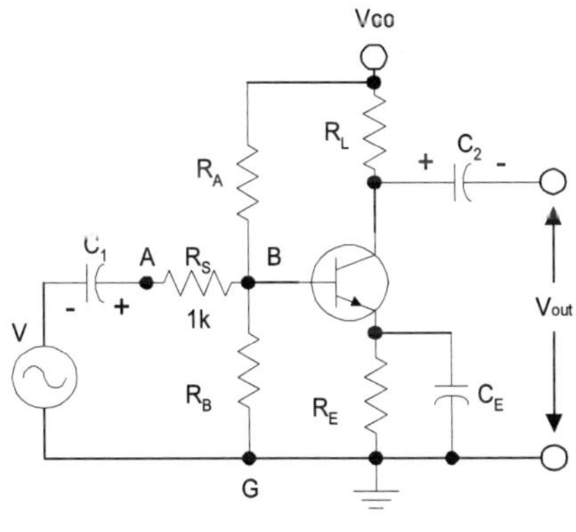

[그림 5-21] CE증폭기특성측정

6) 신호발생기의 출력을 증폭기 최대무왜출력 때의 70%로 하라.

7) 전원을 ON시키고 오실로스코우프로 다음을 측정하여 표 5-5에 기입하라.

i) 신호발생기의 출력전압 v_{AG}

ii) AB양단의 전압 v_{AB}

iii) BG양단의 전압 v_i

iv) 출력전압 v_o

8) 입력전류 $i_i = V_{AB}/R_S$로 계산하고, 입력임피이던스 $R_i = V_i/i_i$로 계산하라.
9) 전원을 끄고 5[KΩ]의 가변저항기 Rx를 출력단자에 연결하라. 전원을 ON시키고 입력 신호 크기를 과정 7)의 크기와 같이 유지하면서 Rx을 조정하여 출력전압이 처음 vo의 반이 되도록 하라. 이때 입력신호(vi)가 변하였는가를 확인하고 변하였다면 처음의 값을 유지하도록 조정하여 위 과정을 되풀이 하라.
10) Rx을 떼어내어 그 값을 측정하여 표 5-5에 기입하라. 이것이 Ro이다.
11) 전압이득은 Av = Vout/Vi를 이용하여 계산하고, 전력이득은 $A_P = [(V_{out2} / R_o) / (Vi2 / Ri)]$을 이용하여 계산한 후 표 5-5에 기록하라.
12) 입력전압의 크기를 그대로 유지하면서, 바이패스커패시터 C_E를 떼어내고 실험과정 3)~11)을 반복하라. 그 결과를 표 5-6과 표 5-7에 기록하라.

실험 결과보고서

교과목명			조편성	
실험제목			공동실험자	
담당교수			학번	
실험일자	년 월 일(요일)		이름	

2) [V_C = V] [V_B = V] [V_E = V]

[V_{BE} = V] [V_{CE} = V] [V_L = V]

[I_C = mA]

4) **[표 5-4]**

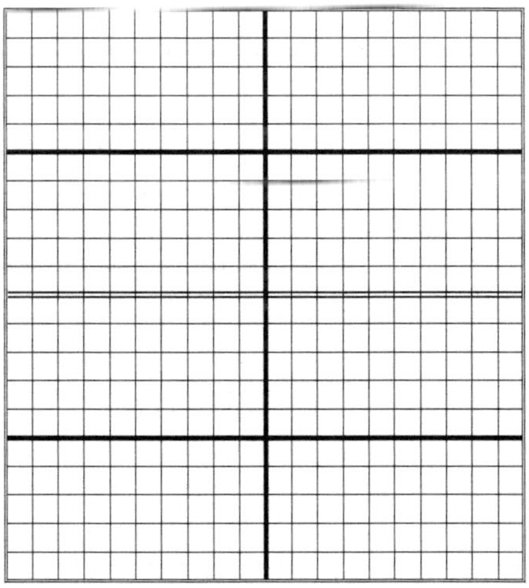

[V_{Sp-p} = V]

[V_{outp-p} = V]

[A_v = 배]

[위상차 =]

7)

[표 5-5]

과 정	[V_{p-p}]				i_i[mA]	R_i[Ω]	R_o[Ω]	이득	
	V_{AG}	V_{AB}	V_i	V_{out}				전압	전력
5) ~ 12)									

12) [표 5-6]

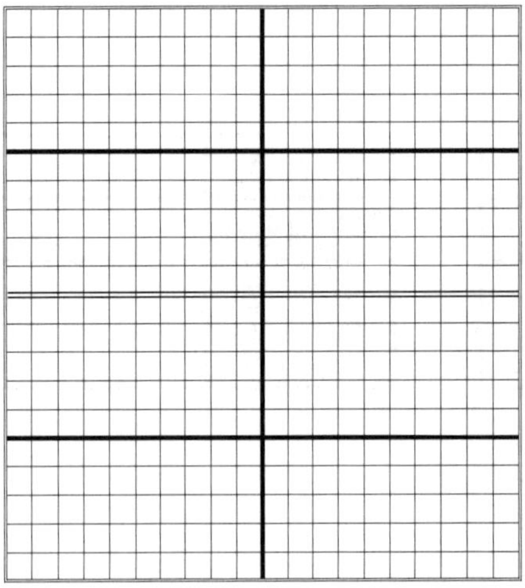

[V_{Sp-p} = V]

[V_{outp-p} = V]

[A_v = 배]

[위상차 =]

[표 5-7]

과 정	[V_{p-p}]				i_i[mA]	R_i[Ω]	R_o[Ω]	이 득	
	V_{AG}	V_{AB}	V_i	V_{out}				전압	전력
5) ~ 12)									

실험 후 검토

연 습 문 제

1. 일반적인 회로에서 교류등가회로로 변환시 직류전원과 커패시터는 어떻게 처리하는가?

2. 트랜지스터 증폭기의 직류 콜렉터전류가 5mA이고 β=200일 때 베이스의 교류저항은 얼마인가?

3. 실험순서 6)에서 V_{out}을 최대무왜출력의 70%로 하는 이유를 설명하라.

4. 출력임피이던스를 측정하는 방법은 실험순서 9), 10)과 같다. 그 이유를 설명하라.

5. 교류 베이스전압이 너무 크면 교류 에미터전류는 어떻게 되는가?

6. 그림 5-20회로에서 캐패시터 C_C와 C_E의 기능에 대해 설명하라.

실험 5-3 저주파증폭기의 주파수특성

1 실험목적

RC결합저주파증폭기의 주파수특성에서 바이패스커패시터 및 결합커패시터의 영향을 조사하고 부귀환이 주파수특성에 미치는 영향도 알아본다.

2 관련이론

가청주파수(Audio frequency)**대역**은 20Hz~20KHz사이를 말하는데 음성신호를 충실히 재생할 수 있도록 설계한 음성증폭기는 이 범위내에 포함되는 주파수를 가지는 신호전압을 균일하게 증폭할 수 있어야 한다. 그러나 회로구성상 이 같은 출력을 얻는다는 것은 불가능하므로 가능한 한 이상적인 특성에 근접하는 특성이 얻어질 수 있도록 회로가 설계되어야 한다. 일반적으로 그림 5-22의 **RC결합증폭기**는 크기도 적고 가격도 저렴하며 설계도 간단하여 저주파증폭기의 대표적인 회로가 된다.

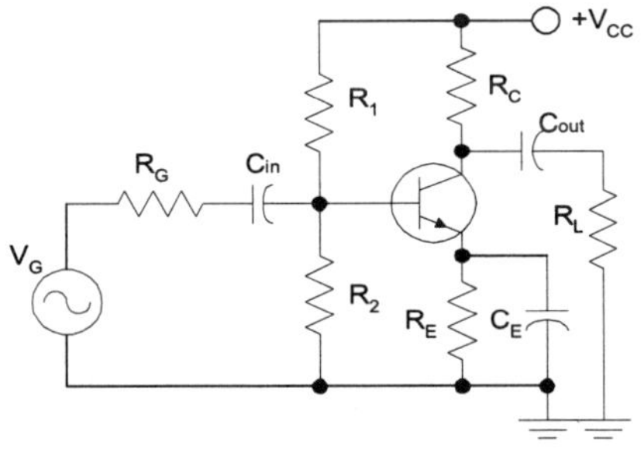

[그림 5-22] RC결합증폭기

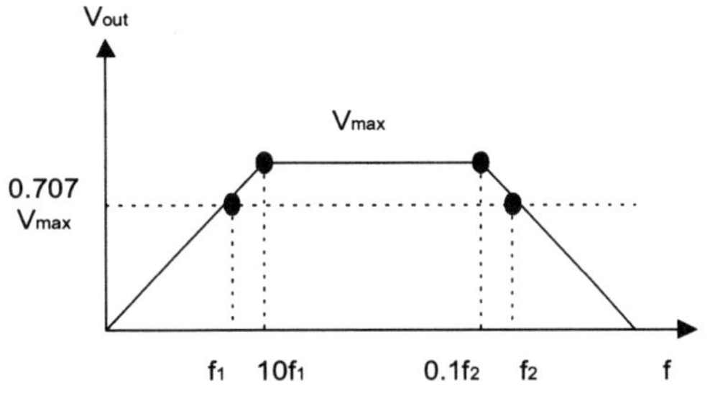

[그림 5-23] 주파수특성곡선

이 증폭기의 **주파수응답곡선**은 그림 5-23과 같은데 저주파영역에서는 결합커패시터와 바이패스커패시터의 효과로 출력이 감소하고 직류에 대해서는 출력이 0이 된다.

한편 고주파영역에서도 트랜지스터의 극간용량과 배선의 분포용량 때문에 교류신호의 분로(shunt path)가 제공되므로 출력이 감소한다. 이 특성곡선에서 출력전압이 최대출력전압 V_{max}의 70.7%가 되는 주파수 f_1을 **하한 또는 저역차단주파수**라 하고 f_2를 **상한 또는 고역차**

단주파수라 한다. 이 임계주파수 f_1, f_2를 **3dB주파수** 또는 **반전력주파수**라고도 한다. f_1과 f_2 사이가 이 증폭기가 증폭 가능한 주파수범위인데 이를 **대역폭(Bandwidth)**이라 하고 다음과 같이 표현한다.

$$BW = f_2 - f_1 [\mathrm{Hz}] \qquad (5-11)$$

중역은 증폭기의 출력이 최대(V_{max})가 되는 주파수범위를 말하는데 보통 $10f_1 \sim 0.1f_2$사이의 범위이다. 중역의 주파수에 대해 이 증폭기는 커패시터의 효과가 무시되고 저항만으로 주어지는 교류회로로 생각할 수 있다. 중역이하를 **저역**, 중역이상을 **고역**이라 부른다. 여기서 차단주파수 f_1, f_2를 이론적으로 계산하는 방법에 대해 간단히 언급한다.

2-1. 저역 차단주파수 계산

그림 5-22의 RC결합증폭기에서 저역차단주파수는 입력결합커패시터 C_{in}, 출력결합커패시터 C_{out}, 바이패스커패시터 C_E의 영향을 모두 고려해야 하므로 그 계산이 상당히 복잡해진다. 그래서 일반적으로는 각각의 커패시터에 대한 f_1을 계산한 후 그 중 가장 큰 값을 이 증폭기의 f_1으로 선택한다.

1) C_{in}에 의한 저역차단주파수 :

이때는 C_{out}과 C_E는 ∞로 두고 C_{in}만 고려한다. 이 경우 회로의 교류등가회로는 그림 5-24와 같고 f_1을 계산하는 순서는 다음과 같다.

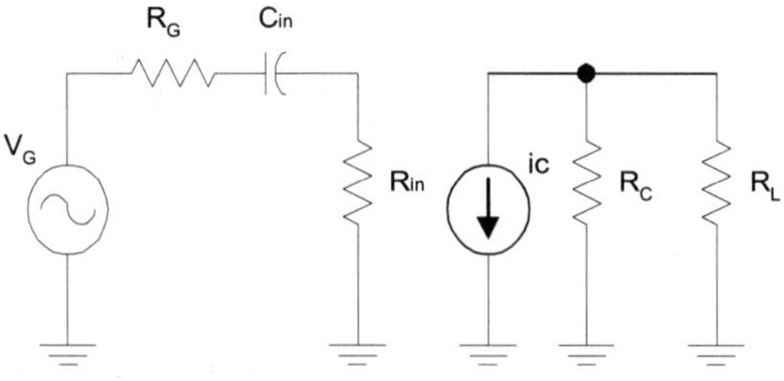

[그림 5-24] 입력결합커패시터와 등가회로

i) 입력임피이던스 계산 : $R_{in} = R_1 // R_2 // Z_{in(base)} = R_1 // R_2 // \beta r_e'$

ii) 전체저항 : $R = R_g + R_{in}$

iii) 저역차단주파수 : $f_1 = \dfrac{1}{2\pi RC} = \dfrac{1}{2\pi(R_g + R_{in})C_{in}}$ (5-12)

2) C_{out}에 의한 저역차단주파수

이때는 C_{in}과 C_E는 ∞로 두고 C_{out}만 고려한다. 이 회로의 출력측 등가회로는 그림 5-25와 같고 f_c를 계산하는 순서는 다음과 같다.

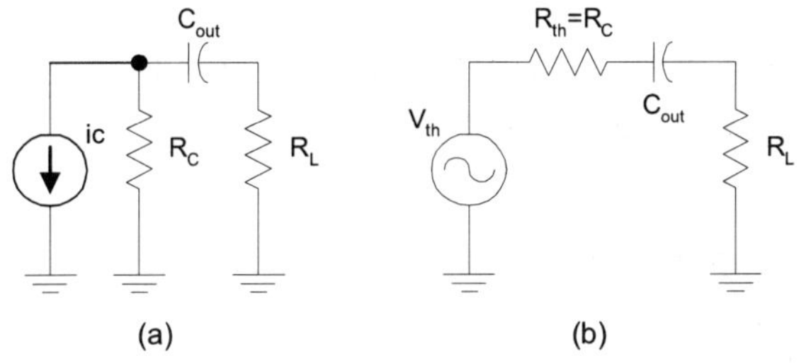

[그림 5-25] 출력결합커패시터와 등가회로

i) 그림 5-25(a)에서 C_{out}좌측에 대해 데브난정리를 적용 R_{th}를 계산 : $R_{th} = R_C$. 이때 등가회로는 그림 5-25(b)와 같이 고칠 수 있다. 참고로 스윔프CE회로에서 $R_{th} = R_c$, 에미터 폴로워회로에서 $R_{th}=R_E//[r_e'+(R_G//R_1//R_2/\beta)]$이다.

ii) 전체저항 : $R = R_{th} + R_L = R_c + R_L$

iii) 저역차단주파수 : $f_1 = \dfrac{1}{2\pi RC} = \dfrac{1}{2\pi(R_c + R_L)C_{out}}$ (5-13)

3) C_E에 의한 저역차단주파수 :

이때는 C_{in}과 C_{out}은 ∞로 두고 C_E만 고려한다. 이 회로의 에미터측 등가회로는 그림 5-26과 같고 f_1을 계산하는 순서는 다음과 같다.

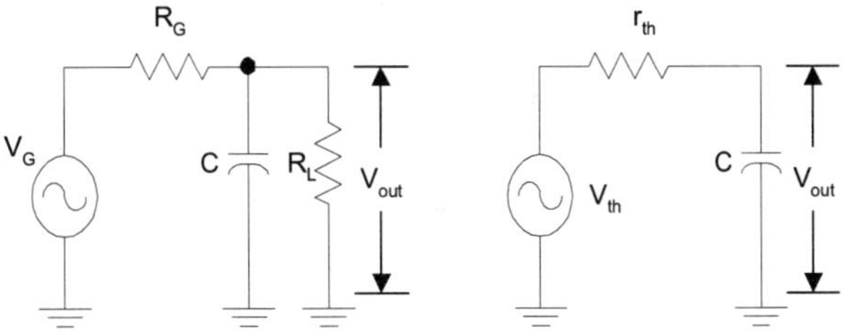

[그림 5-26] 바이패스회로와 등가회로

i) 에미터측의 출력임피이던스 R_{th}계산 :

ⓐ 먼저 베이스에서 신호원측으로 되돌아 본 회로에서 R_B산출 : $R_B = R_G // R_1 // R_2$

ⓑ 이를 에미터측에서 보았을때 $= R_B/\beta$

ⓒ ⓑ + r_e'

ⓓ R_{th}= ⓒ//R_E

ii) 저역차단주파수 : $f_1 = \dfrac{1}{2\pi RC} = \dfrac{1}{2\pi R_{th} C_E}$ (5-14)

이상의 세 가지 f_1 중 가장 큰 값이 증폭기의 저역차단주파수가 되는데 일반적으로 커패시터의 값이 클수록 저역차단주파수는 낮은 값이 된다.

2-2. 고역차단주파수의 계산

그림 5-22의 RC결합증폭기가 고주파(100KHz)에서 동작할 때는 그림 5-27과 같이 트랜지스터의 극간용량인 베이스측의 C_e', 콜렉터측의 C_C'가 베이스 및 콜렉터측에 바이패스를 형성하고 또 배선의 분포용량인 C_{stray}가 콜렉터측에 바이패스를 형성시킨다. C_C'에 밀러의 정리를 적용하여 등가회로를 다시 그리면 그림 5-28과 같다.

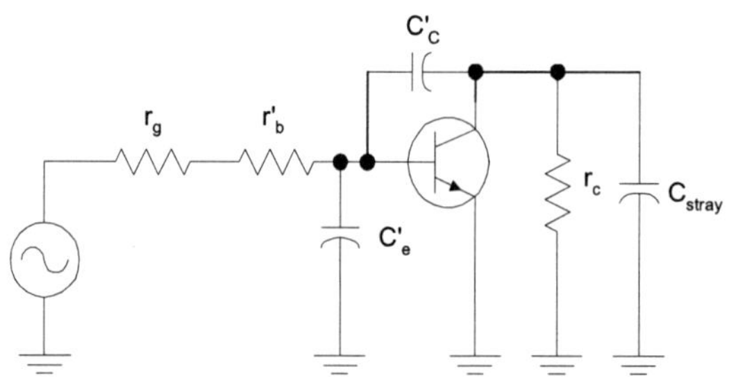

[그림 5-27] 고주파등가회로

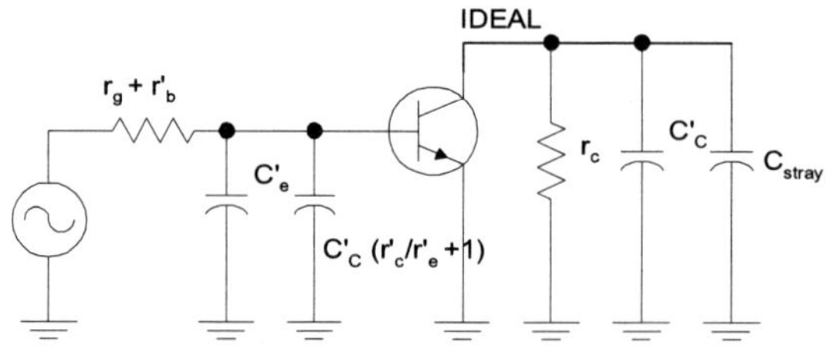

[그림 5-28] C'_C에 밀러정리를 적용한 등가회로

따라서 고역차단주파수도 저역차단주파수와 같은 방법으로 계산할 수 있는데 아래에 그 방법을 소개한다.

1) 베이스 바이패스회로에서 고역차단주파수

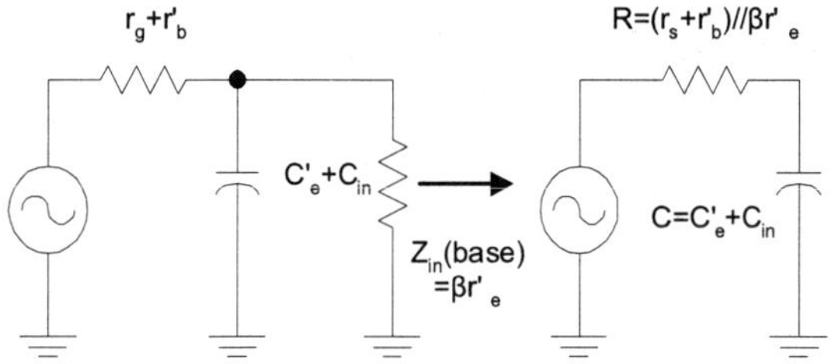

(a)

[그림 5-29]

여기서 $f_2=\frac{1}{2\pi RC}$

2) 콜렉터 바이패스회로에서 고역차단주파수

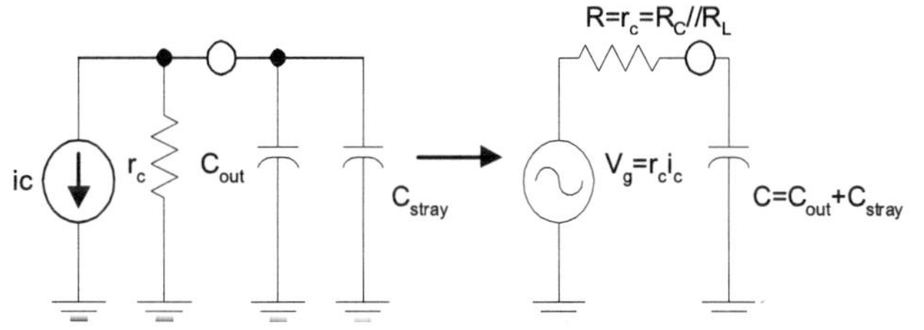

(b)

[그림 5-30]

여기서 $f_2=\frac{1}{2\pi RC}$

이상에서 구한 두가지의 f_2중에서 일반적으로 낮은 값의 f_2를 고역차단주파수라고 한다. 트랜지스터의 데이타시이트에는 C_C'는 제공되나 C_e' 와 r_b'는 제공되지 않는다. 이 값은 다음 식으로 구할 수 있다.

$$\left.\begin{aligned} C_e' &= \frac{1}{2\pi f_T r_e'} \\ r_b' &= h_{ie} - \beta r_e' \approx \frac{r_b' C_c'}{C_c'} \end{aligned}\right\} \quad (5\text{-}15)$$

여기서 f_T는 $|A_i|=1$(0dB)이 되는 주파수이고 $r_b'C_C'$는 콜렉터-베이스 시정수[Sec]로서

데이타시이트에 제공된다.

2-3. 주파수응답에서 출력전압값의 계산식

그림 5-30에서 보다시피 주파수가 중역을 벗어남에 따라 출력전압은 감소해 가는데 이 같은 중역이외에서의 출력전압값을 계산하려면 다음 식을 이용하면 된다.

$$V_{out} = \frac{V_{max}}{\sqrt{1+(f_1/f)^2}\sqrt{1+(f/f_2)^2}} \tag{5-16}$$

이 식에서 중역에서의 f는 f_1보다 10배 이상 크고 f_2보다 10배 이하로 적어 괄호속의 f_1/f과 f/f_2가 모두 거의 0이 되므로 분모가 1이 된다. 따라서 중역에서의 출력전압은

$$V_{out} = V_{max} \tag{5-17}$$

이다. 중역 이하에서 f는 f_2보다 충분히 적으므로 f/f_2가 무시되어

$$V_{out} = \frac{V_{max}}{\sqrt{1+(f_1/f)^2}} \tag{5-18}$$

이 되고, 중역 이상에서 f는 f_1보다 충분히 크므로 f_1/f이 무시되어

$$V_{out} = \frac{V_{max}}{1+(f/f_2)^2} \tag{5-19}$$

이 된다. 이 식은 이득의 주파수에 대한 응답식으로도 변형해서 사용할 수가 있다.

2-4. 이득의 데시벨 표현

다단증폭기의 전압이득 등 이득을 몇[배]로 표현하면 값이 너무 커져 두 값을 서로 비교하고져 할 때는 감각적으로 상대량을 느끼기가 힘들고 특히 그래프화할 때 상당한 문제가 발생한다. 따라서 이득을 가능한 한 적은 값으로 표현하여 감각적으로 또는 그래프화하기 쉽도록 나타내어야 하는데 이를 위해 몇[배]로 표현된 값에 대수를 취하여 그 값을 적게 표현하는 **데시벨**(decibel : dB)이란 용어가 주어지게 되었다. 데시벨로 표현한 전압, 전류 및 전력이득은 다음과 같다.

$$\left.\begin{aligned} A_i(\mathrm{dB}) &= 20\log\frac{i_2}{i_1} = 20\log A_i \\ A_v(\mathrm{dB}) &= 20\log\frac{V_2}{V_1} = 20\log A_v \\ A_P(\mathrm{dB}) &= 10\log\frac{P_2}{P_1} = 10\log A_P \end{aligned}\right\} \tag{5-20}$$

만일 데시벨로 계산된 이득의 값이 0dB가 될 때는 입력과 출력의 값이 같음을 의미하고 +dB로 주어지면 증폭, -dB로 주어지면 감쇄를 나타낸다. 또한 전력의 데시벨로 표현시 **dBm**이란 용어도 사용되는데 이것은 1mW의 전력을 기준으로 했을 때 상대적인 전력이득을 표현하는 방법으로 다음 식과 같이 주어진다.

$$A_P(\mathrm{dB}m) = 10\log\frac{P}{1mW} \tag{5-21}$$

2-5. 선형눈금과 대수눈금

일반그래프용지는 양축상에 **선형눈금**(linear scale)을 가진다. 이것은 수치사이의 공간이 그림 5-31(a)와 같이 동일함을 의미한다. 즉 선형눈금은 0에서 큰 수치로 일정한 간격을 두고 그 수치가 표현된다. 그러나 때로는 압축된 간격과 많은 **디케이드**(decade)를 보기 위한 **대수눈금**(logarithmic scale)을 사용하는 경우도 있다. 이것은 그림 5-31(b)와 같이 수지가 1부터 시작하고 1과 2사이의 공간이 9와 10사이의 공간보다 훨씬 크다. 이 대수눈금은 대수적으로 압축시킨 것이므로 대수와 데시벨을 나타내는데 유익하다. 또 X축만 대수눈금이고 Y축은 선형눈금을 가지고 있는 **반대수그래프**(Semi-logarithmic scale graph)도 있는데 증폭기의 주파수응답곡선은 이 그래프를 이용하면 상당히 편리하다.

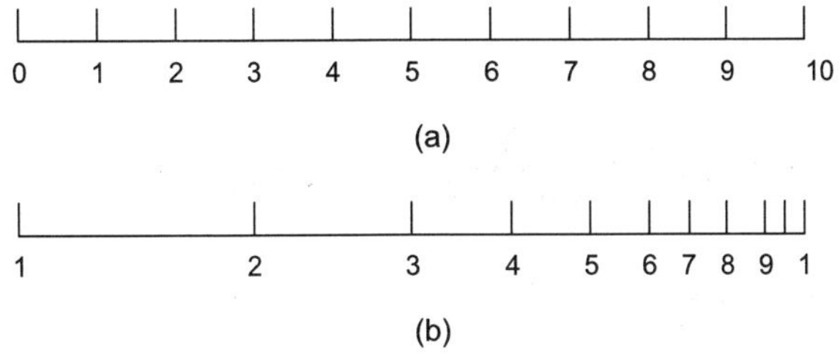

[그림 5-31] 선형눈금과 대수눈금

2-6. 보오드선도(Bode plot)

그림 5-32(a)와 같은 **결합회로**는 출력전압이 입력전압보다 위상이 앞서므로 **진상(lead) 회로망**이라 하고 **고역통과RC회로**라고 한다. 또 그림 5-32(b)와 같은 **바이패스회로**는 출력전압이 입력전압보다 위상이 뒤지므로 **지상(lag)회로망**이라하고 **저역통과RC회로**라고 한다.

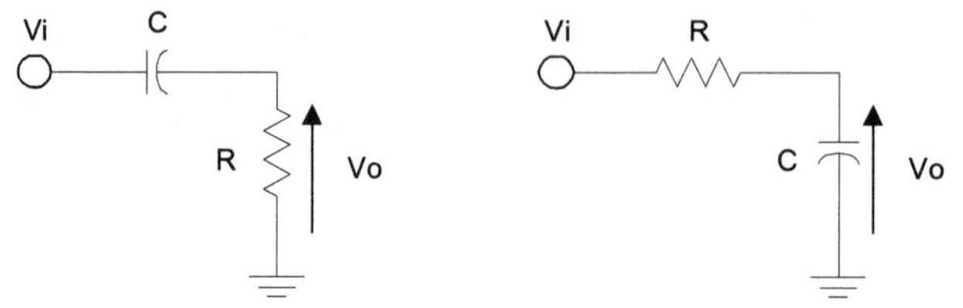

(a) 진상회로망 (b) 지상회로망

[그림 5-32] 진상, 지상회로망

먼저 지상회로망에 대해 주파수특성을 분석하고 반대수그래프용지상에 주파수대 전압이득간의 관계를 나타내는 보오드선도에 대해 알아본다. 그림 5-32(b)의 회로에서 전압이득 A는

$$A=\frac{V_{out}}{V_{in}}=\frac{-jX_c}{R-jX_c}$$

$$\text{여기서,}\begin{cases}\text{크기 : } \dfrac{V_{out}}{V_{in}}=\dfrac{X_c}{\sqrt{R^2+X_c^2}} \\ \text{위상 : } \psi=-\tan^{-1}\dfrac{R}{X_c}=-\tan^{-1}\dfrac{f}{f_c}\end{cases} \qquad (5-22)$$

가 된다. A를 다시쓰면

$$A=\frac{V_{out}}{V_{in}}=\frac{X_c}{\sqrt{R^2+X_c^2}}=\frac{1}{\sqrt{1+(f/f_c)^2}} \qquad (5-23)$$

이 되므로, 이를 데시벨로 표현하면

$$A(\mathrm{dB})=20\log\frac{1}{\sqrt{1+(f/f_c)^2}} \qquad (5-24)$$

이 된다. 이 식에서 $f=0.1f_C$에서는 $A(\mathrm{dB})\approx 20\log 1=0\mathrm{dB}$가 되고 $f=f_c$에서는 $A(\mathrm{dB})=20$

$\log(1/\sqrt{2})$=-3dB가 되어 이 주파수점이 **차단점**이 된다. f = 10f_c에서는 A(dB) = -20dB, f = 100f_c에서는 A(dB) = -40dB, f = 1000f_c에서는 A(dB) = -60dB 등이 되어 주파수가 10배씩(decade)증가할 때 마다 A(dB)는 20dB씩 감소하므로 이 회로는 **-20dB/decade**의 주파수 특성을 갖는다. 한편 이것은 f = 20f_c에서 A(dB) = -26dB, f = 40f_c에서 A(dB) = -32dB 등이 되어 주파수가 2배씩(octave)증가할 때마다 A(dB)은 6dB씩 감소되므로 **-6dB/octave**의 주파수특성을 갖는다고도 말한다. 이를 반대수그래프상에 나타낸 **보오드선도**는 그림 5-33(a)와 같다. 이 보오드선도는 일반적으로 근사화하여 그림5-33(b)와 같이 표현하여 사용하는 경우도 많다.

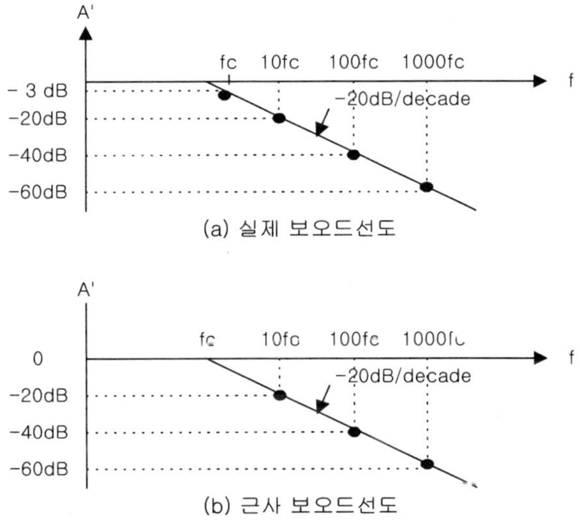

(a) 실제 보오드선도

(b) 근사 보오드선도

[그림 5-33] 지상회로망의 보오드선도

다음 그림 5-32(a)와 같은 진상회로망에서는

$$\left.\begin{aligned} &A = \frac{V_{out}}{V_{in}} = \frac{R}{R - jX_c} \\ &\text{크기 : } \frac{V_{out}}{V_{in}} = \frac{R}{\sqrt{R^2 + X_c^2}} \\ &\text{위상각 : } \psi = \tan^{-1}\frac{X_c}{R} \end{aligned}\right\} \qquad (5-25)$$

이므로 전압이득을 데시벨로 나타내면 다음 식과 같고 주파수에 따른 이득의 보오드선도는 그림 5-34와 같다.

$$A(\text{dB}) = 20\log\frac{R}{\sqrt{R^2+X_c^2}} = 20\log\frac{1}{\sqrt{1+(f_c/f)^2}} \qquad (5-26)$$

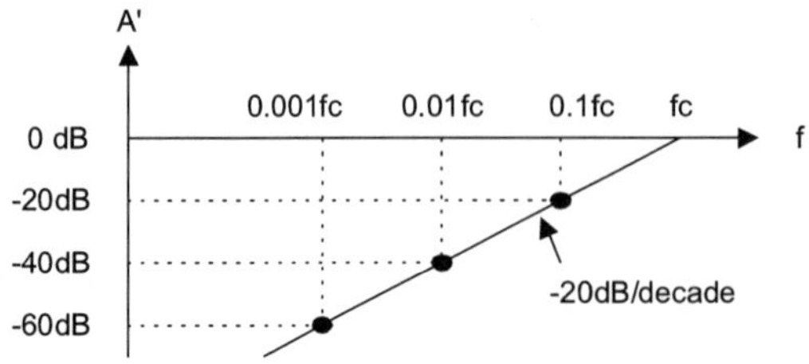

[그림 5-34] 진상회로망의 보오드선도

이상을 종합하여 증폭기의 주파수-이득의 보오드선도를 그려보면 그림 5-35와 같이 된다.

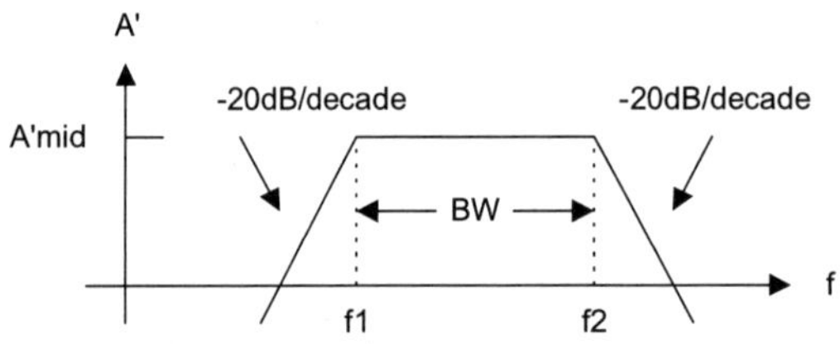

[그림 5-35] 증폭기의 보오드선도

3 사용기기 및 부품

1) 전원공급장치 : +12V
2) 신호발생기 : 20Hz～1MHz
3) 오실로스코우프(2현상)
4) 트랜지스터 : MPS2222
5) 저항 : 2.2kΩ, 22kΩ, 100kΩ, 220kΩ (0.5W)
6) 커패시터 : 1μF (25WV)×2
   전해커패시터 : 220μF(25WV)
7) 브레드보오드

4 실험순서

1) 그림 5-36(a)의 회로를 구성하라.
2) 출력에 오실로스코우프를 접속하고 일그러짐이 발생하지 않도록 신호발생기의 출력을 조절하라.

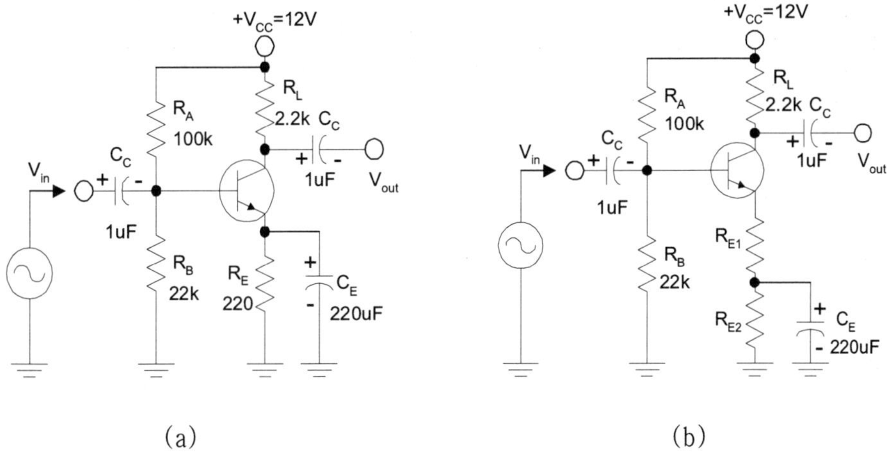

[그림 5-36] 주파수특성실험회로

3) 신호발생기의 주파수를 변화시키면서 입력 v_{in}에 대한 출력 v_{out}을 표 5-8에 기록하고, $A_v = V_{out}/V_{in}$로 계산하여 기록하라. 주파수를 변화시킬 때마다 입력 v_{in}이 일정한가를 확인하라.
4) 저역차단주파수와 고역차단주파수 부근에서는 주파수의 변화를 미세한 스텝으로 조절 측정하여 정확한 f_L과 f_H를 찾고 이 증폭기의 대역폭 BW도 표 5-9에 기록하라.
5) C_C를 0.01㎌로 바꾼 후 과정 1)~4)를 반복하라.
6) 에미터저항 R_E를 그림 5-40(b)와 같이 R_{E1}=100Ω, R_{E2}=120Ω으로 나눈 후 과정 1)~5)를 반복하라.
7) 표 5-8과 표 5-9의 결과를 참고하여 하나의 반대수그래프 용지 상에 상기 네 가지 실험에 대한 결과를 색깔을 달리하여 그려라.
8) 이 주파수특성곡선의 근사적인 주파수-이득의 보오드선도를 반대수 그래프용지에 그리고, 저역과 고역에서의 특성곡선의 기울기도 나타내어라.

실험 결과보고서

교과목명		조편성	
실험제목		공동실험자	
담당교수		학 번	
실험일자	년 월 일(요일)	이 름	

[표 5-8]

(a)① R_E=220Ω C_C=1㎌	f																				
	V_{in}																				
	V_{out}																				
	A_v																				
(a)② R_E=220Ω C_C=0.01㎌	f																				
	V_{in}																				
	V_{out}																				
	A_v																				
(b)① R_{E1}=100Ω R_{E2}=120Ω C_C=1㎌	f																				
	V_{in}																				
	V_{out}																				
	A_v																				
(b)② R_{E1}=100Ω R_{E2}=120Ω C_C=0.01㎌	f																				
	V_{in}																				
	V_{out}																				
	A_v																				

[표 5-9]

	f_L	f_H	$BW=f_H-f_L$
R_E=220Ω, C_C=1㎌			
R_E=220Ω, C_C=0.01㎌			
R_{E1}=100Ω, R_{E2}=120Ω, C_C=1㎌			
R_{E1}=100Ω, R_{E2}=120Ω, C_C=0.01㎌			

[주파수 특성]

실험 후 검토

연 습 문 제

1. 증폭기를 제작할 때 긴 리이드선을 사용하면 주파수 응답에 어떤 영향을 주겠는가?

2. 그림 5-36(a)의 증폭기를 설계할 때 1μF 대신에 0.01μF의 결합 캐패시터를 사용하면 증폭기의 주파수 응답에 어떤 영향을 미치겠는가?

3. 어떤 증폭기의 데시벨 전력이득이 32dB이다. 일반 전력이득은 몇 배인가?

4. 임계주파수를 이득이 -3dB감소되는 지점으로 정하는 이유는 무엇인가?

5. 실험결과 그림 5-36의 (a)회로와 (b)회로의 주파수특성의 차이점을 비교 검토하라.

실험 5-4 멀티바이브레이터

실험 5-4-1. 비안정 멀티바이브레이터

1 실험목적

비안정 멀티바이브레이터(Astable multivibrator)의 특성에 대해 알아본다.

2 관련이론

펄스회로에 사용되는 파형은 구형파, 스파이크파, 스위프파의 세 종류로 대별할 수 있다. 기본적인 펄스발생기는 구형파발생기로 **멀티바이브레이터(multivibrator)**가 사용되며, 스위프파는 멀티바이브레이터의 출력에 커패시터를 한개 추가하는 것 만으로도 만들 수가 있으며, 또 구형파를 정형하여 스파이크파로 만드는 것을 피이킹회로라고 하는데 이는 미분회로를 삽입하여 간단히 얻을 수가 있다.

이런 의미에서 멀티바이브레이터는 특히 기본이 되고 중요시 된다. 멀티바이브레이터의 기본회로는 그림 5-37과 같다.

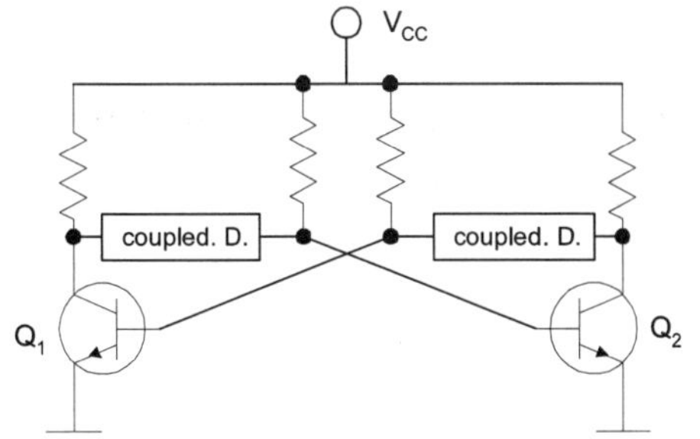

[그림 5-37] 멀티바이브레이터 기본회로

멀티바이브레이터는 2단증폭기에 정귀환을 건 발진기로서 2개의 결합회로에 사용되는 소자에 따라 특징이 달라지고 그 종류가 분류되는데 이를 요약하면 표 5-10과 같다.

[표 5-10] 멀티바이브레이터의 분류 및 특징

멀티바이브레이터	결합회로 소 자	안 정 상태의 수	대체적인 용 도	입출력파형
Astable M/V (무안정, 비안정 M/V, 자주발진기)	모두 C	0	Pulse의 발생, 동기분주	입력 없음 출력 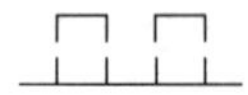
Monostable M/V (단안정 M/V)	한쪽 C 다른쪽 R	1	Pulse의 발생, 지연	입력 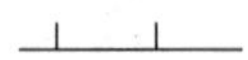 출력 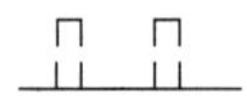
Bistable M/V (Flip-Flop) (쌍안정 M/V)	모두 R	2	Pulse의 발생, 레지스터, 계수	입력  출력 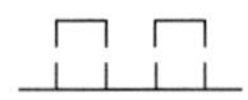

여기서는 비안정 멀티바이브레이터와 단안정 멀티바이브레이터에 대해서만 알아보기로 하자.

2-1. 비안정 멀티바이브레이터의 동작원리

그림 5-38과 그림 5-39에 비안정 멀티바이브레이터의 회로도 및 Timing chart를 나타내었다.

지금 Vcc가 가해지면 Q_1과 Q_2의 베이스에는 +전압이 인가되어 순간적으로 Q_1, Q_2가 ON 상태로 되어 회로전류는 다음과 같이 형성된다.

V_{CC} → R_{C2} → V_{CC}(I_{C2} 전류)
　　　　　　→ C_1 → Q_1 → V_{CC}(C_1을 V_{CC}까지 충전, 이때 시정수 C_1R_{C2})

V_{CC} → R_{C1} → V_{CC}(I_{C1} 전류)
　　　　　　→ C_2 → Q_2 → V_{CC}(C_2를 V_{CC}까지 충전, 이때 시정수 C_2R_{C2})

여기서 Q_1, Q_2회로는 대칭이고 서로 평형상태이므로 $I_{C1}=I_{C2}$가 되어야겠으나 두 Tr의 특성이나 회로정수의 차이, Tr내부의 열적잡음의 차이에 의해서 I_{C1}이 I_{C2}보다 조금 커진다고 하면, 다음과 같은 **정귀환 loop현상**이 일어난다.

$$\begin{array}{l} \rightarrow I_{C1}\text{증가} \rightarrow R_{C1}\text{전압강하증가} \rightarrow V_{C1}\text{감소} \rightarrow V_{b2}\text{감소} \\ V_{b1}\text{증가} \leftarrow V_{C2}\text{증가} \leftarrow R_{C2}\text{전압강하감소} \leftarrow I_{C1}\text{감소} \end{array}$$

따라서 V_{b1}은 정의 전압으로 증가하여 Q_1의 I_{C1}은 점진적으로 포화치에 이르러 ON상태를 유지하나 Q_2의 V_{b2}는 감소되어 결국 OFF상태가 된다.

Q_2가 OFF상태가 되면 R_{C1}을 통하여 C_2를 충전하고 있던 전원 Vcc가 차단되므로 C_2의 전하는 R_{C1}을 통하여 R_{b2}로 방전하게 된다.

$R_{b1} \cdot R_{b2} \gg R_{C1} \cdot R_{C2}$이므로 이때 방전시정수는 약 $0.693C_2 \cdot R_{b2}$가 된다. 방전전압 V_{b2}가 어느 순간에 0에서 약간의 +전위에 도달하면 충전되면서 Q_2에 I_{C2}가 흐르기 시작하여 이번에는 반대로 정귀환 loop가 형성된다.

$$\begin{array}{l} \rightarrow I_{C2}\text{증가} \rightarrow R_{C2}\text{ 전압강하증가} \rightarrow V_{C2}\text{감소} \rightarrow V_{b1}\text{감소} \\ V_{b2}\text{증가} \leftarrow V_{C1}\text{증가} \leftarrow R_{C1}\text{전압강하 감소} \leftarrow I_{C2}\text{감소} \end{array}$$

따라서 Q_1은 OFF, Q_2는 ON으로 반전된다. 다음에는 용량 C_2는 충전되고 C_1은 방전을 시작하게 되어 결국 다시 ON, OFF가 반전되게 되는데 이러한 동작은 연속적으로 반복되게 되어 그림 5-47과 같은 V_{C1}, V_{C2}에 구형파를 발생시키게 된다. 이 파형의 주기는

$$T = T_1 + T_2 = 0.693(C_1 R_{b1} + C_2 R_{b2}) \qquad (5-27)$$

가 되고 발진주파수는 주기의 역수이다. 이 회로는 직류전원만 인가하면 스스로가 계속해서 그림과 같은 구형파를 발생시키므로 일명 **자주발진기**(free running OSC)라고도 한다.

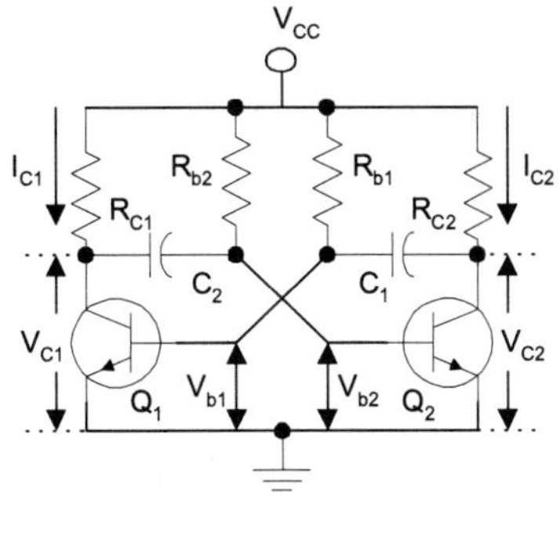

[그림 5-38] 비안정 M/V 회로도

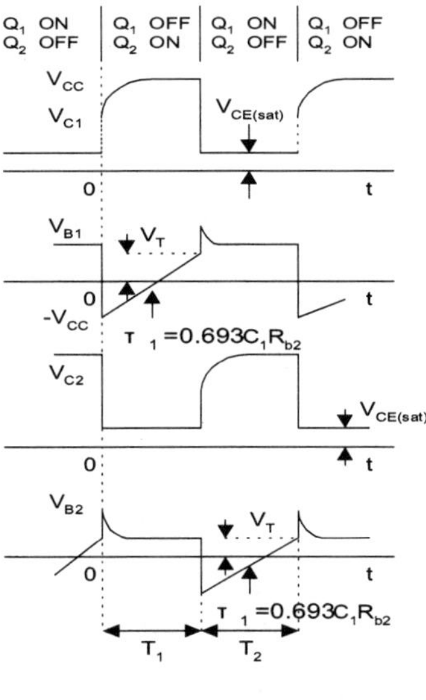

[그림 5-39] Timing chart

3 사용기기 및 부품

1) 전원공급장치 : +6V
2) V.O.M(전압계)
3) 오실로스코우프(2현상)
4) 트랜지스터 : MPS2222
5) LED × 2
6) 저항 : 6.8kΩ×2, 100kΩ×2 (0.5W)
7) 커패시터 : 10μF×2 (25V), 22μF×2 (25V)

4 실험순서

1) 그림 5-40의 회로를 구성하고 전원을 인가하라.

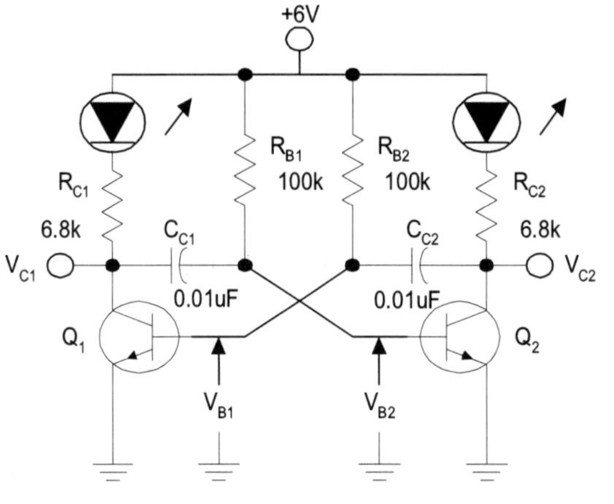

[그림 5-40] 비안정 멀티바이브레이터

2) 직류전압계로 Q_1, Q_2의 V_C, V_B를 측정하여 기록하라.
3) 오실로스코우프를 Q_1, Q_2의 콜렉터에 접속하고 출력의 파형을 관측한 후 그래프용지에 그려라.
4) 과정 3)에서 얻은 출력파형의 타임챠트(Time chart)로 부터 파형의 주기 및 주파수를 계산하고 상승시간과 하강시간도 계산하여 기록하라.
5) R_{C1}과 R_{C2}에 직렬로 LED를 접속하고 그 동작을 확인하라.
6) LED로서 정상적인 동작을 확인하기 위해서는 C_{C1}과 C_{C2}를 22μF로 바꾸어 보아라.

실험 5-4-2. 단안정 멀티바이브레이터

1 실험목적

에미터결합 단안정멀티바이브레이터(Monostable multivibrator)의 특성에 대해 알아본다.

2 관련이론

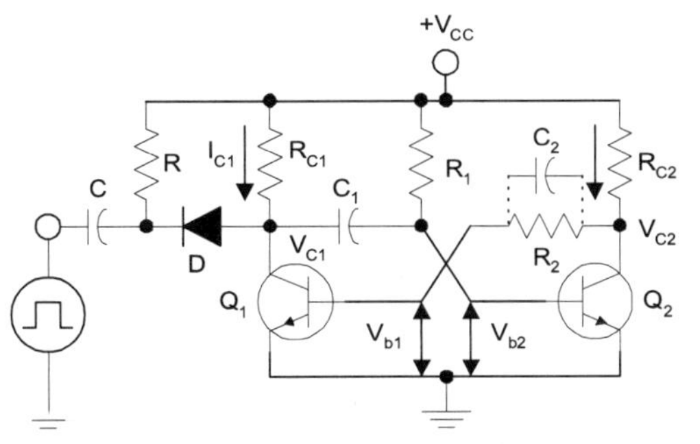

[그림 5-41] 단안정M/V 회로도

그림 5-41과 그림 5-42에 단안정멀티바이브레이터의 회로도 및 Timing chart를 나타내었다. 이 회로는 한 주기 동안 한번의 안정상태 즉 외부에서 **트리거 펄스(trigger pulse)가** 주어지지 않는 한 처음상태를 그대로 유지하는 상태(안정상태)와 한번의 준안정상태 즉 외부에서 그림 5-41과 같이 트리거펄스가 주어지면 상태반전이 일어났다가 회로의 구성에 따른 일정시간이 경과한 후에 원래의 상태로 되돌아가는 상태를 가진다. 여기서 이 회로를 간단히 해석해 보자.

회로가 정상상태에 있으면 V_{B2}는 0V이상이 되어 Q_2가 전도되며, 또 R을 적당히 선정하면 Q_2의 베이스가 충분히 크게되어 Q_2가 포화된다. Q_2가 포화되면 V_{C2}는 거의 0V가 되고 V_{B1}이 0V이하가 되어 Q_1은 차단된다. 따라서 이 회로의 안정상태에서는 Q_1은 차단 Q_2는 전도가 되고 있다. 이 상태는 외부에서 트리거 펄스가 인가되지 않는 한 그대로 유지된다.

만일 트리거단자에 부(−)의 트리거펄스가 인가되면 이 펄스는 다이오드를 통해 Q_1의 콜렉터에 전달되어 Q_1이 전도되기 시작하여 다음과 같은 순서로 정귀환적인 축적이 발생된다.

→ Q_1전도 → V_{C1}감소 → V_{b2}감소 → V_{C2}증가 ─┐
└─ I_{C1} 더욱증가 ← V_{b1}증가 ←

그 결과 순식간에 Q_1은 포화되고 Q_2가 차단된다. 그러나 이 같은 상태는 안정상태로 볼 수 없는데 왜냐하면 Q_1포화, Q_2차단으로 바뀐 순간부터 C_1은 R_1을 통해 Vcc에 의해 충전되기 시작하고 V_2가 점차 상승하여 V_r에 달하면 Q_2가 다시 전도하기 시작하고 또 다시 정귀환 축적작용에 의해 순식간에 Q_2포화, Q_1차단인 원래상태로 되돌아가기 때문이다.

따라서 이같은 상태를 **준안정상태**라고 부른다. 이 회로는 외부에서 트리거가 인가될 때만 순간적으로 상태반전이 일어나 구형파를 발생시킨다. 구형파가 발생되는 준안정상태의 시간은

$$T = 0.693 R_1 C_1 \qquad (5\text{-}28)$$

이다.

이 회로에서 C_2는 **가속커패시터**(speedup capacitor)라고 부른다. 이것은 Q_1이 차단된 때 B-E간 내부 입력용량 때문에 R_2와 C_{be}가 Q_1의 입력측에서 보면 적분회로를 구성하게 되어 R_2를 통해 Q_1의 베이스에 공급되는 신호의 초기상승부분이 C_{be}의 충전에 사용되므로 베이스전위의 상승이 늦어져 동작이 불안정하게 되는데 이를 방지하기 위해 R_2에 병렬로 C_2를 접속시켜 미분회로를 구성시켜주면 상기 영향이 상쇄되어 출력의 시간적인 지연을 단축시켜 줄 수 있기 때문이다.

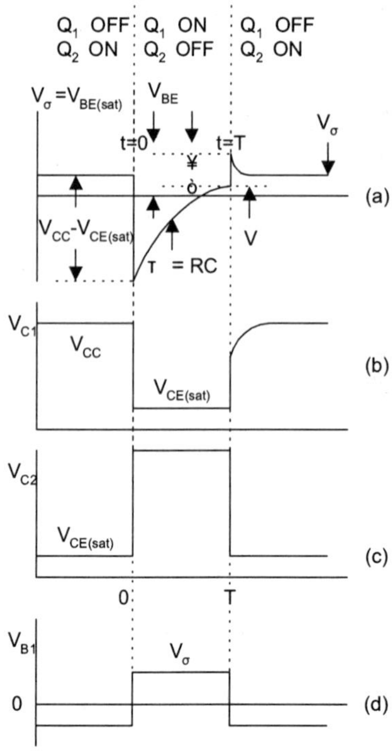

[그림 5-42] Timing chart

3 사용기기 및 부품

1) 전원공급장치 : +9V
2) V.O.M(전압계)
3) 오실로스코우프
4) 신호발생기(구형파)
5) 트랜지스터 : 2SC1815 × 2
6) 다이오드
7) LED × 2
8) 저항 : 560Ω, 22kΩ × 2 , 33kΩ × 2 (0.5W)
9) 커패시터 : 0.01μF(25WV), 0.1μF(25WV), 10μF(25WV)

4 실험순서

1) Vcc인가 전에 (B)점을 개방하고, $V_{in} = 5V_{p-p}$, 500Hz인 구형파를 인가하라.
2) V_{in}, (A), (B)점의 파형을 그리고 이 회로 부분이 어떤 용도로 사용되는지 확인하라.
3) (B)점을 개방한 상태에서 그림 5-51의 회로를 구성하고 전원을 인가한 후 LED 동작 상태를 확인하라.

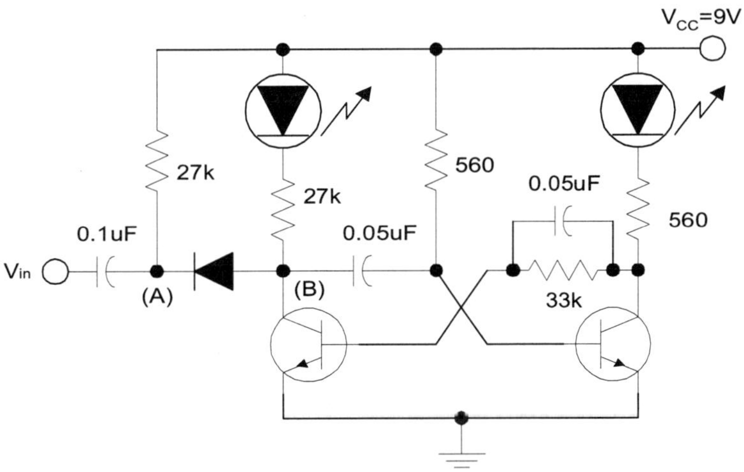

[그림 5-43] 단안정 멀티바이브레이터

4) (B)점을 회로에 접속하고 이때 LED의 동작상태를 확인해보라.
5) 오실로스코우프를 V_o단자에 접속하고 출력파형을 관측하여 그래프용지에 그려라.
6) 출력파형의 준안정상태시간을 측정하고 이것이 다음 식과 같은지 확인하라.

$$[tw = 0.693RC]$$

실험 결과보고서

교과목명	
실험제목	
담당교수	
실험일자	년 월 일(요일)

조편성	
공동실험자	
학 번	
이 름	

1-2) [V_{C1} = V] [V_{B1} = V]

[V_{C2} = V] [V_{B2} = V]

1-3)

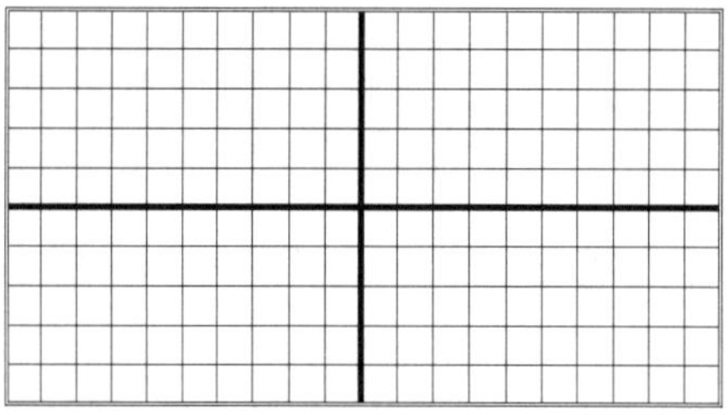

1-4)

[주기 = $0.693(R_{B1}C_{C1} + R_{B2}C_{C2})$ =]

[주파수 =]

[상승시간 = $t_r = 2.2\tau =$]

[하강시간 = $t_f = 2.2\tau =$]

2-2)

Vin

(A)

(B)

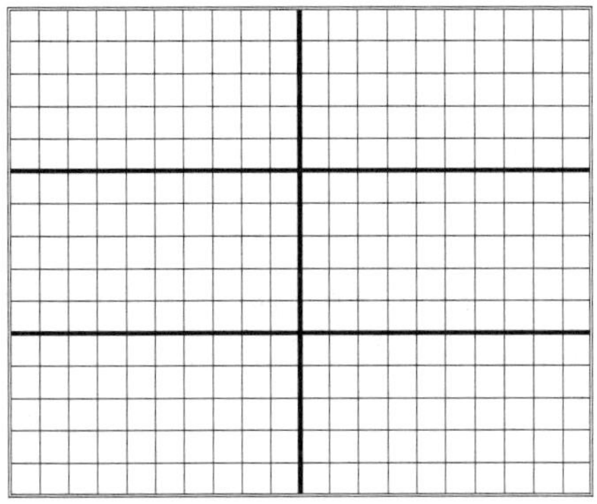

2-5)

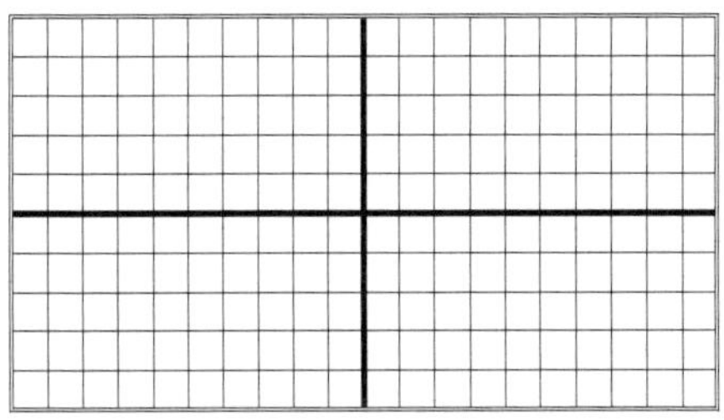

2-6)

[$t_w = 0.693CR =$]

[측정치 $t_w =$]

실험 후 검토

연 습 문 제

1. 세 가지 멀티바이브레이터에 대해 회로와 동작특성을 비교 설명하라.

2. 출력파형의 상승시간과 하강시간에 대해 정의하라. 또 실험 5-4-1의 실험결과 출력파형의 상승, 하강시간은 얼마인가? 실험치와 이론치를 비교 분석하라.

3. 가속 캐패시터(speedup capacitor)의 역할에 대해 설명하라.

4. 비안정 멀티바이브레이터 실험회로에서 발진주파수는 얼마인가?

6장

전계효과 트랜지스터(JFET)

실험 6-1 JFET의 동작 특성실험
실험 6-2 JFET 증폭기

실험 6-1 JFET의 동작특성 실험

실험 6-1-1. JFET의 동작 · 부동작 시험법

1 실험목적

JFET의 동작 · 부동작 상태를 저항계로 확인하는 방법을 알아본다.

2 관련이론

2-1. 구조

n채널 JFET는 그림 6-1과 같이 n형 반도체막대의 상하단에 전극을 접촉하여 **드레인**(Drain)과 **소오스**(Source)를 구성하고, n형 반도체막대 내부에 두개의 p형영역을 확산에 의해 형성하고 각각의 영역에 전극을 접촉하여 **게이트**(Gate)를 구성한다. 두 게이트를 분리해 둔 소자를 **쌍게이트 JFET**라 부르는데 이것은 특수목적용 통신 설비인 믹서와 같은 용도에 응용되나 대부분은 내부적으로 접속한 단일게이트 외부구조를 가진 **단일게이트 JFET** 로 사용한다.

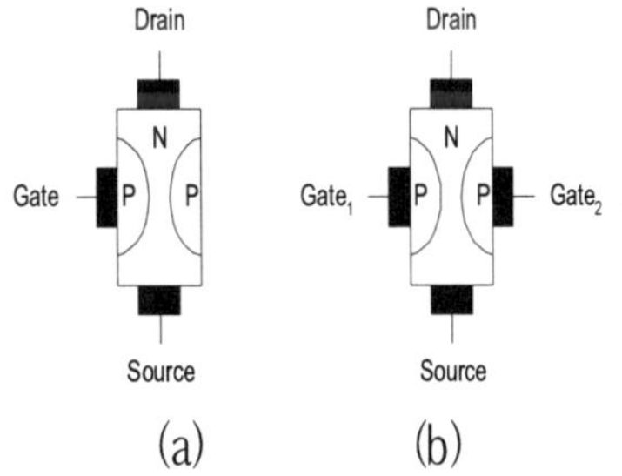

(a) (b)

[그림 6-1] N채널 JFET
(a) 단일게이트 JFET ;
(b) 쌍게이트 JFET

2-2. 동작원리

그림 6-2(a)와 같이 V_{DS}를 가하면 n형의 다수캐리어에 의한 전도전류(I_D)가 드레인에서 소오스쪽으로 형성된다. 게이트와 소오스간의 바이어스 V_{GS}는 반드시 역방향으로 인가한다.

이때 pn접합부에는 공핍층이 형성되는데 불순물 도우핑레벨이 p형쪽이 n형쪽 보다 훨씬 크므로 이 공핍층은 막대 내부쪽으로 형성되고 V_{GS}의 크기에 비례한다. 또한 V_{DS}에 의한

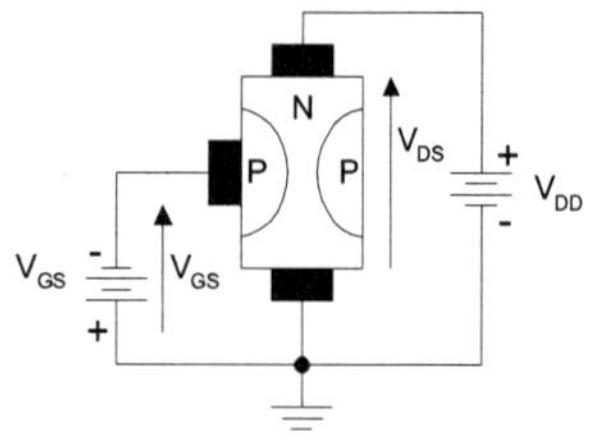

(a)

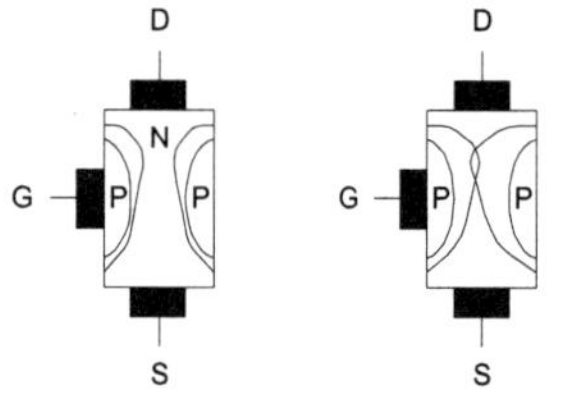

(b) (c)

[그림6-2] (a)JFET의 바이어스 (b)(c) PN접합의 공핍층폭

드레인전류에 의해 막대 내부의 저항으로 인한 막대내부의 전압강하가 발생하므로 게이트 상단쪽 이 더 크게 역바이어스되므로 게이트상단의 공핍층이 더 커진다. 그런데 공핍층에는 자유캐리어가 존재할 수 없으므로 전도전류인 I_D는 공핍층으로 제한되는 좁은공간(채널)을 통해 흐르게 된다.

따라서 V_{GS}, V_{DS}가 변하면 공핍층의 폭이 변화(채널이 변화)되어 전도전류가 제어되게 된다.

다시말해 JFET는 외부전장에 의해 소자내부의 전기전도도가 변화하므로 **전계효과 트랜지스터**라 하고 V_{GS}, V_{DS}에 의해 I_D가 제어되므로 **전압제어소자**라고 한다.

JFET는 G-S간에 역방향바이어스를 걸어 사용하므로 게이트전류 I_G는 거의 0이 되고 입력임피이던스 R_i도 거의 ∞가 된다. 따라서 JFET는 고입력임피이던스가 요구되는 회로의 응용에 주로 사용된다.

2-3. 도식적기호

JFET의 도식적기호(Symbol)를 그림 6-3에 나타내었다.

N채널과 **P채널**은 전류의 흐름 방향이 반대이므로 그림에서 게이트측의 화살표가 반대방향으로 표시된다. 따라서 P채널 JFET를 사용할 때는 그림 6-2(a)의 바이어스 전압의 극성을 반대로 해야한다.

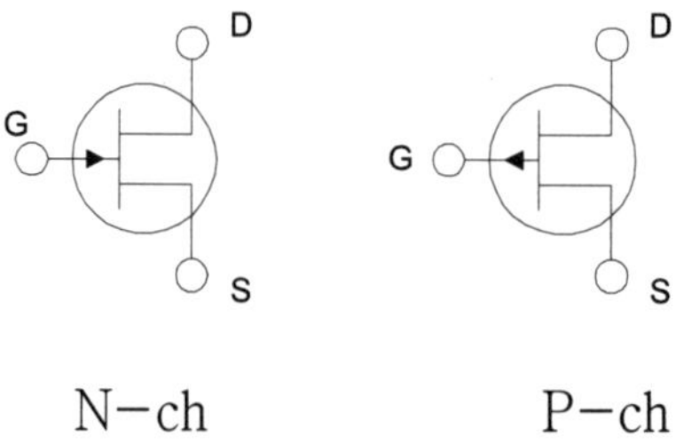

[그림 6-3] JFET의 도식적기호

3 사용기기 및 부품

1) V.O.M(저항계)
2) JFET : N-채널, P-채널 다수

4 실험순서

N채널 JFET는 그림 6-4(b)와 같이 저항의 가운데에 캐소우드측이 접속된 다이오드와 흡사하다.

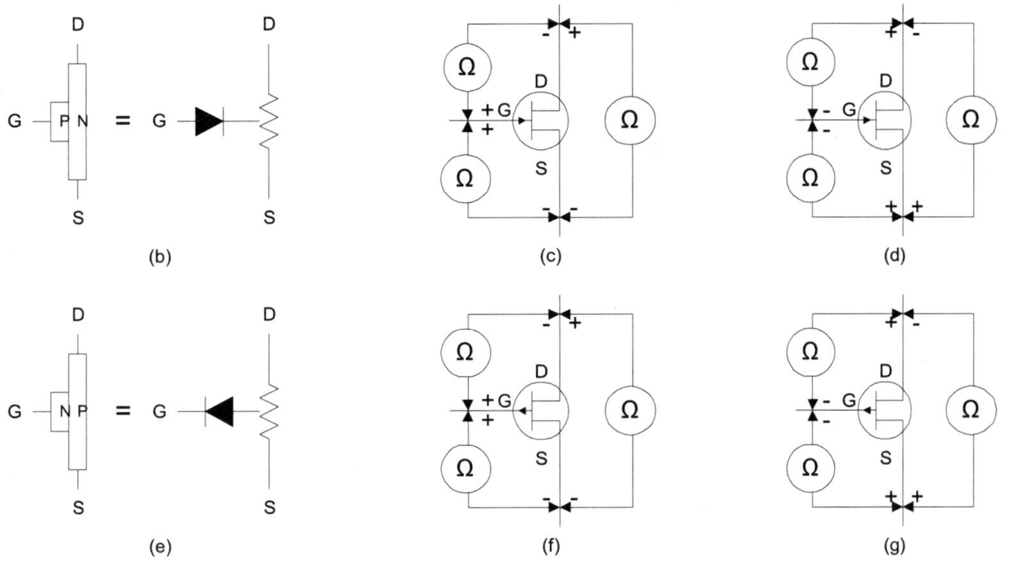

[그림 6-4] 저항계에 의한 JFET시험. (a) 일반적인 단자식별
(b) N채널 등가회로 ; (c)(d) N채널 저항계 접속
(e) P채널 등가회로 ; (f)(g) P채널 저항계 접속

채널의 옴성저항은 드레인과 소오스간에 접속하는 저항계단자의 극성에 상관없이 거의 같다. 게이트에 정(+)의 단자를 접속하고 소오스 또는 드레인에 부(−)의 단자를 접속하면 저 저항을 지시한다. 게이트에 부(−)의 단자를 접속하고 소오스 또는 드레인에 정(+)의 단자를 접속하면 무한대의 저항을 지시한다. P채널 JFET인 경우에도 다이오드의 애노우드쪽이 저항에 접속되고 저항계의 극성을 반대로 하는 것 이외에는 동일한 과정이 사용된다.

1) 저항계의 측정범위를 가운데부에 놓아라.
2) 그림 6-4(c)와 같이 N채널 JFET에 저항계를 접속하고 지시저항치를 읽고 기록하라.
3) 그림 6-4(d)와 같이 N채널 JFET에 저항계를 접속하고 지시저항치를 읽고 기록하라.
4) 그림 6-4(f),(g)와 같이 P채널 JFET에 저항계를 접속하고 지시저항치를 읽고 기록하라.

실험 6-1-2. JFET의 동작상태 식별

1 실험목적

드레인 측정전압을 보고 JFET의 전도, 차단상태를 확인하는 방법을 알아본다.

2 사용기기 및 부품

1) 전원공급장치 : ± 12[V]
2) V.O.M(전압계)
3) 저항 : 10kΩ, 1MΩ (0.5W)
4) JFET : 2N7000
5) 스윗치 : SPDT
6) 브레드보오드

3 실험순서

그림 6-5에서 S_1이 위치 A에 놓일 때 V_{GS} = 0[V]가 되고 JFET는 ON 즉 전도된다. 이 때 드레인에서의 전압은 극히 적다. S_1이 위치 B에 놓일 때 V_{GS} = −3[V]가 되고 JFET는 OFF 즉 차단된다. 이 때 드레인에서의 전압은 $+V_{DD}$와 같게 될 것이다.

1) 그림 6-5의 회로를 구성하라.
2) 스윗치 S_1을 점A에 위치시켜라.
3) V_G와 V_D 를 측정하여 표 6-1에 기록하라.
4) 이 때 JFET의 on, off 상태를 판단하여 기록하라.
5) 스윗치 S_1을 점 B에 위치시켜라.
6) V_G와 V_D 를 측정하여 표 6-1에 기록하라.
7) 이 때 JFET의 on, off 상태를 판단하여 기록하라.
8) 결과보고서의 식을 이용하여 I_D를 계산하라.

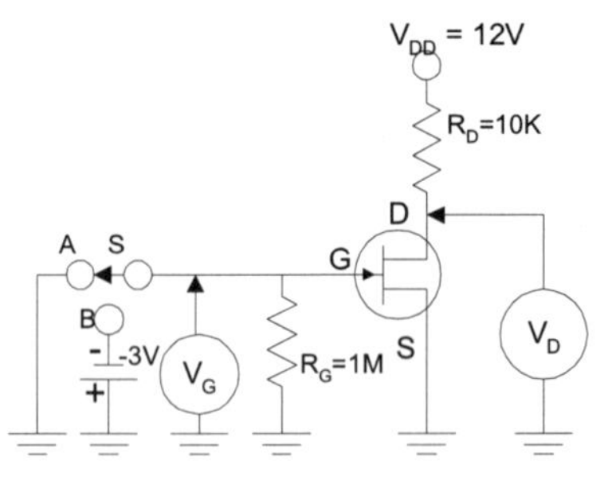

[그림 6-5] N채널 JFET의 동작시험회로

실험 결과보고서

교 과 목 명		조 편 성	
실 험 제 목		공동실험자	
담 당 교 수		학 번	
실 험 일 자	년 월 일(요일)	이 름	

1-2) [R_{GD} = Ω] [R_{GS} = Ω] [R_{DS} = Ω]

1-3) [R_{GD} = Ω] [R_{GS} = Ω] [R_{DS} = Ω]

1-4) [R_{GD} = Ω] [R_{GS} = Ω] [R_{DS} = Ω]

[R_{GD} = Ω] [R_{GS} = Ω] [R_{DS} = Ω]

2-3)~7)

[표 6-1]

S_1 의 위치	V_G	V_D	JFET의 상태 (ON/OFF)
A			
B			

2-8) $[I_D = \frac{V_{RD}}{R_D} = \frac{+V_{DD} - V_{D(on)}}{R_D} = \qquad]$

실험 後 검토

연 습 문 제

1. 바이폴라 트랜지스터와 JFET의 유사성에 대해 설명하라.

2. JFET의 입력 임피이던스에 대해 설명하라.

3. 바이폴라 트랜지스터와 비교할 때 크게 다른점들은 무엇인가?

4. JFET의 동작특성에 대하여 설명하라.

5. JFET의 장점은 무엇인가?

6. JFET의 차단, 전도상태를 판별하는 방법에 대해 설명하라.

실험 6-2 JFET 증폭기

실험 6-2-1. 공통소오스 증폭기

1 실험목적

JFET의 공통소오스 증폭기(CS amplifier)의 구성방법과 전압이득, 위상관계, 입출력임피던이스 및 주파수특성에 대해 알아본다.

2 관련이론

2-1. 공통소오스 증폭기(CS 증폭기)

그림 6-6(a)에 **공통소오스 증폭기를** 나타내었다. 이 회로의 등가회로를 얻기 위해 다음 사항을 고려한다.

먼저, JFET의 내부드레인저항이 극히 적으므로 $1/r_d$을 생략하면 출력측에는 전류원만이 존재한다. 다음 R_{GS}는 수십 내지 수백 MΩ이므로 $R_G // R_{GS}$는 거의 R_G가 되고 R_{GS}는 무시할 수 있다.

이상의 사실을 고려하면 그림 6-6(b)와 같은 등가회로를 얻을 수가 있다.

이 등가회로에서 전압이득을 계산해보자.

$$r_d = R_L // R_D$$

$$i_d = g_m V_{in}$$

이므로 Vout은

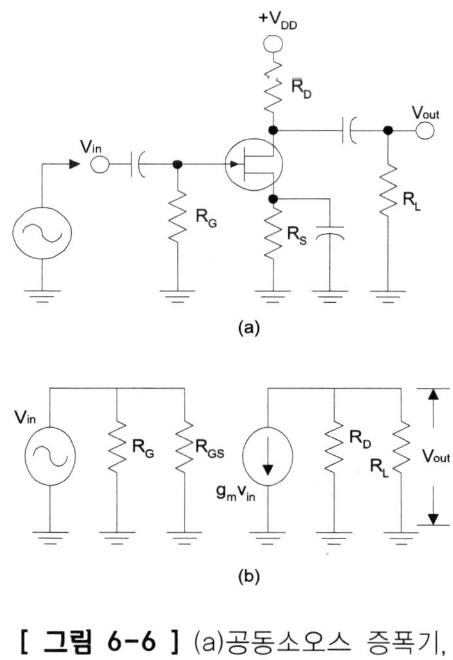

[그림 6-6] (a)공동소오스 증폭기,
(b)등가회로

$$v_{out} = r_d\, i_d = r_d\, g_m\, v_{in}$$

따라서

$$A_v = \frac{V_{out}}{V_{in}} = g_m\, r_d \qquad (6-1)$$

이다. 이 회로는 적은 전압이득 때문에 증폭기로는 그다지 사용치 않으며 오히려 큰 전압이득을 얻기 위해서는 바이폴라 트랜지스터회로를 사용하고 일그러짐을 감소시키기 위해서는 부귀환을 걸어 사용한다.

2-2. 스웜프 CS증폭기

그림 6-7에 스웜프(Swamped) CS증폭기를 나타내었다. 이 회로는 부귀환이 걸리므로 이득은 감소하나 안정성이 좋아지고 일그러짐은 감소한다. 이 회로의 전압이득을 계산해 보자. 스웜프 CE증폭기에서 $A_V = r_c / r_e + r_e'$였으므로 스웜프CS회로에서는 r_e가 r_s, r_c가 $r_d = R_D // R_L$로 r_e'가 $1/g_m$로 대치된 것으로 보면 된다. 따라서

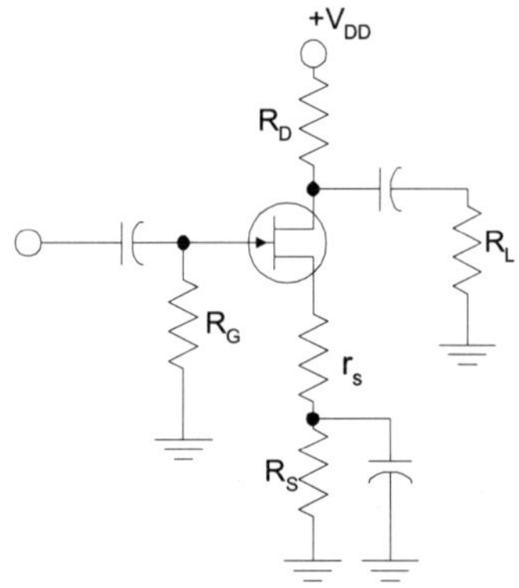

[그림 6-7] 스웜프 CS증폭기

$$A_v = \frac{r_d}{r_s + 1/g_m} = \frac{g_m r_d}{1 + g_m r_s}$$

(6-2)가 된다. 이 회로느 전압이득은 적으나 입력임되이던스가 대단히 크기 때문에 전원과의 신호손실을 최소화할 수 있고 소자자체의 잡음이 트랜스지스터 보다 훨씬 적으므로 다단중독기를 구성할 때 초단에 흔히 사용된다.

3 사용기기 및 부품

1) 전원공급장치 : ±12[V]
2) V.O.M(전압계)
3) 오실로스코우프(2 현상)
4) 신호발생기 : 100 Hz ~ 1 MHz
5) JFET : 2N7000
6) 저항 : 220 [Ω], 1.2 [kΩ], 1 [MΩ] (0.5W)

7) 커패시터 : 1 [μF] (12WV) × 2
   전해캐패시터 : 100[μF] (12WV)

4 실험순서

1) 그림 6-8의 회로를 구성하라.
2) 신호발생기를 접속하기 전에 직류동작전압 V_D, V_G, V_S 및 V_{GS}를 측정하여 기록하라.

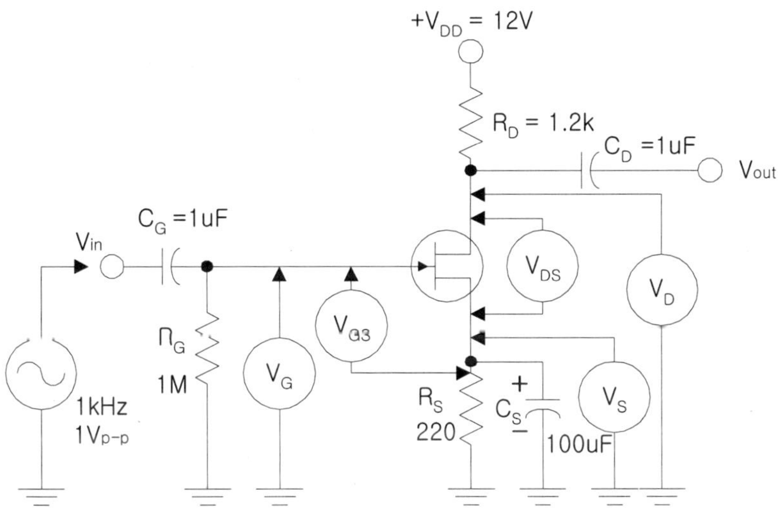

[그림 6-8] 공통소오스 증폭기회로도

3) 신호발생기의 신호주파수는 1 kHz, 진폭 0.5 Vp-p가 되게 하여 입력에 공급하라.
4) 입력과 출력에 오실로스코우프를 접속하고 파형을 측정하라.
5) 오실로스코우프상의 파형을 표 6-2에 그리고, 이때 첨두치 V_{P-P} 와 오실로스코우프의 감도 V/div값을 표시하라.
6) 결과보고서의 식을 이용하여 전압이득을 계산하여 기록하라.
7) 트랜지스터 실험에서 사용한 방법을 이용하여 입, 출력임피이던스를 측정하라.
8) 출력단자에 1[MΩ]의 저항을 접속하고 신호발생기의 주파수를 1KHz로 한 후 v_{in}, v_{out}및 A_v를 측정하여 기록하라. 또 f_L과 f_H를 찾을 때까지 주파수 스텝을 변화시켜 가면서 표 6-3을 완성시켜라.
9) 표 6-3을 참조하여 주파수특성곡선을 그려라.

실험 6-2-2. 공통드레인 증폭기(소오스 폴로워)

고(high)-저(low)임피이던스 정합에 이용되는 공통드레인회로(CD amplifier)의 구성과 전압이득의 측정에 대해 알아본다.

1 관련이론

그림 6-9에 **소오스폴로워**(Source Follower)를 나타내었다. 이 회로는 교류적으로 드레인이 접지되므로 공통 드레인회로라고도 한다.

먼저 이 회로의 전압이득 A_v를 계산해 보자. 앞서 에미터폴로워 회로에서 $A_v=r_e/r_e+ r_e'$였으므로 소오스폴로워 회로에서는 r_e가 $r_s=R_S// R_L$, r_e'가 $1/g_m$로 대치된 것으로 볼 수 있다.

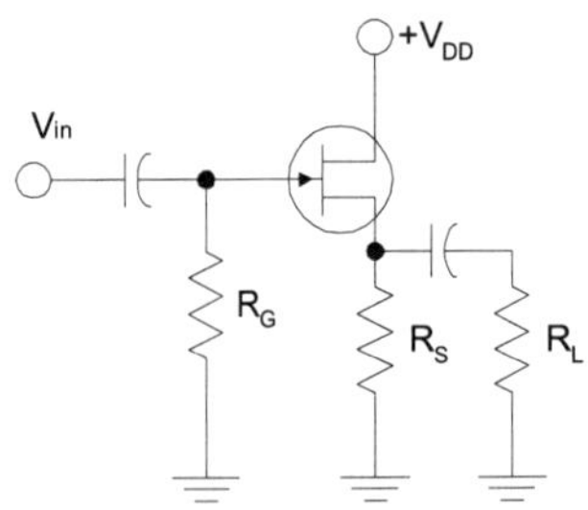

[그림 6-9] 소오스폴로워

따라서 A_v 는,

$$A_v = \frac{r_s}{r_s + 1/g_m} = \frac{g_m r_s}{1 + g_m r_s} \qquad (6-3)$$

이 된다.

이 회로는 전압이득은 1보다 적으나 입력임피이던스가 거의 ∞이고 출력임피이던스가 거의 $1/g_m$로서 극히 적으므로 에미터폴로워와 마찬가지로 완충증폭기로 많이 사용된다.

JFET의 응용 중 가장 많이 사용되는 것이 바로 이 소오스폴로워인데 이는 상기의 특징과 더불어 파형의 일그러짐을 크게 개선할 수도 있기 때문이다.

2 사용기기 및 부품

1) 전원공급장치 : +12V
2) V.O.M(전압계)
3) 오실로스코우프(2현상)
4) 신호발생기 : 100 Hz ~ 1 MHz
5) JFET : 2N3823
6) 저항 : 10 [kΩ], 1 [MΩ] (0.5W)

7) 커패시터 : 1 [μF] (12WV)×2
8) 브레드보오드

3 실험순서

공통드레인 증폭회로는 드레인이 V_{DD}에 직접 접속되고 입력신호는 게이트에 인가하고 출력신호는 소오스에서 얻고 있다. 입력임피이던스는 극히 크고, 출력임피이던스는 극히 적으며 전압이득이 거의 1 이므로 임피이던스정합을 위한 완충증폭기로 주로 사용된다.

1) 그림 6-10의 회로를 구성하라.
2) 신호발생기를 접속하기 전에 직류동작전압 V_D, V_G, V_S및 V_{GS}를 측정하여 기록하라.
3) 신호발생기의 신호주파수는 1 kHz, 진폭은 1 Vp-p가 되게 하여 입력에 공급하라.
4) 입력과 출력에 오실로스코우프를 접속하고 2현상으로 파형을 관면 상에 나타내어라.
5) 관면상의 파형을 표 6-4의 그래프 상에 그리고, 각 파형의 V_{p-p}값과 오실로스코우프의 V/div값을 표시하라.
6) 결과보고서의 식을 이용하여 전압이득을 계산하여 기록하라.

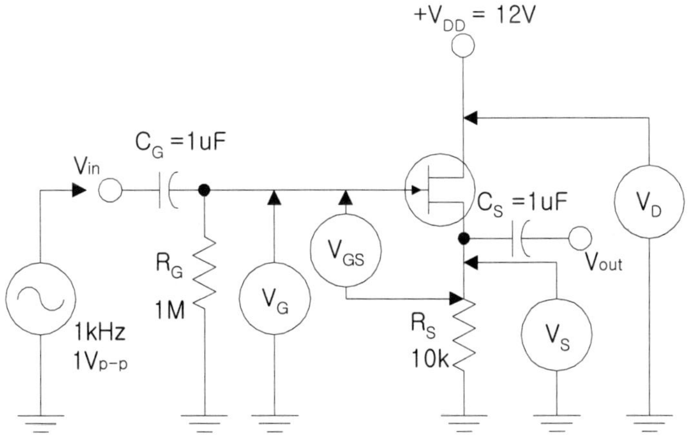

[그림 6-10] 공통드레인증폭기(소오스폴로워) 회로도

실험 6-2-3. 공통게이트 증폭기

1 실험목적

저(low)-고(high)임피이던스정합에 이용되는 공통게이트회로(CG amplifier)의 구성하는 방법과 그 전압이득의 측정에 대해 알아본다.

2 사용기기 및 부품

1) 전원공급장치 : +12[V]
2) V.O.M(전압계)
3) 오실로스코우프 (2현상)
4) 신호발생기 : 100 Hz ~ 1 MHz
5) JFET : 2N7000
6) 저항 : 220 [Ω], 10 [kΩ], 1 [MΩ] (0.5W)
7) 커패시터 : 1 [μF] (12WV) × 2
8) 브레드보오드

3 실험순서

공통게이트 증폭회로는 소오스에 입력신호를 인가하고 드레인에서 출력신호를 얻고 있다. 입력임피이던스는 적고, 출력임피이던스는 적절하며 전압이득 또한 적절하게 주어진다.

1) 그림 6-11의 회로를 구성하라.
2) 신호발생기를 연결하기 전에 직류동작전압 V_D, V_G, V_S및 V_{GS}를 측정하여 기록하라.
3) 신호발생기의 신호주파수는 1 kHz, 진폭은 0.5 Vp-p가 되게 하여 입력에 공급하라.
4) 입력과 출력에 오실로스코우프를 접속하고 2현상으로 파형을 관면 상에 나타내어라.
5) 관면상의 파형을 표 6-5의 그래프 상에 그리고, 각 파형의 V_{P-P}값과 오실로스코우프의 V/div값을 표시하라.
6) 결과보고서의 식을 이용하여 전압이득을 계산하여 기록하라.

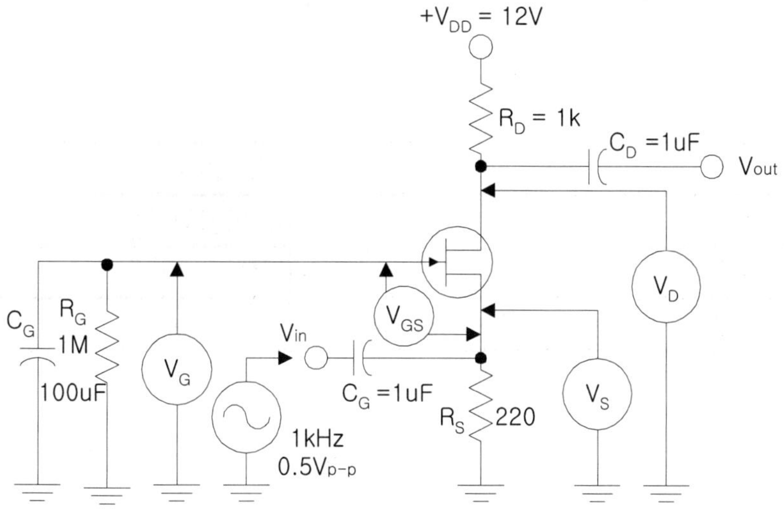

[그림 6-11] 공통게이트증폭기 회로도

실험 결과보고서

교 과 목 명	
실 험 제 목	
담 당 교 수	
실 험 일 자	년 월 일(요일)

조 편 성	
공동실험자	
학 번	
이 름	

1-2) [V_D = V] [V_G = V]

[V_S = V] [V_{GS} = V]

1-4)

[표 6-2] 입, 출력전압파형

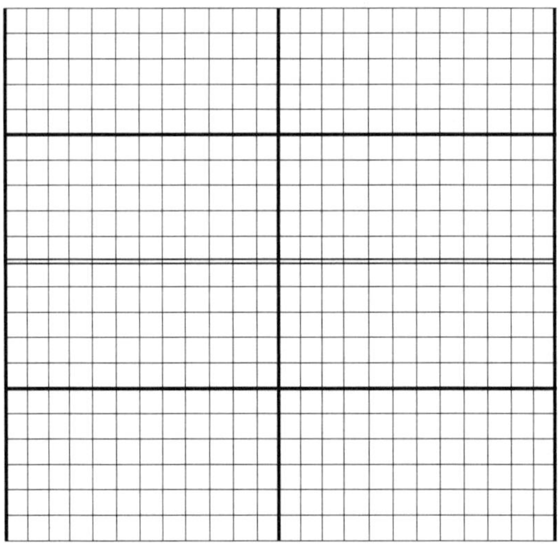

1-6) [$A_v = \frac{v_{out}}{v_{in}}$ =]

1-7) [R_i =] [R_o =]

1-8)

[표 6-3] 주파수특성

주 파 수 (Hz)	V_{in}	V_{out}	A_v	주 파 수 (Hz)	V_{in}	V_{out}	A_v

주파수특성곡선

1-9)

2-2) [V_D = V] [V_G = V]

[V_S = V] [V_{GS} = V]

2-5)

[표 6-4] 입, 출력전압파형

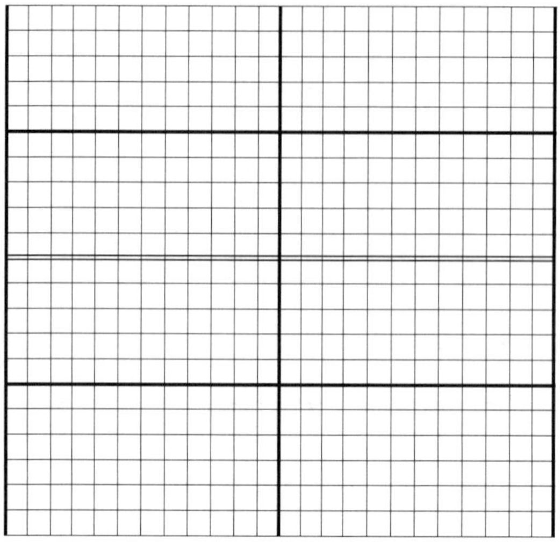

2-6) [$A_v = \frac{v_{out}}{v_{in}}$ =]

3-2) [V_D = V] [V_G = V]

[V_S = V] [V_{GS} = V]

3-5)

[표 6-5] 입, 출력전압파형

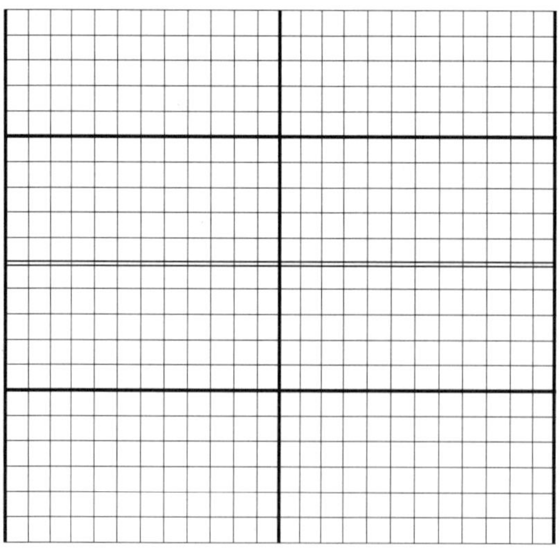

3-6) $[A_v = \frac{v_{out}}{v_{in}} = \qquad\qquad]$

실험 후 검토

연 습 문 제

1. 집시 방식에 따른 3가지 증폭기의 전압이득에 대해 설명하라.

2. 접지 방식에 따른 3가지 증폭기의 입출력신호의 위상관계에 대해 비교 설명하라.

3. 동일한 출력전류에서 JFET의 g_m은 바이폴라 트랜지스터와 비교하면 어떤가?

4. CS회로 특성과 CE회로 특성을 앞선 실험결과로 부터 비교 분석하라.

5. 트랜지스터접지방식과 JFET접지방식에는 그 특성의 유사성이 주어진다. 무엇과 무엇이 유사한지를 비교 분석하라.

7장

실리콘 제어 정류기

실험 7-1. SCR

실험 7-1 SCR

실험 7-1-1. SCR의 동작/부동작 시험법

1 실험목적

저항계로서 실제 SCR의 동작/부동작의 시험방법을 알아본다.

2 관련이론

2-1. 실리콘제어 정류기(SCR)

pnpn의 사이리스터 소자군 중에서 가장 널리 사용되는 것으로 릴레이제어, 모터제어, 과전압보호회로, 위상제어회로, 초음파세척, 유도가열 등의 많은 범위에 걸쳐 응용된다.

1) 구조와 도식적기호

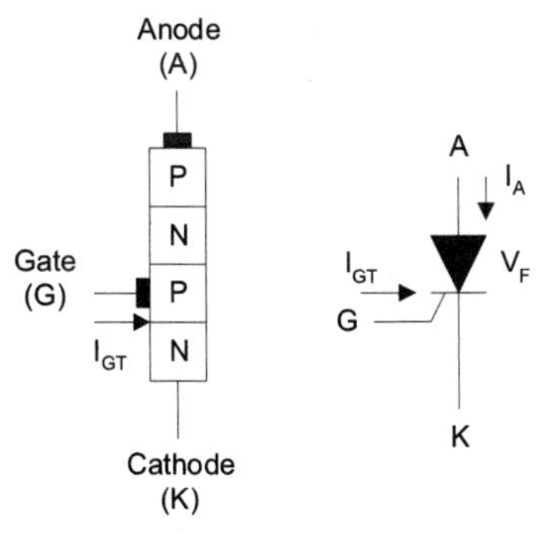

[그림 7-1] SCR. (a)구조 (b)도식적기호

실리콘 제어정류기(SCR: silicon controlled rectifier)는 3단자를 가진 4층 pn반도체소자이다.

SCR은 두 개의 반도체영역을 갖고 있는 일반 반도체다이오드와는 기본적으로 동작이 달라진다. 이것은 **게이트(Gate)**라고 불리는 단자의 상태에 의해 정류기가 개방상태에서 단락상태로 스위칭되는 시점을 결정하기 때문이다. 즉 단순히 소자의 **애노우드**와 **캐소우드**간에 순방향바이어스를 걸어주는 것 만으로는 충분치 못하다.

그림 7-1(a)에 구조와 도식적기호를 나타내었다. 그림 7-1(b)에서와 같이 순방향전도가 이루어지기 위해서는 애노우드가 캐소우드에 대해 정(+)이어야 하지만 이 조건은 소자를 전도

상태로 만들기에는 충분한 기준은 못된다. 그림에서 I_{GT}로 표시된 게이트전류가 형성되기 위해서는 충분한 크기의 펄스가 게이트에 가해져야 한다.

2) 기본동작

그림 7-1(a)의 4층pn구조를 그림 7-2(a)와 같이 3층으로 된 두개의 트랜지스터 구조로 나누어 그림 7-2(b)와 같은 등가회로에서 고찰해 보자.

그림 7-2(b)에서 Q_1은 pnp이고 Q_2는 npn이다. 먼저 그림 7-3의 신호를 그림 7-2(b)의 게이트에 인가해 본다.

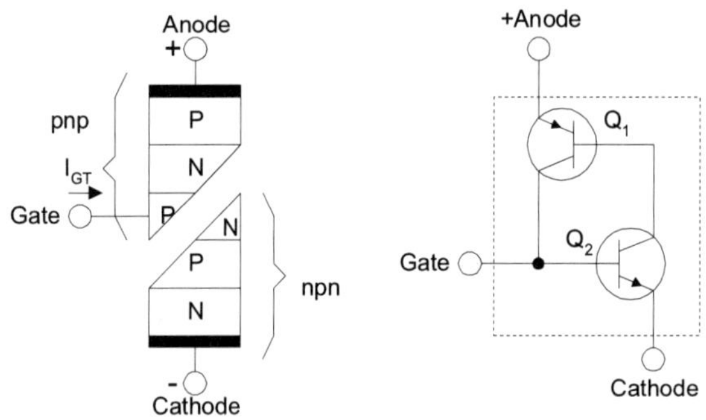

(a) (b)

[그림 7-2] (a)2개의 Tr로 분리한 SCR
(b)등가회로

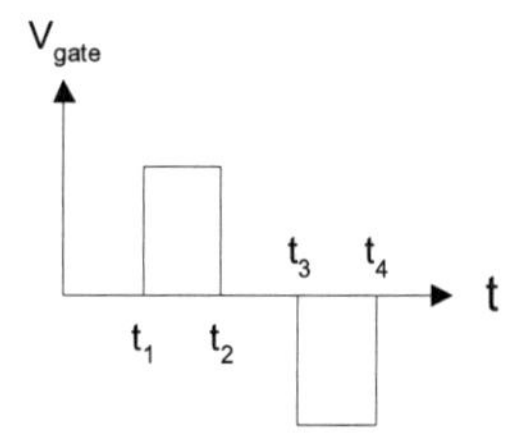

[그림 7-3] 게이트전압

0에서 t_1사이에서 V_{gate}=0V이므로 그림 7-4(a)와 같이 나타낼 수 있다. $V_{BE2}= V_{gate}$=0V인 경우 I_{B2}=0이고 I_{C2}는 근사적으로 I_{CO}가 된다.

Q_1의 $I_{B1}=I_{C2}=I_{CO}$는 너무 적아서 Q_1을 turn-on 상태로 할 수가 없다. 그러므로 모두 차단상태로 되며 각 트랜지스터의 콜렉터와 에미터간에는 높은 임피이던스가 발생하여 그림 7-4(b)와 같이 SCR은 개방회로가 된다. $t=t_1$에서 V_G인 펄스가 SCR의 게이트에 인가된다. 이때 회로는 그림 7-5(a)로 나타낼 수 있다. 전압 V_G는 Q_2가 전도상태 ($V_{BE2}=V_G$)가 될 수 있을 정도로 충분히 크게 한다. 이때 Q_2의 I_{C2}는 Q_1이 전도상태 ($I_{B1}=I_{C2}$)가 될 수 있을 정도로 크게 증가한다.

Q_1이 전도상태가 되면 I_{C1}이 증가하고 결과적으로 I_{B2}가 증가하여 I_{C2}는 더욱 증가하게 된다. 결과적으로 각 트랜지스터의 콜렉터전류는 재생적으로 증가해 간다. 따라서 애노우드와 캐소우드간의 저항이 극히 적게 되어 그림 7-5(b)와 같이 SCR은 단락회로가 된다. 따라서 이 같은 전류의 재생작용으로 일반적인 SCR은 0.1μs에서 1μs의 turn on시간을 가진다. 큰 전력 SCR인 경우에는 10μs에서 25μs의 turn on시간을 갖는 것도 있다.

게이트의 트리거 뿐 아니라 소자의 온도를 증가시키거나 소자의 브레이크오버(Breakover)전압 이상으로 애노우드-캐소우드전압을 증가시킴으로 SCR을 전도상태로 만들 수도 있다. SCR에서는 turn on시간길이와 turn off시키는 방법이 상당히 중요한데 SCR은 단순히 게이트신호를 제거한다고 개방상태로 전환되지는 않는다. 특별한 몇가지 SCR은 그림 7-3의 $t=t_3$ 에서 부(-)의 펄스를 가하므로 개방상태로 할 수 있으나 일반적인 SCR은 **애노우드 전류차단방식** 및 **강제전환방식**을 이용하여 SCR을 개방시킨다.

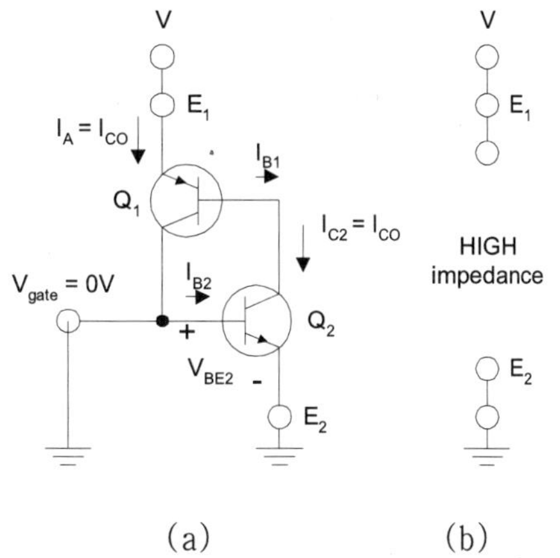

[그림 7-4] SCR의 차단상태

그림 7-6은 애노우드 전류차단방식인데 그림(a)에서는 스위치를 개방했을 때 $I_A=0$가 되고 그림(b)에서는 스위치를 단락했을때 $I_A=0$가 된다. 그림 7-7은 강제전환방식인데 순방향 전도시와 반대방향으로 전류가 SCR내에 강제로 흐르도록 하는 방법이다. 이 같이 회로는 다양한데 가장 기본적인 회로를 그림 7-7(a)에 나타내었다.

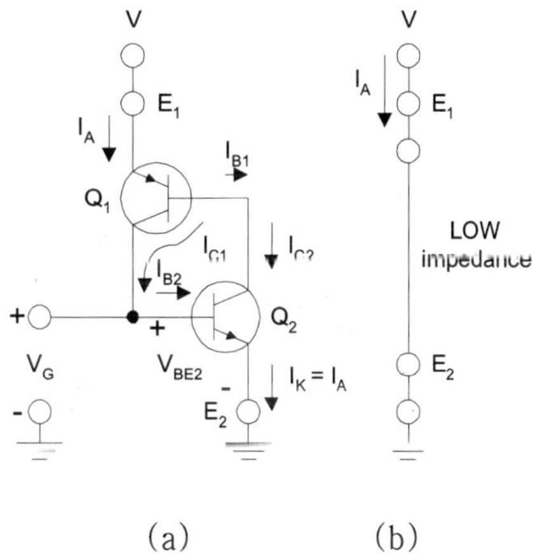

[그림 7-5] SCR의 전도상태

이 회로는 하나의 npn트랜지스터, 하나의 전원 V_B 그리고 하나의 펄스발생기로 구성된다. SCR이 전도일때 트랜지스터는 개방상태가 된다.

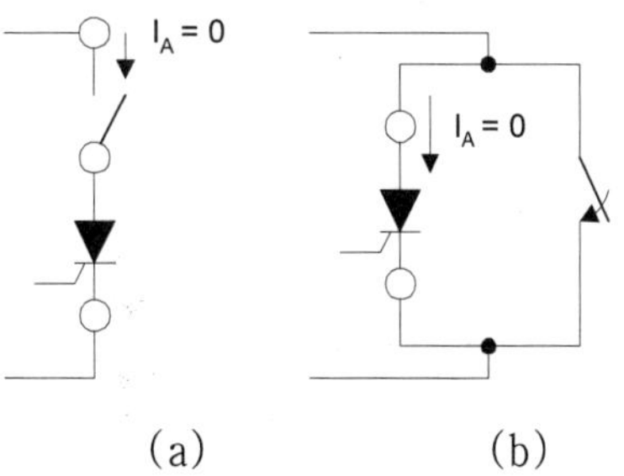

[그림 7-6] 애노우드 전류차단방식

즉 $I_B=0$이고 E-B간의 임피이던스가 극히 높게 되어(실지 개방회로) 이 때문에 turn off회로가 차단된다. turn off상태에서 정(+)의 펄스를 트랜지스터의 베이스에 가해주면 트랜지스터는 깊게 전도상태로 바뀌고 C-E사이의 임피이던스는 극히 적게(실지 단락회로)된다.

따라서 그림 7-7(b)에서와 같이 V_B전위가 SCR 양단에 직접 걸리게 되고 SCR이 turn off되도록 내부에 역방향으로 전류를 강제로 흐르도록 하게 되는 것이다.

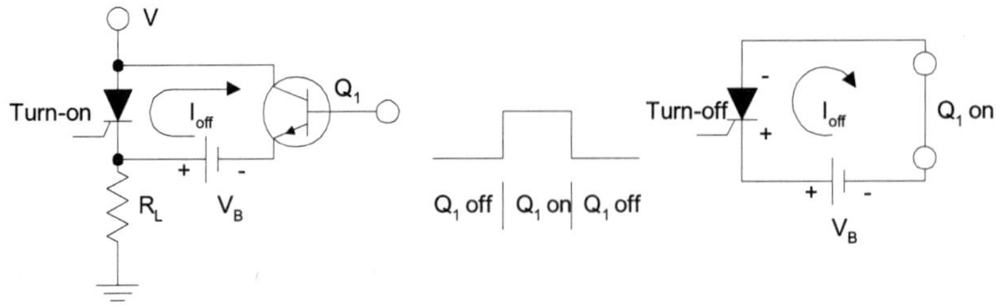

(a) (b)

[그림 7-7] 강제전환방식

3) SCR의 I-V특성

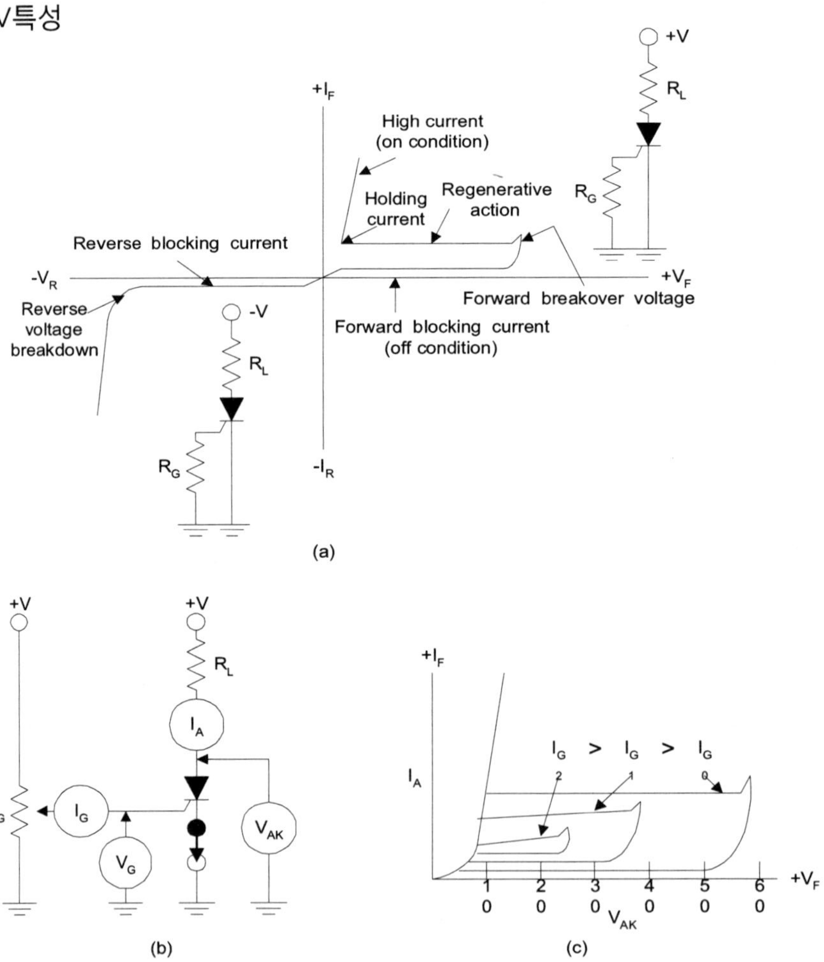

[그림 7-8] I-V특성곡선 : (a)I-V곡선 ; (b)게이트전류 시험회로

(c)게이트전류곡선

그림 7-8(a)와 같이 역방향 바이어스상태 하에서의 SCR의 동작은 일반다이오드와 유사하다. 즉, SCR은 극히 큰 내부임피이던스가 존재하므로 미소한 역방향 차단전류가 주어진다.

그러나 만일 역방향 항복전압을 초과하면 역방향 전류는 큰 값으로 급격히 감소하고 SCR을 파괴시킬 수도 있다. 순방향바이어스상태(게이트를 접지에 접속)에서 SCR의 내부임피이던스는 매우 커서 미소한 전류를 흘리는데 이 전류를 **순방향차단전류(forward blocking current)**라 부른다.

순방향전압($+V_F$)이 증가하여 **순방향 브레이크오버전압점(forward breakover voltage point)**에 이르면 애벌란치항복이 발생되고 캐소우드에서 애노우드로의 전류가 급격히 증가한다. pn접합의 전도시 **재생작용**이 발생하고 SCR의 내부임피이던스는 감소한다. 이 결과 옴의 법칙으로 입증되듯이 애노우드와 캐소우드양단의 전압은 감소된다. SCR의 내부임피이던스가 적을때 그 양단의 전압강하도 적다. SCR을 통하는 순방향전류는 일차적으로 외부회로의 임피이던스에 의해 제한되고 이 전류가 **유지전류(holding current)**이하가 되지 않는 한 SCR은 전도상태를 유지한다.

만일 그림 7-8(b)와 같이 I_G를 변화시켜 보면 게이트전류가 클수록 순방향 브레이크오버전압점은 더 낮아진다. 이를 그림 7-8(c)에 나타내었다. 정상적으로 SCR은 순방향 브레이크오버전압점 이하의 전압이 인가될 때 동작하고(게이트 전류의 흐름은 없음) 확실한 turn on을 위해서는 게이트 트리거링전류는 충분히 커야한다.

4) 부하보호회로

출력전압을 높이기 위해 공급전압을 증가시키는 경우 값 비싼 IC와 같은 부하 등이 과잉공급전압에 의해 파손되는 경우가 있다. 이를 방지하기 위한 회로가 **부하보호회로(SCR overvoltage protection circuit 또는 SCR crowbar)**이다.

그림 7-9에 부하보호회로의 예를 나타내었다. 이 회로에서 SCR은 전원에서 발생된 전압이 과잉전압일 때 부하 R_L로 흐르는 전류를 분류(Shunt)할 수 있다. 저항 R_S, R_Z, R_G는 제너다이오드와 SCR을 보호하기 위한 전류제한기이다. 제너다이오드는 출력에 기준전압을 설정한다.

C_Z는 전원이 공급될 때 SCR의 게이트에서 상승전압을 지연시켜 가짜 트리거링을 방지해준다. 과잉전압이 인가될 때 보호회로의 전압은 증가하고 제너다이오드에는 더 많은 전류가 흘러 SCR은 전도로 트리거된다. 이때 대부분의 회로전류는 R_L대신 SCR을 통해 흐른다.

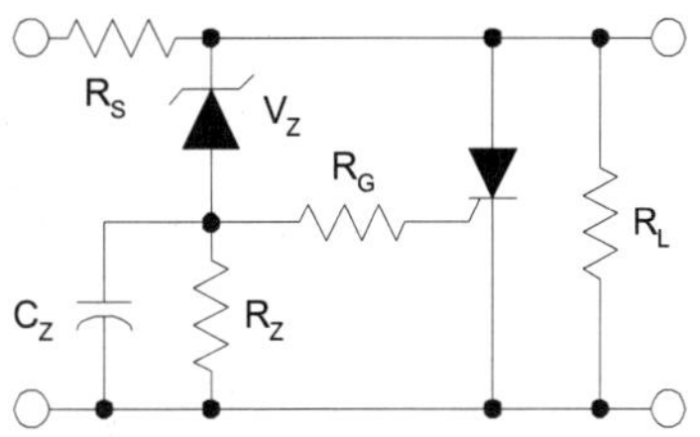

[그림 7-9] 부하보호회로

5) SCR의 교류트리거링

SCR의 전도시간을 그림 7-10(a)와 같이 할 때 정현파의 일부를 제어할 수 있다. 전위차계 R_G는 SCR을 동작시키는 게이트전류를 제한하거나 제어하기 위해 충분히 커야한다. 저항 R_A는 R_G의 와이퍼를 가장 큰 값으로 놓았을 때 게이트에서 애노우드로의 단락을 방지한다.

정현파의 정(+)의 반주기에서 회로양단전압은 증가하므로 SCR양단전압 또한 증가하여 게이트에 전류가 흐르기 시작한다. 이때 SCR은 차단되고 SCR의 애노우드-캐소우드 양단에 전압이 인가된다. SCR을 통한 전류의 흐름은 없으므로 R_L양단의 전압강하는 0이 된다. R_G를 조절해서 게이트트리거링 전류를 충분히 크게 하면 SCR은 turn on된다. 이때 애노우드-캐소우드양단전압은 감소한다. R_L을 통한 전류의 흐름은 정(+)의 반주기 중 나머지 기간동안 R_L양단에 전압강하를 발생시킨다.

정현파의 부(-)의 반주기동안에는 SCR은 turn off되고 애노우드-캐소우드양단에 다시 전압이 주어진다. R_L을 통한 전류의 흐름이 없으므로 전압강하는 0이다. 다시 말해 이 회로는 게이트의 정(+)의 신호에 대해서만 SCR이 전도되기 때문에 가변동작시간은 정현파의 처음 90°로 제한된다. 이 가변동작시간은 SCR을 동작시키기 위한 게이트전류를 발생시키기에 충분한 SCR양단전압을 제공하기 위해서 2~3°경과해야 하기 때문에 90°이하가 된다.

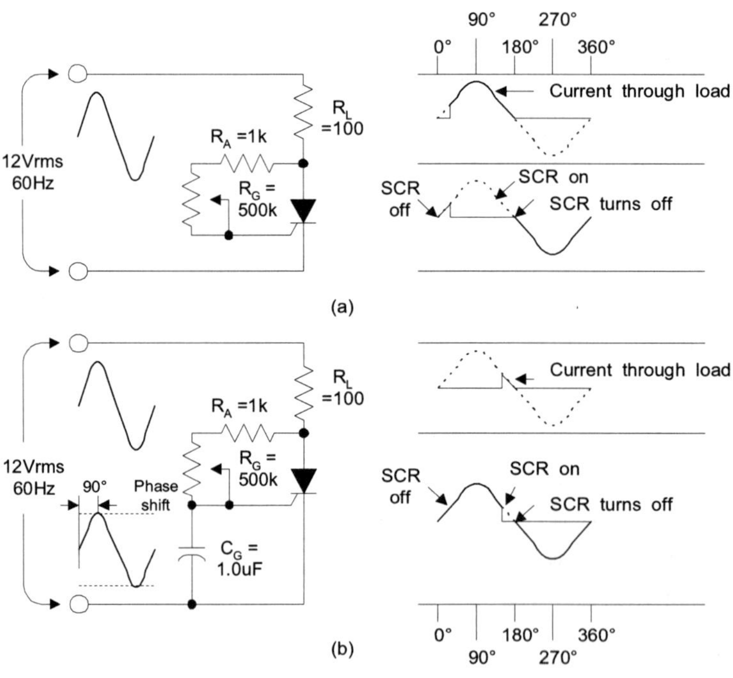

[그림 7-10] SCR의 교류트리거링 : (a) 저항성트리거링시간≈0°~ 90° ;
(b) RC트리거링시간≈0°~ 180°

다음 정(+)의 반주기에서 SCR은 동일한 점에서 다시 turn on 된다. SCR의 트리거시간은 그림 7-10(b)와 같이 커패시터를 부가하므로 180°까지 확장 시킬 수가 있다.

RC직렬회로의 커패시터양단 전압은 인가된 전압을 90°까지 지상시킨다. 따라서 C_G양단 전압은 SCR의 애노우드-캐소우드양단에 인가되는 전압을 지상시키므로 게이트의 트리거점의 도달이 더 길어진다. 전위차계 R_G는 요구하는 트리거링 각으로 조절할 수 있지만 90°동작점을 지나도 SCR과 R_L을 통해 얼마동안 전류를 흘린다는데 주의해야 한다.

3 사용기기 및 부품

1) V.O.M(저항계)
2) SCR : 여러종류
3) 클립단자

4 실험순서

SCR의 게이트-캐소우드간의 PN접합은 일반 다이오드와 같이 저항계로 시험할 수 있다. 그러나 만일 SCR이 정상적으로 동작한다면 PN접합중 하나가 역방향바이어스되기 때문에 애노우드와 게이트간은 표시할 수가 없을 것이다. SCR은 게이트 왼쪽을 개방하고 애노우드에 (+)단자, 캐소우드에 (-)단자를 접속하므로서 저항계로 시험할 수 있다.

메타는 높거나 무한대의 저항을 표시해야 한다. 저항계의 (+)의 단자 클립을 SCR의 게이트트리거로 옮기면 낮은 저항을 지시할 것이다. 만일 전원이 요구되는 유지전류를 발생하기에 충분하다면 메타는 클립단자를 제거하더라도 계속해서 낮은 저항을 지시할 것이다.

1) 저항계를 측정범위를 가운데 쯤에 세트하라.
2) 그림 7-11(b)와 같이 SCR에 저항계를 접속하고 메타의 저항눈금에서 지시치를 읽어 기록하라.
3) 그림 7-11(c)와 같이 클립단자를 접속하고 메타의 저항눈금에서 지시치를 읽어 기록하라.
4) 그림 7-11(d)와 같이 클립단자를 제거하고 메타의 저항눈금에서 지시치를 읽어 기록하라.

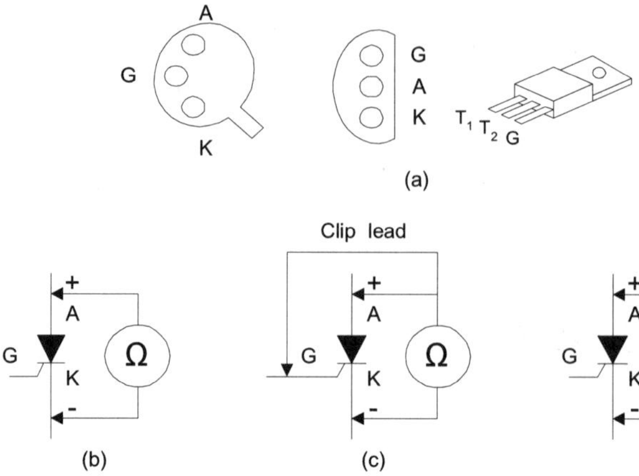

[그림 7-11] 저항계에 의한 SCR 시험 ; (a)단자식별 ; (b)클립단자 없음 ; (c)클립단자 포함 ; (d)다시 클립단자 없음

실험 7-1-2. SCR의 동작상태 확인법

1 실험목적

SCR에서 전도(turn-on : fire)와 차단(turn-off : reset)동작에 대해 알아본다.

2 사용기기 및 부품

1) 전원공급장치 : +12V
2) V.O.M
3) SCR : C106Y1
4) 저항(RL) : 100Ω, 10㏀, 22㏀ (0.5W)
5) 스위치 : DPST × 2
6) 브레드보오드

3 실험순서

SCR을 전도시키기 위해서는 애노우드가 캐소우드보다 더 정(+)이 되어야 한다. 게이트 전압이 캐소우드전압보다 더 정(+)이 될 때 SCR은 전도되고 캐소우드에서 애노우드로 전류가 흐른다. 다시 게이트전압이 캐소우드전압과 같거나 더 부(−)가 되더라도 SCR을 통해 흐르는 전류는 계속 유지된다. SCR을 흐르는 전류가 유지전류 이하로 감소하면 SCR은 차단된다.

1) 그림 7-12회로를 구성하라.
2) 표시한 대로 S_1과 S_2를 세트하고 회로에 전원을 인가하라.
3) 표 7-1의 제1열에 V_G와 V_A값을 기록하라.
4) S_1을 B의 위치로 옮기고 표 7-1의 제 2열에 V_G와 V_A의 값을 기록하라.
5) S_1을 A의 위치로 옮기고 표 7-1의 제 3열에 V_G와 V_A의 값을 기록하라.
6) S_2를 B의 위치로 옮기고 표 7-1의 제 4열에 V_G와 V_A의 값을 기록하라.
7) S_2를 A의 위치로 옮기고 표 7-1의 제 5열에 V_G와 V_A의 값을 기록하라.
8) 과정 2)~7)의 결과를 보고 SCR이 어떤 동작 상태인지를 표 7-1에 각각 기록하라.

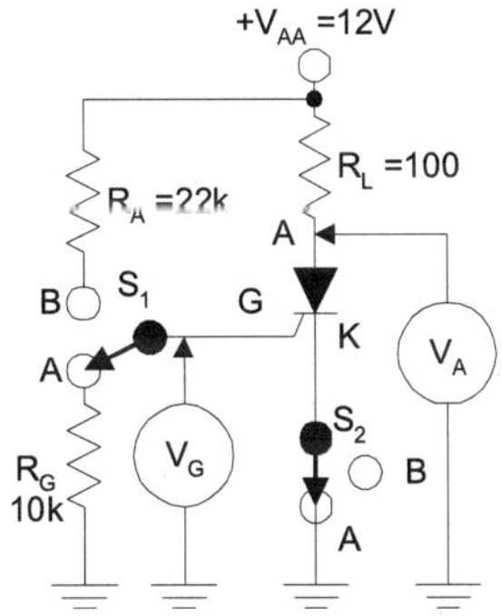

[그림 7-12] SCR의 동작 시험회로

실험 7-1-3. SCR의 전류제어

1 실험목적

SCR의 전도시 게이트전류의 영향을 알아보고 SCR이 전도를 유지하기 위한 최소유지전류를 측정해 본다.

2 사용기기 및 부품

1) 전원공급장치 : +12V
2) V.O.M(전압계,전류계)
3) SCR : C106Y1
4) 저항 : 100Ω, 22kΩ, 100kΩ (0.5W)
   전위차계 : 50kΩ(2W)
5) 스위치 2개 : DPST × 2
6) 브레드보오드

3 실험순서

이 실험은 SCR을 전도시키기 위해서는 충분한 게이트전류를 흘려야 하고 애노우드회로에 큰 값의 전위차계를 부가하여 최소유지전류를 구할 수 있음을 알아본다.

1) 그림 7-13(a)의 회로를 구성하라.
2) 그림과 같이 스위치를 세트하고 회로에 전원을 공급하라.
3) R_A를 통해 흐르는 게이트전류 I_{RA}를 계산하여 기록하라.
4) V_{AK}를 측정하여 기록하라. 이때 SCR은 전도상태 인가 차단상태인가?
5) S_1을 B의 위치로 옮겨라.
6) R_B를 통해 흐르는 게이트전류 I_{RB}를 계산하여 기록하라.
7) V_{AK}를 측정하여 기록하라. 이때 SCR은 전도상태 인가 차단상태인가?
8) 전원공급전압을 회로로부터 제거하라.
9) 그림 7-13(b)와 같이 전류계와 50kΩ의 전위차계(R_H)를 부가하여 회로를 변형하라.
10) 저항이 완전히 단락되도록 R_H의 와이퍼를 세트하라.

11) 표시된 바대로 S_1과 S_2를 세트하고 회로에 전원을 인가하라.
12) S_1을 순간적으로 A위치에서 B위치로 옮겼다 되돌려라.
13) V_{AK}와 I_A의 지시치를 읽어라.
14) I_A전류가 감소하기 시작하도록 R_H를 천천히 조정하라.
15) V_{AK}가 $+V_{AA}$로 증가할 때 I_A의 지시치를 읽고 이 값을 SCR의 최소 유지전류(I_H)로 기록하라(보다 정확한 지시치를 얻기 위해 10~15번 반복 수행하라).

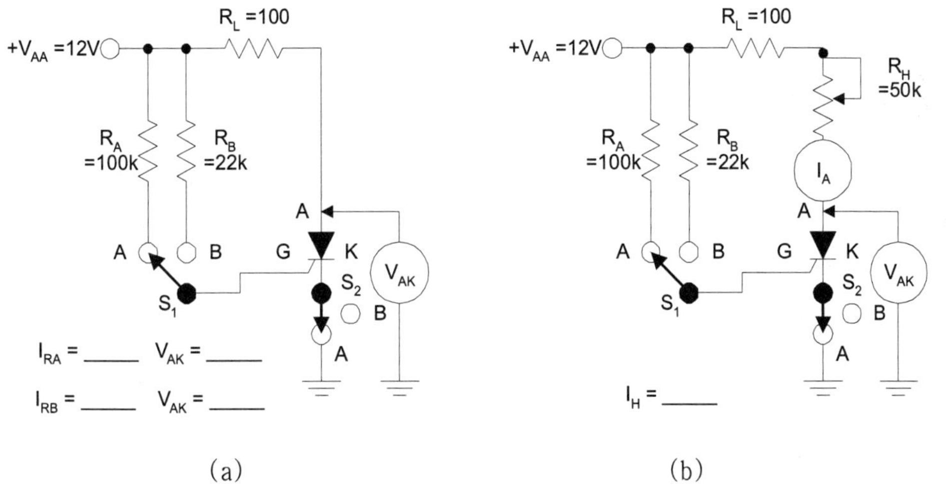

[그림 7-13] SCR의 전류제어 (a)게이트전류제어; (b)유지전류제어

실험 7-1-4. SCR 과대전압보호회로

1 실험목적

전원공급전압의 과도적인 증가로 부터 주어진 부하를 보호하는데 사용할 수 있는 SCR회로에 대해 알아본다.

2 사용기기 및 부품

1) 전원공급장치 : 0~20V
2) V.O.M(전압계)

3) SCR : MCR106-2 또는 60V에서 2PRV를 갖는 등가소자
4) 제너다이오드 : 1N5231
5) 다이오드(D1,D2) : 1N4001 2개
6) 저항 : 10Ω, 100Ω, 1kΩ(0.5W), 100Ω(2W)
7) 커패시터 : 0.1μF(12WV)
8) 스위치 : DPST × 2
9) 브레드보오드

3 실험순서

집적회로와 같은 전자소자들은 전압이 정격보다 크면 견딜 수가 없다. 그림 7-14에 나타낸 회로는 공급전원으로 부터 과대전압이 발생되었을 때 SCR은 부하(R_L)로 부터 분로전류를 발생시킨다. 저항 R_S, R_Z와 R_G는 제너다이오드와 SCR을 보호하기 위한 전류제한으로 사용된다. 제너다이오드는 출력에 대한 기준전압으로 주어져 있다. 커패시터 C_Z는 공급전원이 전도될 때 SCR의 게이트에서 상승전압의 지연을 발생시키므로 가짜 트리거링을 방지한다. 다이오드 D_1과 D_2는 1.4V의 전체 전압강하를 가진다. 이 다이오드에 병렬인 스위치 S_1은 과대전압상태를 묘사하는데 사용된다. 순간적으로 S_1이 단락되면 보호회로의 전압은 증가하고 제너다이오드에는 더 많은 전류가 흐르고 SCR은 전도상태로 트리거된다. 이 때 회로전류의 대부분은 1kΩ 부하저항대신에 SCR을 통해 흐른다. 스위치 S_2는 과전압상태가 해소되고 난 후 부하저항 양단전압을 리세트하는데 사용된다.

1) 그림 7-14의 회로를 구성하라.
2) R_L양단에 전압계를 접속하라. 약 +9V를 지시할 것이다(만일 그렇지 않으면 S_1을 A의 위치로 하고 S_2를 순간적으로 개방/단락시켜라. 만일 SCR이 계속 전도된다면 +12V의 공급전원을 조금 낮게 조정할 필요가 있다).
3) S_1을 순간적으로 B의 위치로 옮기고 난 후 다시 A의 위치로 되돌려라.
4) R_L양단의 전압을 측정하고 그 값을 기록하라.
5) S_2를 순간적으로 B의 위치로 옮겼다가 A의 위치로 되돌려라(이것은 SCR이 차단되고 공급전원전압이 R_L에 복구된다). R_L양단의 전압을 측정하여 기록하라.
6) 이 회로의 동작을 전반적으로 이해할 때까지 과정 3)~5)를 몇 번이고 반복하라.

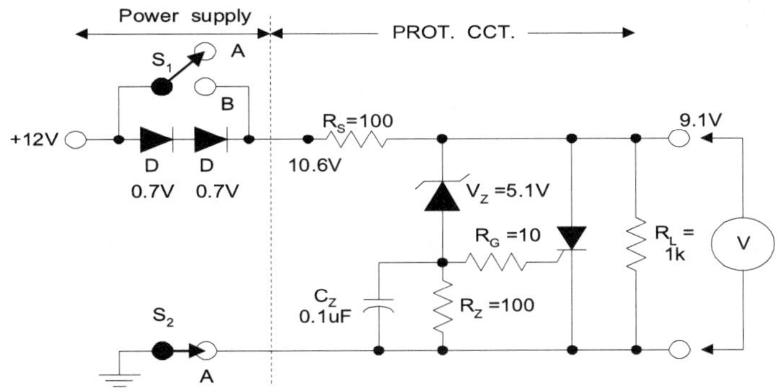

[그림 7-14] 과대전압보호회로

실험 7-1-5. SCR의 교류트리거링

1 실험목적

부하의 교류전류가 SCR에 의해 어떻게 제어되는가를 알아보고 정현파 정(+)의 교류 어떤 부분에 의존하여 SCR이 전도되는지를 알아본다.

2 사용기기 및 부품

1) 12 Vrms 변성기 또는 교류전원
2) 오실로스코우프
3) SCR : C106Y1
4) 다이오드 : 1N4001
5) 저항 : 100Ω (0.5W) 또는 램프, 1kΩ (0.5W)
   전위차계 : 500kΩ
6) 커패시터 : 0.2μF (25WV)
7) 브레드보오드

3 실험순서

이 실험의 첫째 부분은 트리거시간을 0에서 90까지 변화시키기 위해 가변저항만을 사용한다. 오실로스코우프는 SCR과 R_L양단의 전압파형을 관찰하기 위해 사용한다. 커패시터와 다이오드는 두번째 실험을 완벽하게 수행하기 위해 부가한다. 커패시터는 트리거시간을 거의 180까지 확대하고 다이오드가 전도될 때보다 날카로운 전류펄스를 발생시켜 큰 트리거 제어를 제공한다.

1) 그림 7-15(a) 회로를 구성하라.
2) SCR양단에 오실로스코우프를 접속하라.
3) R_G를 이리저리 변화시키면서 SCR양단의 전압파형을 관찰하라.
4) SCR트리거가 0와 90사이의 중간쯤에 오도록 R_G를 조정하라.
5) 주어진 그래프용지에 SCR양단의 전압파형을 그리고, 한 사이클의 적절한 각도에서 정돈하라. (피이크-피이크전압을 표시하라).
6) R_L양단에 오실로스코우프를 접속하라.
7) 주어진 그래프용지에 R_L양단의 전압파형을 그리고, 한 사이클의 적절한 각도에서 정돈하라. (피이크-피이크전압을 표시하라).
8) 그림 7-15(b)와 같이 커패시터와 다이오드를 부가하여 회로를 변형하라.
9) SCR양단에 오실로스코우프를 접속하라.
10) R_G를 이리저리 변화시키면서 SCR양단의 전압파형을 관찰하라.
11) SCR트리거가 90°를 지나도록 R_G를 조정하라. 그러나 180점은 아니다.
12) 주어진 그래프용지에 SCR양단의 전압파형을 그리고, 한 사이클의 적절한 각도에서 정돈하라. (피이크-피이크전압을 표시하라).
13) R_L양단에 오실로스코우프를 접속하라.
14) 주어진 그래프용지에 R_L양단의 전압파형을 그리고, 한 사이클의 적절한 각도에서 정돈하라(피이크-피이크전압을 표시하라).

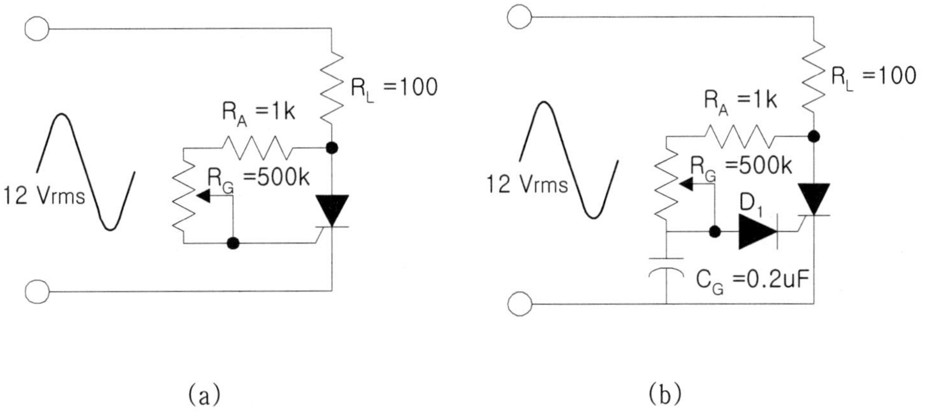

[그림 7-15] SCR의 교류트리거링 : (a) 트리거시간 ≈ 0°~ 90°;
(b) 트리거시간 ≈ 0°~ 180°

실험 결과보고서

교과목명			조편성	
실험제목			공동실험자	
담당교수			학 번	
실험일자	년 월 일(요일)		이 름	

1-2) [Ω]

1-3) [Ω]

1-4) [Ω]

2-3) ~ 2-8)

[표 7-1]

S_1상태	S_2상태	V_G	VA	SCR의 동작상태 (ON/OFF)
A	A			
B	A			
A	A			
A	B			
A	A			

3-3) [I_{RA} = A]

3-4) [V_{AK} = V][ ]

3-6) [I_{RB} = A]

3-4) [V_{AK} = V][ ]

3-13) [V_{AK} = V]

[I_A = A]

3-15) [I_H = A]

4-4) [V]

4-5) [V]

5-5)

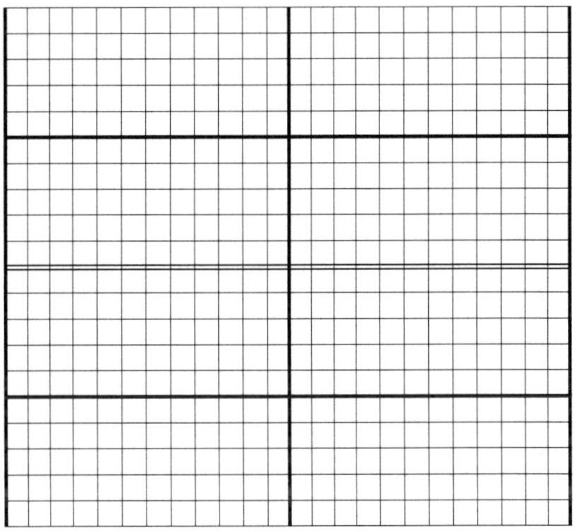

5-7)

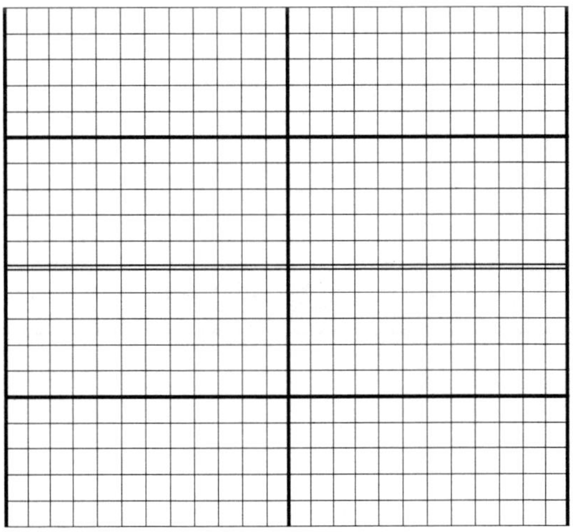

5-12)

5-14)

실험 후 검토

연 습 문 제

1. SCR은 항상 무엇에 의해 구동되는가?

2. SCR의 트리거전압은 얼마인가?

3. SCR은 주로 어디에 사용되는 소자인가?

4. 보통의 실리콘 정류기와 SCR의 차이점은 무엇인가?

5. SCR이 전도된 후 에노우드 전원전압은 에노우드 전류에 어떤 영향을 주는가?

6. 게이트전류에 따라 순방향 브레이크오버전압은 어떻게 변하는가?

8장

연산 증폭기

실험 8-1. 비반전 전압귀환증폭회로(전압증폭기)
실험 8-2. 반전 전압귀환증폭회로(전류-전압변환기)
실험 8-3. 전압폴로워
실험 8-4. 가산기
실험 8-5. 필터
실험 8-6. 능동다이오드 회로
실험 8-7. 적분기
실험 8-8. 미분기
실험 8-9. 연산증폭기 발진회로

실험 8-1 비반전 전압귀환증폭회로(전압증폭기)

1 실험목적

직류와 교류전압에 대한 연산증폭기 비반전 전압귀환증폭회로의 동작과 회로의 이득계산 방법에 대해 알아보고 실험을 통해 확인해 본다.

2 관련이론

2-1. 회로해석및 특성

그림 8-1에 **비반전 전압귀환회로**를 나타내었다.

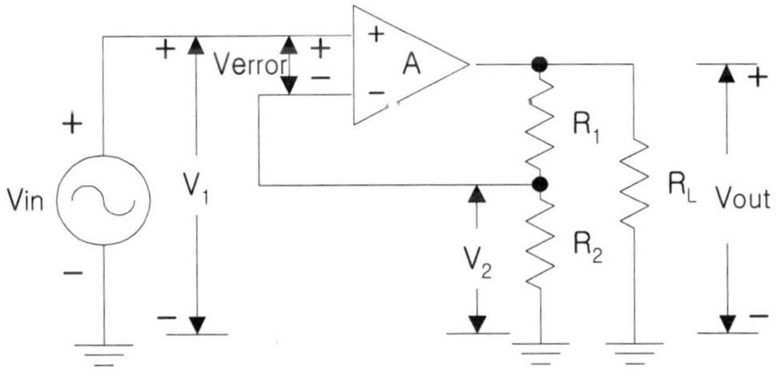

[그림 8-1] 비반전 전압귀환회로

이 회로는 입력신호가 연산증폭기의 비반전 입력을 구동하고 반전입력은 접지된다. 출력전압의 일부가 전압분배기에 의해 표본(sample : V_2)되어 반전입력으로 귀환된다. 귀환전압 V_2는

$$V_2 = \frac{R_2}{R_1 + R_2} V_{out} = \beta \ V_{out} \tag{8-1}$$

$$(단,\ \beta = \frac{R_2}{R_1 + R_2}:\ 귀환비)$$

오차전압 $V_{error} = V_1 - V_2 = V_{in} - \beta V_{out}$이므로 출력전압 V_{out}은

$$V_{out} = AV_{error} = A(V_{in} - \beta V_{out})$$

가 되어 귀환증폭기 전체의 전압이득은

$$A_{CL} = \frac{V_{out}}{V_{in}} = \frac{A}{1 + A\beta} \quad (8\text{-}2)$$

가 된다. 이 회로는 부귀환이므로 1+ Aβ가 1 보다 충분히 커서

$$A_{CL} < A$$

가 되어 이득이 연산증폭기의 개방루프이득보다 감소하게 됨을 알 수 있다. 이 회로의 전압이득 A_{CL}을 근사화 해 보자. 루우프이득 Aβ는 1 보다 충분히 크므로 1을 무시하면,

$$A_{CL} \approx \frac{1}{\beta} = 1 + \frac{R_1}{R_2} \quad (8\text{-}3)$$

이 된다. 이 식에서도 알 수 있듯이 이 회로는 전압이득이 순저항에 의존하여 안정화되므로 일명 **이상적인 전압증폭기**라고 한다.

다음 이 회로의 특징을 요약하면 표 8-1과 같다.

[표 8-1] 비반전전압귀환회로의 특징

양	기 호	특 성	식
전 압 이 득	A_{CL}	감소(안정)	$\frac{1}{\beta} = 1 + \frac{R_1}{R_2}$
입력임피이던스	$Z_{in(CL)}$	증가	$(1 + A\beta)Z_{in}$
출력임피이던스	$Z_{out(CL)}$	감소	$\frac{Z_{out}}{(1 + A\beta)}$
왜 곡	$V_{dist(CL)}$	감소	$\frac{v_{dist}}{(1 + A\beta)}$
출력오프세트	$V_{oo(CL)}$	감소	$\frac{V_{oo(CL)}}{(1 + A\beta)}$

2-2. 다른 해석

비반전 전압귀환증폭기는 그림 8-2와 같은 방법으로도 흔히 표현해서 사용하는데 이에 대해서 해석해 보자. 이 회로에서

$$V_{out} = A\ V_{error} = A(V_{in} - V_{Rin})$$

이고, 이상적인 연산증폭기에서 A=∞ 이므로

$$V_{in} - V_{R_{in}} = \frac{V_{out}}{A} = \frac{V_{out}}{\infty} = 0$$

$$\therefore\ V_{in} = V_{Rin} \qquad (8-4)$$

이 된다.

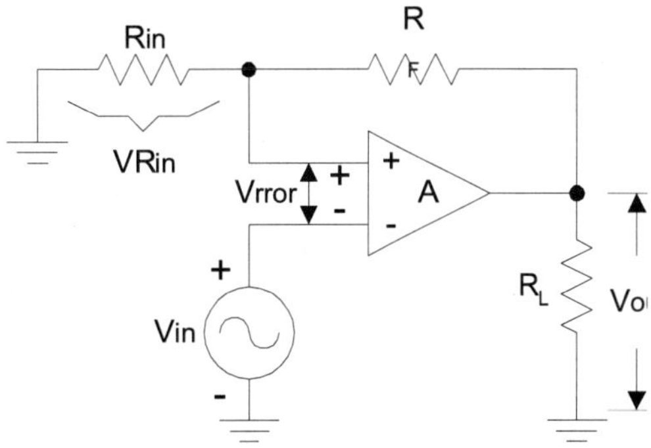

[그림 8-2] 비반전전압귀환회로의 다른 표현

한편, 이상적인 연산증폭기에서 $Z_{in}=\infty$이므로 연산증폭기쪽으로 형성되는 전류가 없어 입력단자가 개방된 것으로 생각할 수 있으므로

$$V_{Rin} = \frac{R_{in}}{R_{in} + R_F} \cdot V_{out} \qquad (8-5)$$

이 된다. 따라서 (8-5)식을 (8-4)식에 대입하면

$$V_{in} = \frac{R_{in}}{R_{in} + R_F} \cdot V_{out}$$

이 되고

$$V_{out} = \frac{R_{in} + R_F}{R_{in}} \cdot V_{in} = (1 + \frac{R_F}{R_{in}}) \cdot V_{in} \qquad (8-6)$$

이 된다. 따라서

$$A_{CL} = \frac{V_{out}}{V_{in}} = 1 + \frac{R_F}{R_{in}} \qquad (8-7)$$

가 된다.

3 사용기기 및 부품

1) 전원공급장치 : ±15V
2) V.O.M(전압계)
3) 오실로스코우프(2현상)
4) 신호발생기 : 20Hz ~ 1MHz
5) 연산증폭기 : 741C
6) 저항 : 4.7kΩ, 6.8kΩ, 10kΩ, 22kΩ, 47kΩ, 100kΩ (0.5W)
   전위차계(선형) : 10kΩ
7) 커패시터 : 1㎌, 25WV×2
8) 브레드보오드

4 실험순서

1) 표 8-2의 제1열의 R_{in}=10kΩ, R_F=47kΩ을 사용하여 그림 8-3(a)의 회로를 구성하라.
2) 직류전압계를 사용하여 표 8-2에 나타낸 V_{in}=+1V에 세트시켜라.
3) 직류전압계를 사용하여 V_{out}을 측정하고 표 8-2에 기록하라.
4) $A_{CL}=(R_F/R_{in})+1$을 사용하여 회로의 이득을 계산하고 표 8-2에 기록하라.
5) $A_{CL}=V_{out}/V_{in}$을 사용하여 회로의 이득을 계산하고 표 8-2에 기록하고 4)의 결과와 비교해보라.
6) 표 8-2에 주어진 R_{in}과 R_F의 나머지 모든 값을 사용하여 과정 2)~5)를 반복하라.
7) 그림 8-3(b)의 회로를 구성하라.
8) $A_{CL}=(R_F/R_{in})+1$을 사용하여 회로의 이득을 계산하고 아래에 기록하라.
9) 오실로스코우프를 사용하여 표 8-3의 제1열에 주어진 신호발생기의 V_{inp-p}를 0.1V에 세트시켜라.
10) 오실로스코우프를 사용하여 V_{out}을 측정하고 표 8-3에 기록하라.
11) $V_{out}=A_{CL} \cdot V_{in}$을 사용하여 V_{out}을 계산하고 표 8-3에 기록하고 10)의 결과와 비교하라.
12) 표 8-3에 주어진 V_{in}의 나머지 다양한 입력전압에 대해서도 과정 9)~11)을 반복하라.
13) R_{in}=10kΩ,, R_F=220kΩ 일때 V_{in}=1.5V를 인가 하면 측정한 V_{out}이 계산한 V_{out}보다 적게 된다. 그 이유를 설명하고 또 신호가 왜 일그러지는가에 대해서도 설명하라.

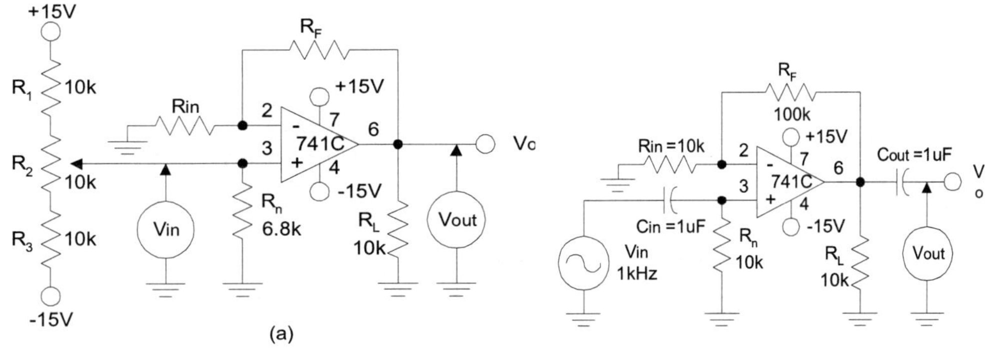

(a) 직류증폭기 (b) 교류증폭기

[그림 8-3] 연산증폭기 비반전 증폭회로

실험 결과보고서

교 과 목 명			조 편 성	
실 험 제 목			공동실험자	
담 당 교 수			학 번	
실 험 일 자	년 월 일(요일)		이 름	

1) ~ 6)

[표 8-2] 데이터 작성표

R_{in} (kΩ)	R_F (kΩ)	V_{in}	V_{out}	$A_{CL}=(R_F/R_{in})+1$	$A_{CL}=V_{out}/V_{in}$
10	47	+1			
10	100	+1			
10	22	+1			
4.7	47	−1			
22	47	−1			
10	47	−1			

8) [$A_{CL}=$]

9) ~ 12)

[표 8-3] 데이터 작성표

V_{in} (V_{P-P})	V_{out} (측정치)	$V_{out}=A_V V_{in}$ (계산치)
0.1		
0.2		
0.5		
1.0		
1.5		

13) [V_{out}(측정치) =]

[V_{out}(계산치) =]

[이유 :]

실험 후 검토

연 습 문 제

1. 비반전 증폭회로의 위상관계를 설명하라.

2. 비반전 전압귀환증폭기의 이득에 대해 설명하라.

3. 실험과정 13)을 통해 연산증폭기의 $\pm V_{omax}$에 대해 설명하라.

4. 표 8-3의 맨 마지막에 기록된 데이터를 보고 측정된 V_{out}이 계산한 V_{out}보다 왜 더 적은가를 설명하고 또 신호가 왜 일그러지는지에 대해서도 설명하라.

실험 8-2 반전 전압귀환증폭회로(전류-전압변환기)

1 실험목적

직류와 교류전압에 대한 연산증폭기 반전 전압귀환증폭회로의 동작과 주파수특성 및 전류-전압 변환기로서의 동작에 대해 알아본다.

2 관련이론

그림 8-4에 **반전 전압귀환회로**의 기본형을 나타내었다.

2-1. 가상접지

해석에 앞서 연산증폭기 입력단의 **가상접지**(virtual GND)에 대해 알아본다. 이상적인 연산증폭기는 입력임피이던스 Z_{in}이 ∞이고 개방루프전압이득 A가 ∞이다. 그러나 이 누 특징간에는 모순이 주어진다. 먼저 $Z_{in}=\infty$일 때는 연산증폭기쪽으로 흐르는 전류 $I_i=0$이 되므로 입력은 개방이 됨을 의미하고 $A=\infty$일 때는 $V_i=0$이 되므로 입력이 단락됨을 의미한다.

이것은 만일 회로가 개방된다면 V_i가 걸리므로 $A=\infty$란 사실에 모순이 발생되고 회로가 단락시에는 I_i 가 흘러 $Z_{in}=\infty$란 사실에 모순이 발생된다. 따라서 이 같은 모순을 근거로 다시 정리해 보면**"연산증폭기의 두 입력간에는 단락회로는 존재하나 전류는 흐르지 않는다"**는 가상접지가 그림 8-5와 같이 존재함을 알 수 있다.

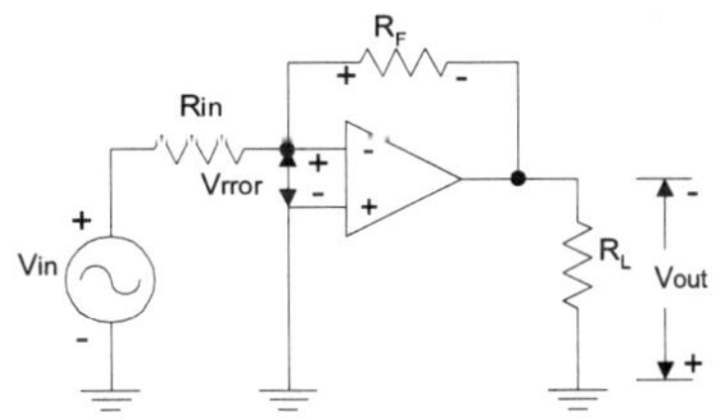

[그림 8-4] 반전 전압귀환회로

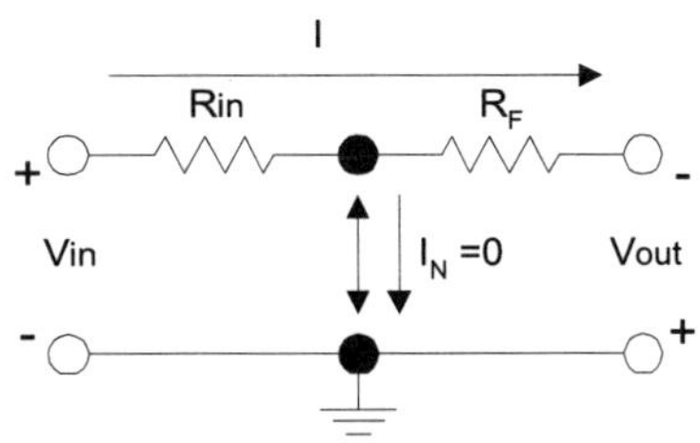

[그림 8-5] 가상접지

2-2. 회로해석 및 특징

1) 해석 방법①

연산증폭기의 반전입력단자에는 가상접지가 존재하므로 연산증폭기쪽으로 형성되는 전류는 없다. 따라서 회로의 전류 I는 R_1과 R_F를 통해 출력으로 흐르게 된다. 즉, 그림 8-5에서

$$I=\frac{V_{in}}{R_{in}}=-\frac{V_{out}}{R_F} \tag{8-8}$$

따라서,

$$V_{out}=-\frac{R_F}{R_{in}}\cdot V_{in} \tag{8-9}$$

이 되므로 전압이득 A_{CL}은

$$A_{CL}=\frac{V_{out}}{V_{in}}=-\frac{R_F}{R_{in}} \tag{8-10}$$

가 된다.

2) 해석 방법②

그림 8-21에서 연산증폭기의 반전입력단자의 가상접지때문에 i_{in}은 대부분 R_F를 통해 흐르게 된다. 따라서

$$V_{out}-R_F i_{in}+V_{error}=0$$

$$V_{out}-R_F i_{in}+\frac{V_{out}}{A}=0$$

에서

$$\frac{V_{out}}{i_{in}}=\frac{A}{A+1}R_F\approx-R_F\,(A\gg1)$$

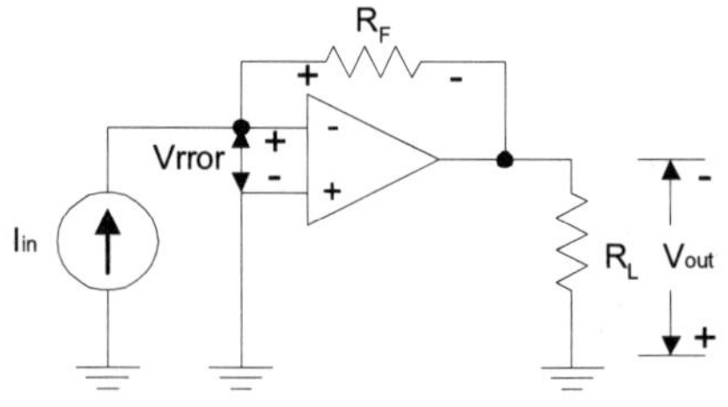

[그림 8-6] 반전전압귀환회로

따라서

$$V_{out}=-R_F\,i_{in} \tag{8-11}$$

이다. 이 식으로 부터 알 수 있듯이 이 회로는 출력전압이 입력전류에 비례하고 그 비례계수가 R_F가 되므로 **전류-전압 변환기** 또는 **전달저항증폭기**라고 하기도 한다.

3) 해석방법③

그림 8-6에서 연산증폭기의 반전입력단자가 가상접지되므로 $R_L//R_F$가 되어 출력전압 V_{out}은

$$V_{out} = -R_L\, i_L = -R_F\, i_{in} \tag{8-12}$$

이 된다고 해석할 수 있다.

2-3. 특징

반전 전압귀환회로의 특징은 표 8-4와 같다.

[표 8-4] 반전 전압귀환회로의 특징

양	기 호	특 성	식
전 달 저 항	v_{out} / i_{in}	안정	R_F
입력임피이던스	$Z_{in(CL)}$	감소	$\frac{R_F}{(1+A)} \approx 0$
출력임피이던스	$Z_{out(CL)}$	감소	$\frac{Z_{out}}{(1+A)}$
왜 곡	$v_{dist(CL)}$	감소	$\frac{v_{dist}}{(1+A)}$
출력오프세트	$V_{oo(CL)}$	감소	$\frac{V_{oo(CL)}}{(1+A)}$

3 사용기기 및 부품

1) 전원공급장치 : ±15V
2) V.O.M(전압계)
3) 전류계(10mA)
4) 오실로스코우프(2현상)
5) 신호발생기 : 20Hz～1MHz
6) 연산증폭기 : 741C
7) 저항 : 1kΩ×2, 4.7kΩ, 6.8kΩ, 10kΩ×5, 22kΩ, 47kΩ, 100kΩ (0.5W)
   전위차계(선형) : 1kΩ, 10kΩ (0.5W)
8) 커패시터 : 1μF(25WV)×2
9) 브레드보오드

4 실험순서

1) 표 8-5의 제1열의 R_{in}=10kΩ, R_F=47kΩ을 사용하여 그림 8-7(a)의 회로를 구성하라.
2) 직류전압계를 사용하여 표에 나타낸 V_{in}=+1V에 세트시켜라.
3) 직류전압계를 사용하여 V_{out}을 측정하고 표 8-5에 기록하라.
4) $A_{CL}=-R_F/R_{in}$를 사용하여 회로의 이득을 계산하고 표 8-5에 기록하라.
5) $A_{CL}=V_{out}/V_{in}$을 사용하여 회로의 이득을 계산하여 표 8-5에 기록하고 4)의 결과와 비교하라.
6) 표 8-5에 주어진 Rin과 R_F의 나머지 모든 값을 사용하여 과정 2)～5)를 반복하라.
7) Rin=10kΩ, R_F=100kΩ을 사용하여 그림 8-22(b)의 회로를 구성하라.
8) 오실로스코우프를 사용하여 표 8-6의 제1열에 주어진 주파수 및 진폭이 되도록 V_{in}을 세트시켜라.
9) 오실로스코우프를 사용하여 V_{out}을 측정하고 표 8-6에 기록하라.
10) $V_{out}=A_{CL}\cdot V_{in}$(단 $A_{CL}=-R_F/R_{in}$)를 이용하여 V_{out}을 계산하고 표 8-6에 기록하라.
11) 표 8-6에 주어진 V_{in}의 나머지 다양한 주파수에 대해서도 과정 8)～10)을 반복하라. (단, 진폭은 $1V_{P-P}$를 그대로 유지할 것)
12) R_{in}을 47kΩ으로 바꾸고 과정 7)～11)을 반복하여 표 8-6과 같은 표를 다시 만들어 그 결과를 기록하라.
13) 표 8-6과 표 8-7의 결과를 이용하여 상기 두 회로의 이득에 대한 주파수응답특성 곡선을 그려라.

14) 그림 8-8의 회로를 구성하라.

15) 가변저항 1kΩ을 조절하여 표 8-9에 나타낸 I_{in}에 대한 출력전압을 측정하여 기록하라.

16) $V_{out} = R_F I_{in}$을 이용하여 계산 값도 기록해 넣어라.

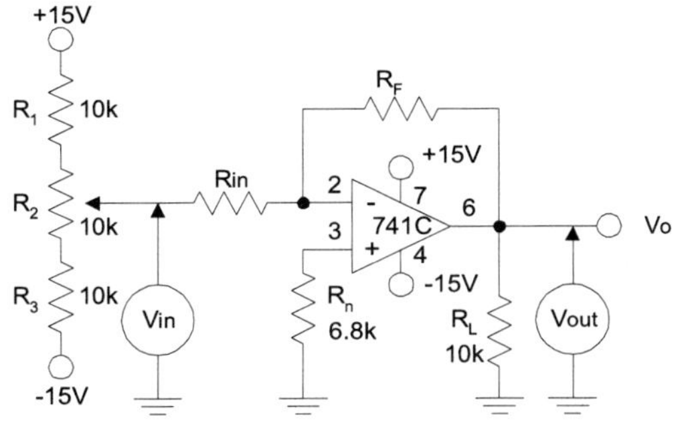

(a) 직류증폭기

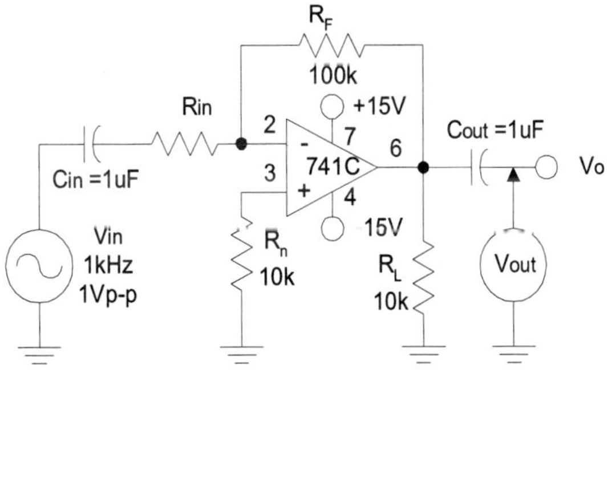

(b) 교류증폭기

[그림 8-7] 연산증폭기 반전 증폭회로

17) 이 회로를 일명 전자전류계라고도 하는데 과정 14)~16)을 통해 이 회로를 고찰하다.

18) i_{in} 측정범위를 1uA~10uA까지 확대할려면 회로를 어떻게 변행하면 되는가?

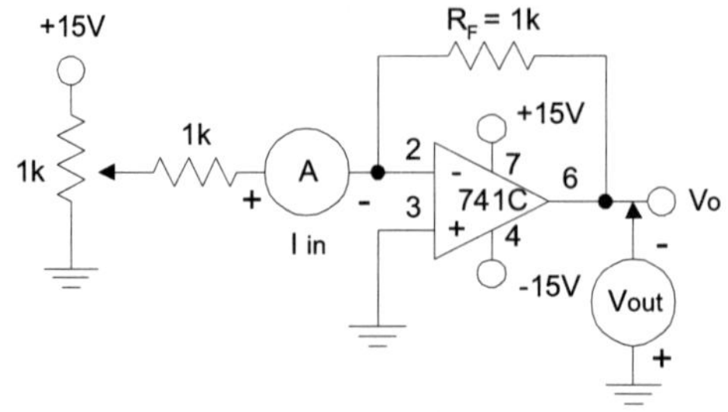

[그림 8-8] 전자전류계(전류-전압변환기)

실험 결과보고서

교과목명			조편성	
실험제목			공동실험자	
담당교수			학번	
실험일자	년 월 일(요일)		이름	

1)~6)

[표 8-5] 데이터 작성표

R_{in} (kΩ)	R_F (kΩ)	V_{in}	V_{out}	$A_V=-R_F/R_{in}$	$A_V=-V_{out}/V_{in}$
10	47	+1			
10	100	+1			
10	22	+1			
4.7	47	−1			
22	47	−1			
10	47	−1			

7)~11)

[표 8-6] 데이터 작성표

V_{in} at $10mV_{P-P}$	V_{out} (V_{P-P})	$A_V=V_{out}/V_{in}$	V_{out} (V_{P-P})	$A_V=V_{out}/V_{in}$
100Hz				
1kHz				
10kHz				
100kHz				
500kHz				
1MHz				

12)

[표 8-7] 데이터 작성표

V_{in} at 10mV_{P-P}	V_{out} (V_{P-P})	$A_V=V_{out}/V_{in}$	V_{out} (V_{P-P})	$A_V=V_{out}/V_{in}$
100Hz				
1kHz				
10kHz				
100kHz				
500kHz				
1MHz				

[표 8-6]

[표 8-7]

13)

[표 8-8] 주파수응답곡선

14)~16)

[표 8-9] 데이터 작성표

I_{in}[mA]	V_O[V] 측정치	V_O[V] 계산치
1		
2		
3		
4		
5		
6		
7		
8		
9		
10		

17)

18)

실험 후 검토

연 습 문 제

1. 반전전압귀환증폭기의 입출력특성에 대해 설명하라.

2. 표 8-8의 두 주파수응답곡선에서 차단주파수는 얼마인가?

3. 그림 8-8의 회로를 전자전류계라고 부르는데 과정 14)-16)의 결과(표 8-9)를 고찰한 후 그 이유를 설명하라.

실험 8-3 전압폴로워

1 실험목적

연산증폭기 전압폴로워의 동작을 알아보고 반전과 비반전 형식간의 차이를 알아본다.

2 관련이론

그림 8-1의 회로에서 $R_1=0$(단락)으로 하고 $R_2=\infty$(개방)로 하면 그림 8-9와 같은 **전압폴로워(voltage follower)회로**가 된다. 이 회로에서 귀환비 β는

$$\beta=\frac{R_2}{R_1+R_2}=1 \tag{8-13}$$

이고 연산증폭기의 A가 충분히 큰 값이므로 A_{CL}은

$$A_{CL}=\frac{A}{1+A\beta} \approx \frac{A}{1+A} \approx 1 \quad (8-14)$$

이 된다. 또

$$Z_{in(CL)} \approx A \cdot Z_{in} \tag{8-15}$$

$$Z_{out(CL)}=\frac{Z_{out}}{A} \tag{8-16}$$

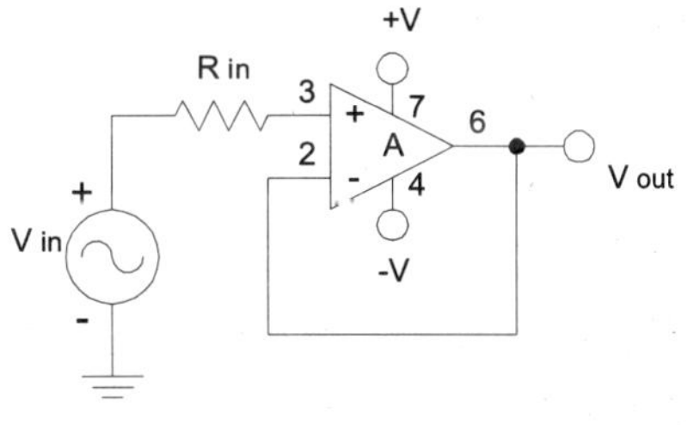

[그림 8-9] 전압 폴로워

가 되어 입력임피이던스는 거의 ∞, 출력임피이던스는 거의 0이 된다. 또한 A_{CL}이 1이기 때문에 입력오프세트전압이 극소가 되어 오프세트의 영향을 거의 받지 않는다. 따라서 이 전압폴로워는 앞서 트랜지스터의 에미터폴로워와 마찬가지로 **완충증폭기**로 활용할 수가 있다.

3 사용기기 및 부품

1) 전원공급장치 : ±15V
2) V.O.M(전압계)
3) 오실로스코우프(2현상)
4) 신호발생기 : 20Hz~1MHz
5) 연산증폭기 : 741C
6) 저항 : 4.7kΩ, 10kΩ×3, 100kΩ (0.5W)
7) 커패시터 : 1μF×2 (25WV)
8) 브레드보오드

4 실험순서

1) 그림 8-10(a)의 회로를 구성하라.
2) 오실로스코우프를 사용하여 신호발생기의 V_{in}을 10mV$_{P-P}$, 1kHz에 세트하라.
3) 오실로스코우프를 사용하여 V_{out}을 측정하라.
4) 입·출력전압파형을 그리고 피이크-피이크전압을 표시하라(입력신호는 초기에 정(+)으로 주어진다고 가정하라).
5) Vin을 2V$_{P-P}$로 한 후 과정 3) ~ 4)를 반복하라.
6) 그림 8-10(b)의 회로를 구성하라.
7) 오실로스코우프를 사용하여 신호발생기의 V_{in}을 10mV$_{P-P}$, 1kHz에 세트하라.
8) 오실로스코우프를 사용하여 Vout을 측정하라.
9) 입·출력전압파형을 그리고 피이크-피이크전압을 표시하라(입력신호는 초기에 정(+)으로 주어진다고 가정하라).
10) V_{in}을 2V$_{P-P}$로 한 후 과정 7)~8)를 반복하라.

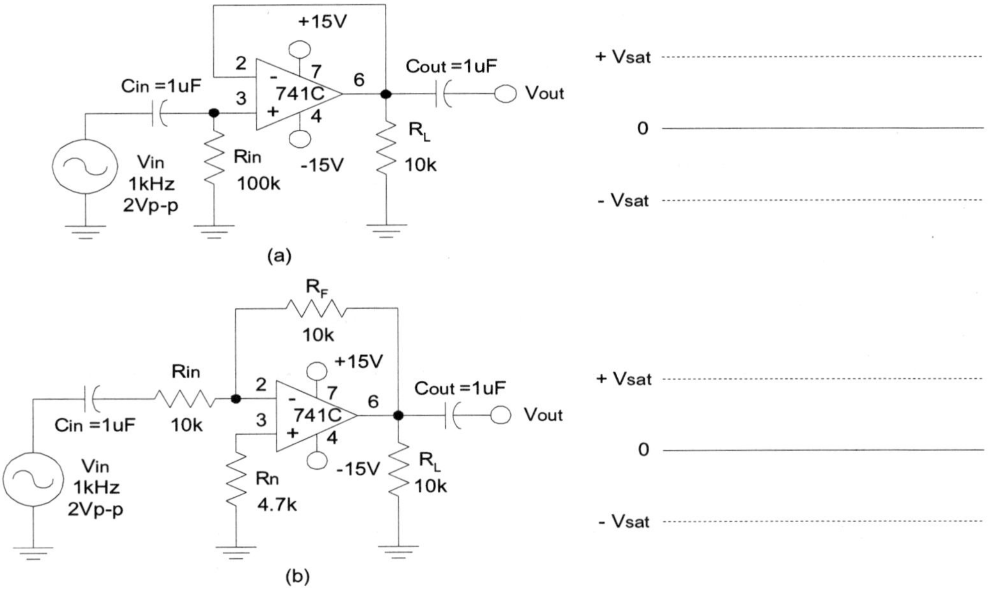

[그림 8-10] 전압폴로워 (a) 비반전 (b) 반전

실험 결과보고서

교 과 목 명	
실 험 제 목	
담 당 교 수	
실 험 일 자	년 월 일(요일)

조 편 성	
공동실험자	
학 번	
이 름	

1)~4)

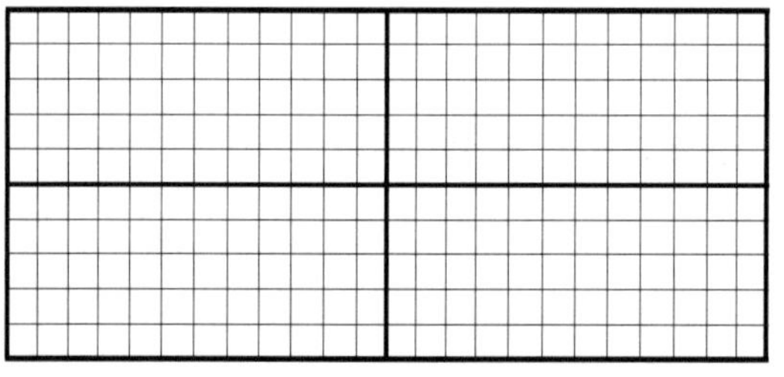

5)

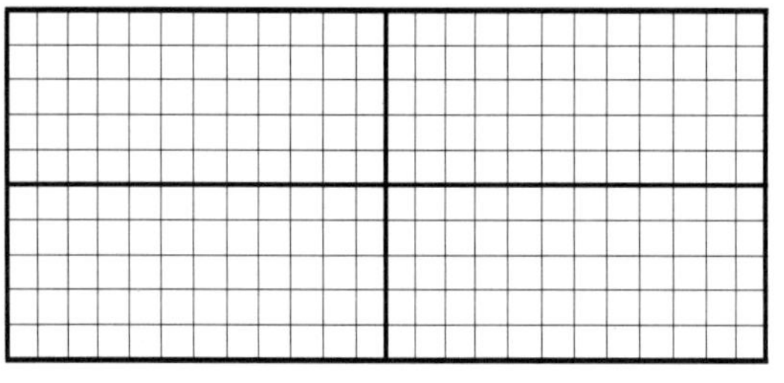

6)~9)

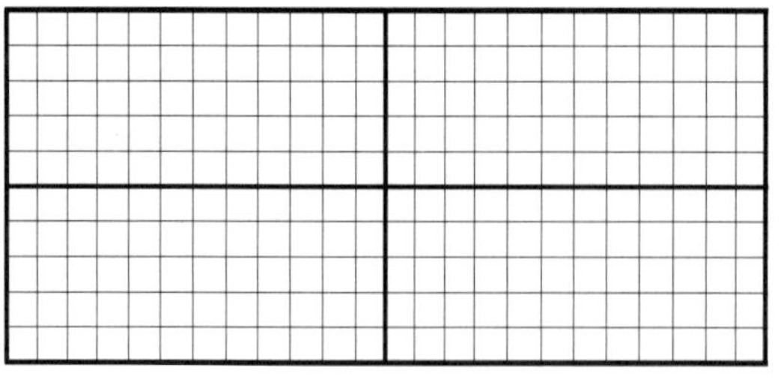

10)

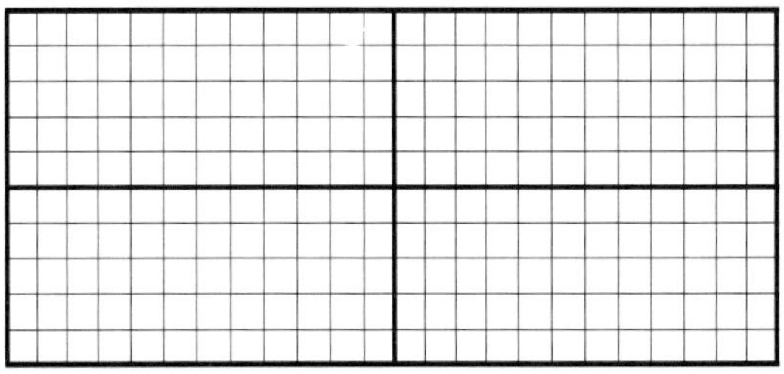

실험 후 검토

연 습 문 제

1. 전압폴로워를 완충증폭기로 사용할 수 있는 이유를 설명하고 사용 예를 예제를 만들어 설명해 보라.

2. 전압폴로워의 반전과 비반전형식의 차이점을 설명하라.

3. V_{in}이 클 때(대신호=2Vp-p) 출력에는 어떤 현상이 발생되는지 확인하고 설명해보라.

실험 8-4 가산기

1 실험목적

연산증폭기를 사용하여 다수의 입력신호를 대수적으로 합해 출력하는 방법을 알아본다.

2 관련이론

반전 연산증폭기 전압증폭기의 또 다른 장점은 한번에 하나 이상의 입력신호를 증폭할 수 있는 능력이 있다는 것이다. 그림 8-11에 이와 같은 **가산기**(summing amp , adder)회로를 나타내었다. 이 회로에서 ~~루우프전류~~ i는

$$i = i_1 + i_2 + \cdots + i_n$$

이므로

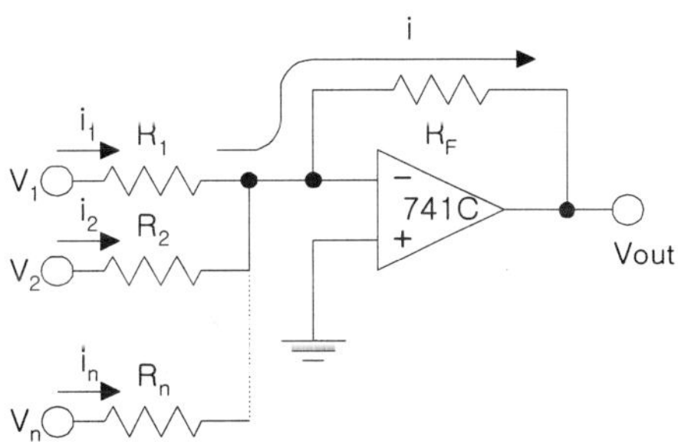

[그림 8-11] 가산기

$$v_{out} = -R_F\ i = -R_F(i_1 + i_2 + \cdots + i_n)$$

이 되고, 이를 다시 적어보면

$$v_{out} = -\left(\frac{R_F}{R_1}v_1 + \frac{R_F}{R_2}v_2 + \cdots + \frac{R_F}{R_n}v_n\right) \tag{8-17}$$

이 된다.

다시 말해 전체출력 v_{out}은 각 입력에 대한 각각의 출력의 합과 같다.

만일 이 회로에서 $R_1 = R_2 = \cdots = R_n = R_F$ 라면

$$v_{out} = -(v_1 + v_2 + \cdots + v_n) \tag{8-18}$$

이 되어 출력은 입력을 합한 값 즉 가산이 됨을 쉽게 알 수 있다. 이 회로는 오디오신호의 믹서(mixer)로도 사용할 수 있다.

3 사용기기 및 부품

1) 전원공급장치 : ±15V
2) V.O.M(Tester)
3) 오실로스코프
4) 저항 : 10kΩ×8
5) 가변저항(전위차계) : 10kΩ
6) IC : 741C×2
7) 브레드보드

4 실험순서

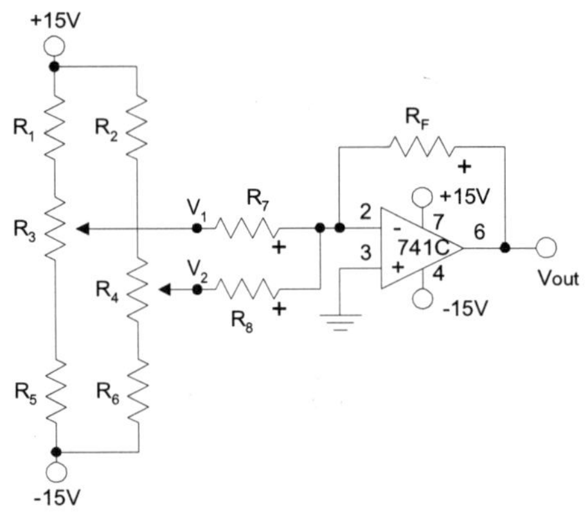

(a) DC 가산기(척도가산기)

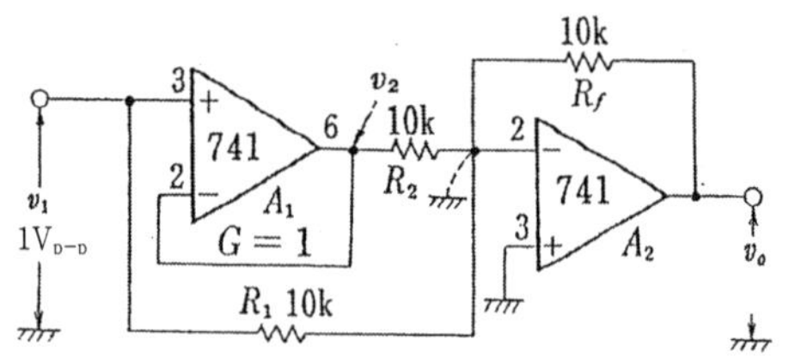

(b) AC 가산기(1)

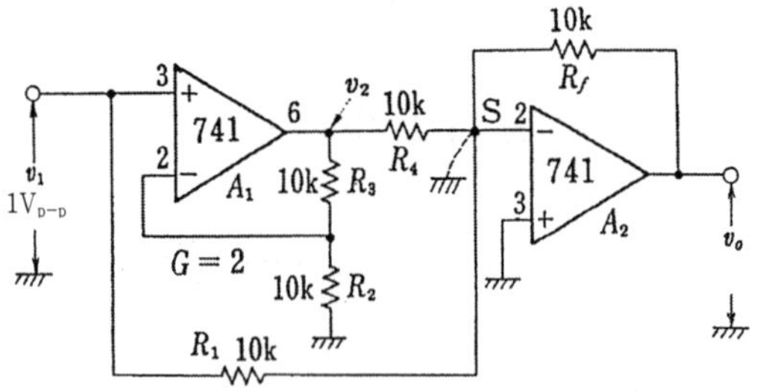

(b) AC 가산기(2)

[그림 8-12] 연산증폭기 가산기

1) 회로의 모든 저항을 10kΩ으로 하여 그림 8-12(a)의 회로를 구성하라.
2) 전압계를 사용하여 표 8-10의 제1열의 V_1과 V_2의 전압 값이 되게 R_3와 R_4를 조정하라.
3) 다음 식을 사용하여 표 8-10의 V_{out}을 계산하고 기록하라.

$$V_{out} = -(V_1 + V_2)$$

4) 전압계를 사용하여 V_{out}을 측정하여 표 8-10에 기록하라.
5) 표 8-10에 주어진 나머지의 V_1, V_2의 값에 대해서도 과정 3)과 4)를 반복하라.
6) R_F를 22kΩ으로 바꾸어라.
7) 다음 식을 사용하여 표 8-10의 V_{out}을 계산하고 기록하라.

$$V_{out} = -\left(\frac{R_F}{R_1} V_1 + \frac{R_F}{R_2} V_2\right)$$

8) 전압계를 사용하여 표 8-10의 제1열에 제시된 V_1과 V_2로 세트하라.
9) 전압계를 사용하여 표 8-10에 V_{out}을 측정하고 기록하라.
10) 표 8-11에 주어진 나머지 V_1과 V_2에 대해서도 과정 7)에서 9)를 반복하라.
11) 그림 8-12(b)의 회로를 구성하라.
12) V_1에 $1V_{p-p}$, 1kHz의 정현파를 인가하라.
13) V_2는 몇 V_{p-p}인가? 그 이유는?
14) V_0는 몇 V_{p-p}인가? 그 이유는?
15) V_1, V_2, V_0파형을 아래 그래프에 그려라.
16) 그림 8-12(c)의 회로를 구성하라.
17) V_1에 $1V_{p-p}$, 1kHz의 정현파를 인가하라.
18) V_2는 몇 V_{p-p}인가? 그 이유는?
19) V_0는 몇 V_{p-p}인가? 그 이유는?
20) V_1, V_2, V_0파형을 아래 그래프에 그려라.

실험 결과보고서

교과목명		조편성	
실험제목		공동실험자	
담당교수		학 번	
실험일자		이 름	

1)~10)

[표 8-10] 데이타작성표

입력전압		V_{out} (1)~(5)		V_{out} (6)~(10)	
V_1	V_2	계산치	측정치	계산치	측정치
+1	+2				
+1	-2				
+2	+1				
+2	-1				
-2	-2				

과정 13) [V_2 = V_{p-p}], [이유 :]

과정 14) [V_0 = V_{p-p}], [이유 :]

과정 15)

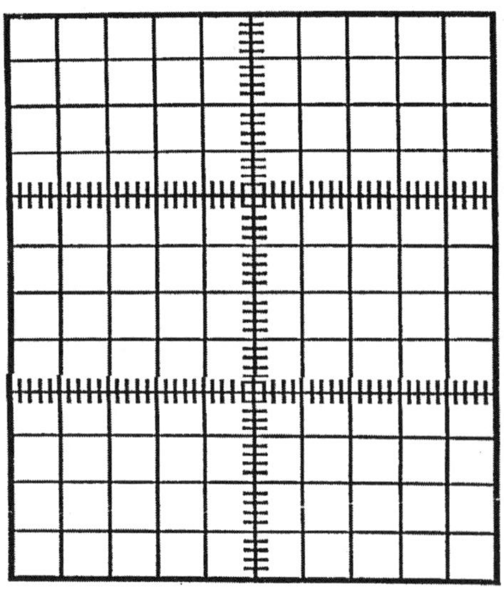

과정 16)

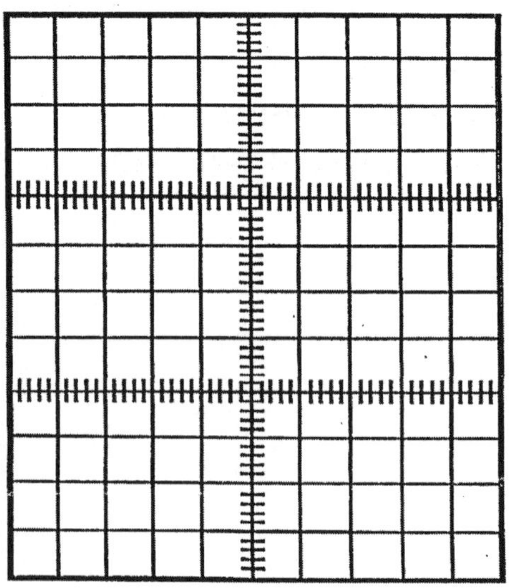

11)~14)

[표 8-11] 데이타작성표

입력전압		V_{out}		
V_1	V_2	계산치	측정치	오차
+1	+2			
+1	−2			
+2	+1			
+2	−1			
−2	−2			

실험 후 검토

연 습 문 제

1. 표 8-10, 표 8-11의 우측에 계산치와 측정치의 오차를 계산하여 기록하라.

2. 연산증폭기가 포화상태가 아닐 때 출력전압은 두 입력전압과 어떤 관계가 성립되는가?

실험 8-5 필 터

실험 8-5-1. 저역통과필터(LPF)

1 실험목적

차단주파수(f_c)이하의 주파수신호를 통과시키고 이 주파수이상의 신호를 감쇄시키는 연산증폭기 저역통과필터의 동작을 알아본다.

2 관련이론

저주파에서 인덕터들은 부피도 크고 가격도 비싸므로 일반적으로 연산증폭기를 사용하여 RC필터를 구성하고 있는데 이와 같은 필터를 **능동필터**라고 한다.

필터를 설계하는 방법은 버터워즈(butterworth), 체비세이브(chebyshev)등이 있으나 여기서는 최대평탄특성을 나타내는 **버터워즈 필터**에 대해 살펴본다.

그림 8-13에 단극 저역통과필터(low pa - ss filter : LPF)의 회로구성을 나타내었다.

이 회로는 중역에서 전압이득이

$$A_{CL} = 1 + \frac{R_1}{R_2} \qquad (8-19)$$

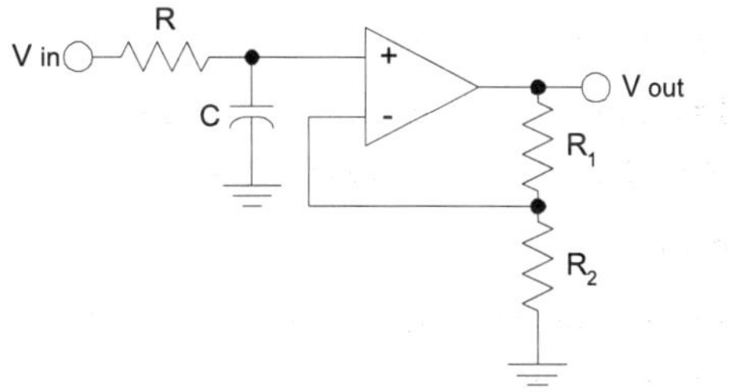

[그림 8-13] 단극 LPF

이고, 바이패스(bypass)회로의 차단주파수는

$$f_c = f_2 = \frac{1}{2\pi RC} \qquad (8-20)$$

이 된다. 즉, 주파수특성은 그림 8-14와 같이 $f=f_C$에서 A_{CL}이 3[dB]강하되고 $f>f_C$에서 A_{CL}은 6[dB]/octave 또는 20[dB]/decade로 감소해 간다.

따라서 $0 \sim f_c$ 까지의 주파수 범위를 **통과대역**(passband)이라 하고 f_C이상의 주파수 범위를 **저지대역**(stopband)이라 한다.

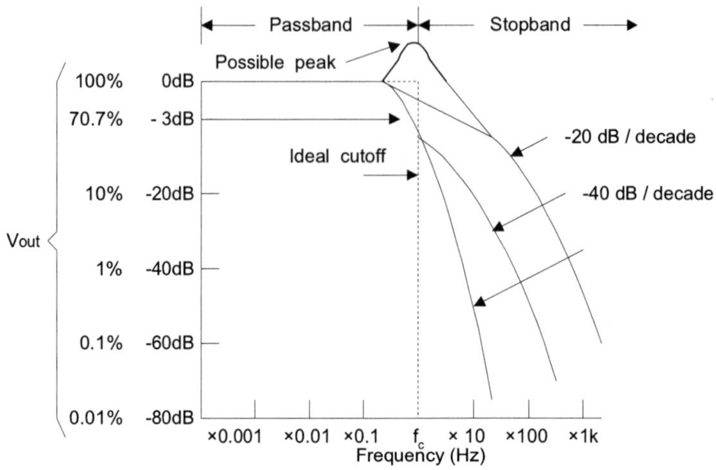

[그림 8-14] LPF의 주파수 특성

이 회로의 입출력전압 즉 전달특성식을 수학적으로 표현하면

$$A_{ct} = \frac{v_{out}}{v_{in}} = \frac{A_{CL}}{1+j(f/f_c)} \tag{8-21}$$

이 되는데 필터회로에서 전달특성식 가운데 허수부의 수가 1개이면 **단극**, 2개이면 **2극** 등으로 또 회로에서 바이패스회로가 1개 주어지면 단극, 2개 주어지면 2극 등으로 표현한다.

2극 LPF는 그림 8-15와 같고 2개의 바이패스회로를 가진다.

중역에서 가능한 **최대평탄특성**이 주어지는 A_{CL}을 수학적으로 계산해 보면 1.586일 때의 값이다.

이 응답을 **버터워즈응답**이라 부르고 이 값으로 부터

$$A_{CL} = 1.586 = 1 + \frac{R_1}{R_2} \tag{8-22}$$

이 된다. 이 식에서 $R_1 = 0.586R_2$로 선정하면 된다는 것을 알 수 있다. 3극, 4극 등에서 최대평탄특성이 주어지는 A_{CL}의 임계치를 표 8-12에 참고로 나타내었다.

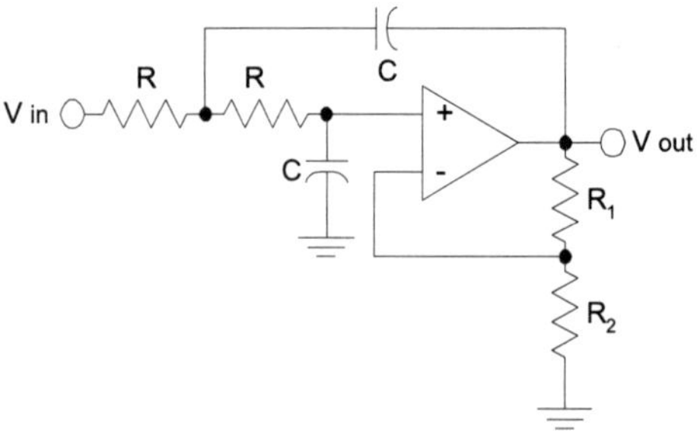

[그림 8-15] 2극 LPF

[표 8-12] 버터워즈필터와 이득관계

극	Roll-off (디케이드)	첫째 단 (1 혹은 2극)	두번째 단 (2극)	세번째 단 (2 극)
1	20 [dB]	임의		
2	40 [dB]	1.586		
3	60 [dB]	임의	2	
4	80 [dB]	1.152	2.235	
5	100 [dB]	임의	1.382	2.382
6	120 [dB]	1.068	1.586	2.482

2극 LPF에서 R과 C를 동일한 값을 사용한 경우 차단주파수는

$$f_c = \frac{1}{2\pi RC} \tag{8-23}$$

이며, R과 C가 다른 경우에는

$$f_c = \frac{1}{2\pi\sqrt{R_1R_2C_1C_2}} \tag{8-24}$$

로 주어진다. 이 회로에서의 주파수특성은 앞의 그림 8-14와 같이 $f=f_C$에서 A_{CL}는 3[dB] 감소하고 $f>f_C$에서 A_{CL}는 40[dB]/decade(12[dB]/octave)로 감소해 간다.

마찬가지로 생각해서 3극 LPF는 60[dB]/decade, 4극은 80[dB]/decade로 감소해 가고 구성은 3극인 경우 단극과 2극을 직렬로, 4극인 경우 2극과 2극을 직렬로 하면 된다.

3 사용기기 및 부품

1) 전원공급장치 : ±15V
2) V.O.M(전압계)
3) 오실로스코우프(2현상)
4) 정현파발생기 및 function발생기
5) 저항 : 10kΩ, 22kΩ(0.5W)
6) 커패시터 : 0.01μF×2 (25WV)
7) 연산증폭기 : 741C
8) 브레드보오드

4 실험순서

1) 그림 8-16의 회로를 구성하라.
2) 회로에 전원을 인가하라.
3) 표 8-13에 주어진 첫번째 주파수가 되도록 정현파 발생기를 조정하라.
4) 표 8-13에 주어진 각 주파수에 대해 $1V_{P-P}$의 진폭이 되도록 정현파발생기를 조정하라.
   각 주파수를 세팅할 때마다 이 전압레벨이 유지되는지를 확인하라.
5) 출력의 V_{outP-P}를 측정하고 표 8-13에 그 값을 기록하라.
6) 표 8-13에 제시된 모든 주파수에 대해 과정 3), 4), 5)를 반복하라.
7) 공급전원을 제거하라.
8) 다음 식을 이용하여 fc를 계산하라.

$$f_c = \frac{1}{2\pi\sqrt{R_1 R_2 C_1 C_2}}$$

9) 표 8-13의 결과를 이용하여 주파수응답특성곡선을 그려라.

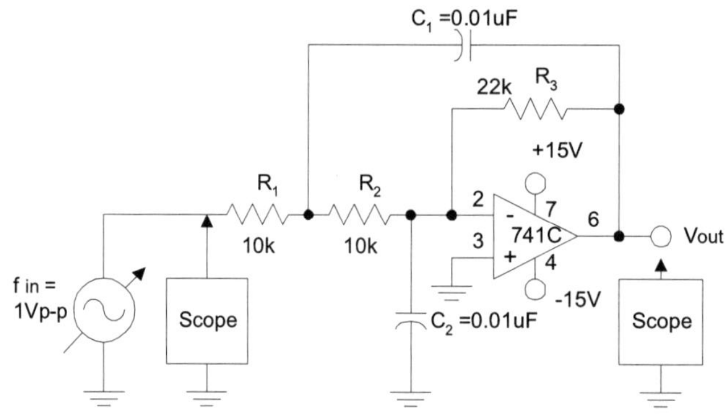

[그림 8-16] LPF

실험 8-5-2. 고역통과필터(HPF)

1 실험목적

차단주파수(f_c)이상의 주파수신호는 통과시키고 이 주파수이하의 신호는 감쇄시키는 연산증폭기 고역통과필터의 동작을 알아본다.

2 관련이론

그림 8-17에 바이패스회로 대신 결합회로가 사용된 고역통과필터(high pass filter : HPF)를 나타내었다. 이 때 극은 결합회로의 수로 주어지고, 주파수응답은 그림 8-18과 같이

$$f_c = f_1 = \frac{1}{2\pi RC} \qquad (8-25)$$

로 주어지는 차단주파수를 경계로 $f < f_C$에서는 저지대역이 되고 이 대역에서는 단극인 경우 20 [dB]/decade, 2극인 경우 40[dB]/decade 등으로 이득이 감소해 가며 $f > f_C$에서는 평탄특성이 주어진다. 2극인 경우 최대평탄특성이 주어지기 위해서는 LPF에서와 같이 A_{CL}=1.586일 때이다.

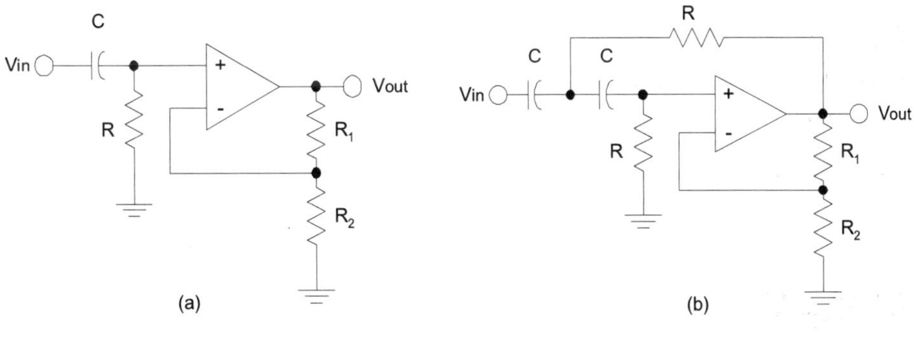

[그림 8-17] HPF: (a) 단극 HPF; (b) 2극 HPF

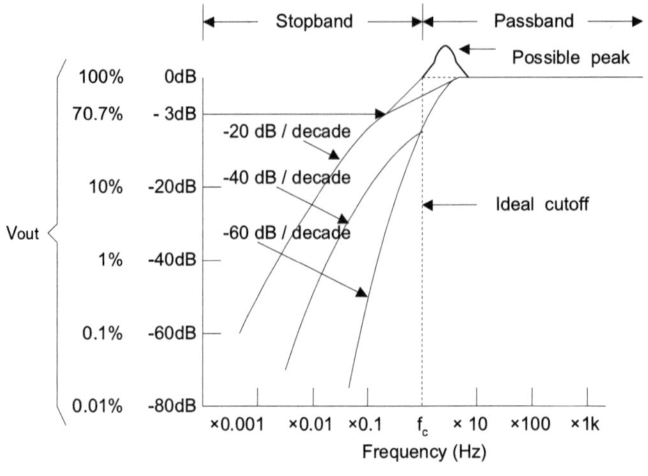

[그림 8-18] HPF의 주파수 특성

3 사용기기 및 부품

1) 전원공급장치 : ±15V
2) V.O.M(전압계)
3) 오실로스코우프(2현상)
4) 정현파발생기 또는 function발생기
5) 저항 : 10kΩ, 22kΩ×2 (0.5W)
6) 커패시터 : 0.01㎌ (25WV)
7) 연산증폭기 : 741C
8) 브레드보오드

4 실험순서

1) 그림 8-19(a)의 회로를 구성하라.
2) 회로에 전원을 인가하라.
3) 표 8-14의 첫번째 주파수가 되도록 정현파발생기를 조정하라.

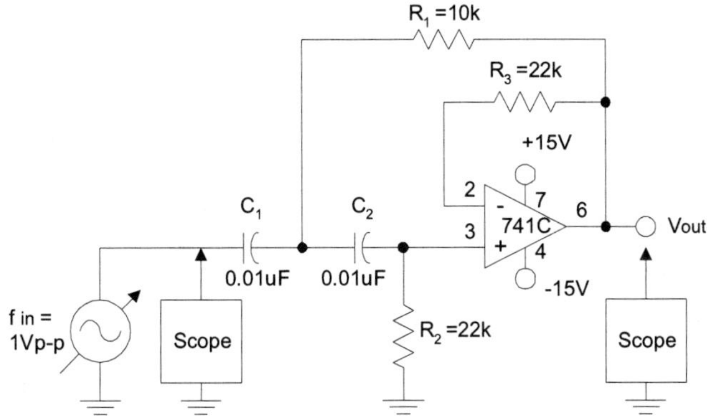

[그림 8-19] HPF

4) 표 8-14에 주어진 각 주파수에 대해 진폭이 $1V_{P-P}$가 되도록 정현파발생기를 조정하라.
각 주파수를 세팅할 때마다 이 전압레벨이 유지되는지를 확인하라.

5) V_{outP-P}를 측정하여 표 8-14에 그 값을 기록하라.

6) 표 8-14에 주어진 모든 주파수에 대해 과정 3), 4), 5)를 반복하라.

7) 공급전원을 제거하라.

8) 다음 식에 의해 fc를 계산하라.

$$f_c = \frac{1}{2\pi\sqrt{R_1 R_3 C_1 C_2}}$$

9) 표 8-14의 결과를 이용하여 주파수응답특성곡선을 그려라.

10) 과정 8)의 계산결과와 과정 9)의 f_c가 일치하는지 확인하라.

실험 8-5-3. 대역통과필터(BPF)

1 실험목적

어떤 주파수의 군에 포함된 신호만 통과시키고 그 이상/이하의 주파수를 갖는 신호는 차단하는 연산증폭기 대역통과필터의 동작에 대해 알아본다.

2 관련이론

그림 8-20에 대역통과필터(band pass filter : BPF)의 회로를 나타내었고 그림 8-21에 주파수응답을 나타내었다.

대역통과필터는 공진주파수(f_r)의 양쪽의 반 전력점내에 존재하는 주파수군 만을 통과시키고 이 제한점을 벗어난 다른 모든 주파수성분들은 감쇄시킨다.
공진주파수(fr)에서 최대출력전압이 발생하는데 이 점에서 피이킹(peaking)이 발생된다고 말한다. 주파수대역폭을 대역폭(BW)이라고 하는데 이것은 회로의 Q에 의존한다.

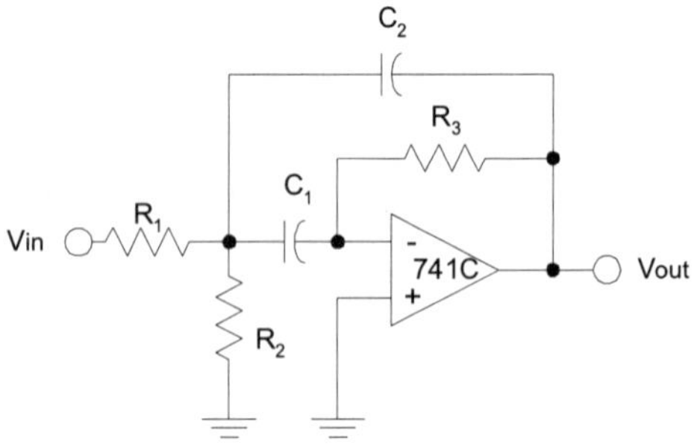

[그림 8-20] BPF

회로의 Q는 회로의 저항에 반비례한다.

매우 적은 저항을 갖는 회로는 높은 Q를 갖고 주파수대역폭이 매우 좁게 주어진다. 회로의 저항이 커지면 출력전압의 진폭이 적어지고 대역폭은 증가한다.

그림 8-21의 주파수응답곡선에서 f_L과 f_H사이가 대역폭이다. 그림 8-20의 BPF회로는 귀환로에 하나의 커패시터와 입력에 직렬로 하나의 커패시터가 주어진 LPF회로와 HPF회로를 조합한 것이다. 이와 같이 구성한 커패시터들의 작용으로 BPF의 특성이 주어진다. 그리고, 이 회로의 공진주파수는 다음과 같이 계산할 수 있다.

$$f_r = \frac{1}{2\pi\sqrt{R_P R_3 C_1 C_2}} \tag{8-26}$$

$$\left(\text{단, } R_p = \frac{R_1 R_2}{R_1 + R_2} \right)$$

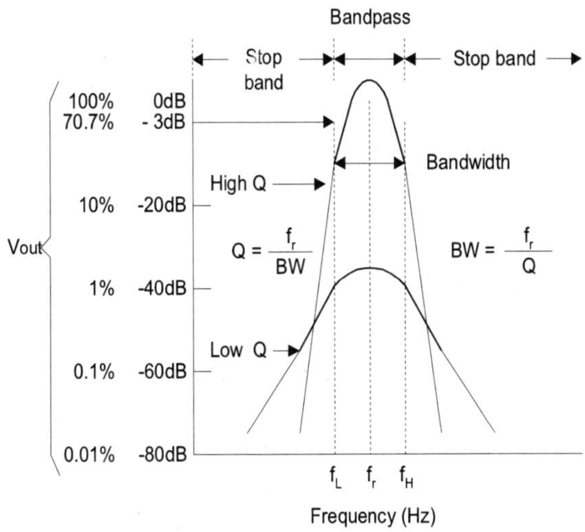

[그림 8-21] BPF의 주파수 특성

3 사용기기 및 부품

1) 전원공급장치 : ±15V
2) V.O.M(전압계)
3) 오실로스코우프(2현상)
4) 정현파발생기 또는 function발생기
5) 저항 : 10kΩ×2, 100kΩ (0.5W)
6) 커패시터 : 0.01㎌ (25WV)
7) 연산증폭기 : 741C
8) 브레드보오드

4 실험순서

1) 그림 8-22의 회로를 구성하라.
2) 회로에 전원을 인가하라.
3) 표 8-15의 첫번째 주파수가 되게 정현파발생기를 조정하라.
4) 정현파발생기의 출력을 $1V_{P-P}$가 되도록 세트하라.
5) V_{outP-P}를 측정하고 표 8-15에 기록하라.

6) 표 8-15에 주어진 모든 주파수에 대해 과정 3), 4), 5)를 반복하라.
각각의 주파수를 세팅할 때마다 정현파발생기의 출력을 정확히 유지시켜라.
7) 출력피이크가 최대부근일 때 부터는 주파수발생기의 발생주파수를 미세조정하여 출력 피이크가 최대가 되는 점의 주파수를 정확히 찾아 기록하라.
이것이 이 회로의 실제 fr 이다.
8) 공급전원을 차단하라.
9) 다음 식을 이용하여 fr을 계산하고 과정7)의 결과와 비교하라.

$$[f_r = \frac{1}{2\pi\sqrt{R_P R_3 C_1 C_2}}]$$

$$(\text{여기서} \quad R_p = \frac{R_1 R_2}{R_1 + R_2})$$

10) 표 8-15의 결과와 과정 7)의 결과를 이용하여 주파수응답특성곡선을 그려라.

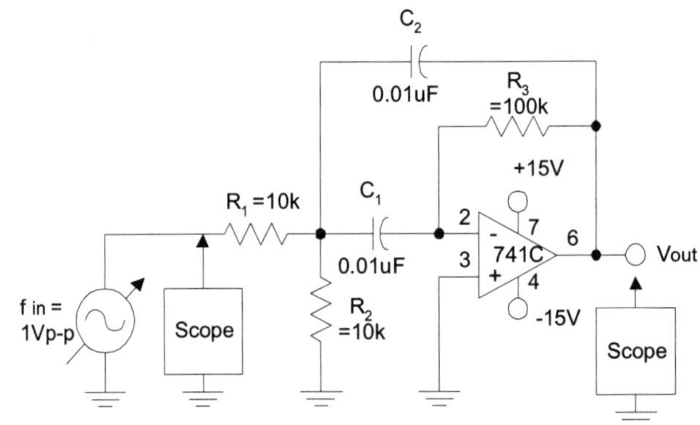

[그림 8-22] BPF 회로도

실험 8-5-4. 대역소거필터

1 실험목적

특정한 대역폭 이상/이하의 모든 주파수신호는 통과시키는 반면 대역폭이내의 주파수성분은 소거하는 연산증폭기 대역소거필터에 대해 알아본다.

2 관련이론

대역소거필터(band reject filter : BRF)의 기능은 대역통과필터의 기능과 반대이다. 이 필터는 대역폭내에 포함된 특수한 주파수군을 제외한 모든 주파수의 신호는 통과시킨다.

그림 8-23에 노치필터회로를 나타내었는데 비반전입력에 인가되는 입력신호를 제외하고는 대역통과필터와 흡사하다. 두 입력의 커패시터의 작용은 노치필터의 특성을 능동적으로 하고 있다.

그림 8-24에 주파수응답특성곡선을 나타내었다. 소거된 대역폭은 V자 모양(notch)으로 나타나므로 일명 **노치필터(notch filter)**라고 부르기도 한다.

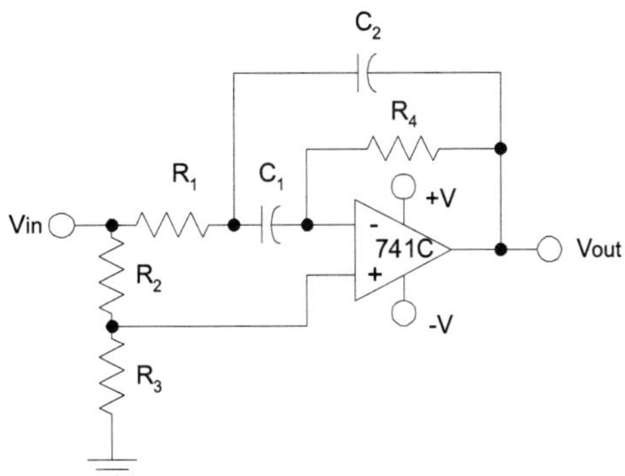

[그림 8-23] 노치 필터

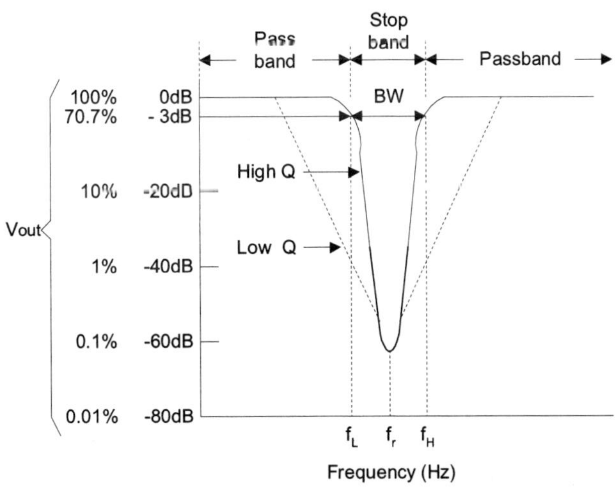

[그림 8-24] 노치 필터의 주파수특성

이 회로에서 공진주파수 f_r 은 다음 식과 같이 주어진다.

$$f_r = \frac{1}{2\pi\sqrt{R_1 R_4 C_1 C_2}} \tag{8-27}$$

3 사용기기 및 부품

1) 전원공급장치 : ±15V
2) V.O.M(전압계)
3) 오실로스코우프(2현상)
4) 정현파발생기
   또는 function발생기
5) 저항 : 10kΩ, 47kΩ, 1MΩ (0.5W)
6) 커패시터 : 0.01㎌ (25WV)
7) 연산증폭기 : 741C
8) 브레드보오드

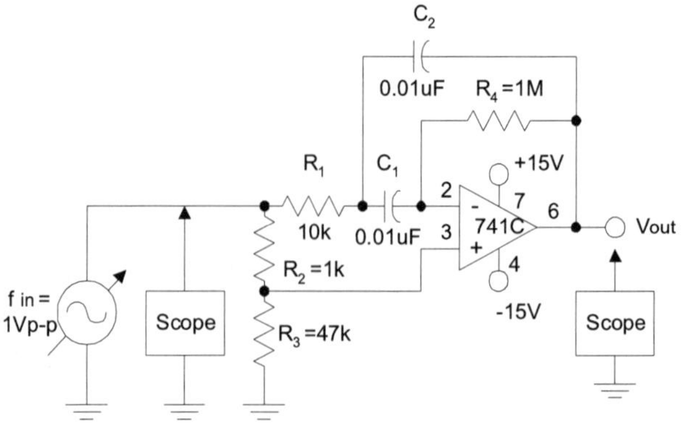

[그림 8-25] 대역소거필터(notch필터)

4 실험순서

1) 그림 8-25의 회로를 구성하라.
2) 공급전원을 인가하라.
3) 표 8-16의 첫번째 주파수가 되도록 정현파발생기를 조정하라.
4) 정현파발생기의 출력이 $1V_{P-P}$가 되도록 조정하라.
5) V_{outP-P}를 측정하고 표 8-16에 기록하라.
6) 표 8-16에 주어진 나머지 모든 주파수에 대해 과정 3)~5)를 반복하라. 단 주파수를 변환시킬 때마다 신호발생기의 출력이 $1V_{P-P}$가 되는지를 확인 조절하라.
7) 출력이 최저진폭이 될 때까지 주파수발생기를 조절하고 결과보고서에 기록하라. 이것이 실지 이 회로의 fr 이다.
8) 공급전원을 차단하라.
9) 다음 식을 이용하여 fr을 계산하고 과정 7)의 결과와 비교하라.

$$[f_r = \frac{1}{2\pi\sqrt{R_1 R_4 C_1 C_2}}]$$

10) 표 8-16의 결과와 과정 7)의 결과를 이용하여 주파수응답특성곡선을 그려라.

실험 결과보고서

교 과 목 명	
실 험 제 목	
담 당 교 수	
실 험 일 자	년 월 일(요일)

조 편 성	
공동실험자	
학 번	
이 름	

1-1)~1-7)

[표 8-13] 데이터작성표

f_{in}(Hz) ($1V_{P-P}$)	V_{out} (V_{P-P})	$A_{CL} = \frac{V_{out}}{V_{\in}}$ [배]	$A_{CL}[dB] = zo \log A_{CL}$
250			
500			
750			
1K			
1.25K			
1.5K			
2K			
3K			
5K			
10K			

1-8) [f_c= Hz]

1-9)

〈 주파수응답곡선 〉

2-1)~2-6)

[표 8-14] 데이터작성표

f_{in}(Hz) ($1V_{P-P}$)	V_{out} (V_{P-P})	$A_{CL}=\frac{V_{out}}{V_{\in}}$ [배]	$A_{CL}[dB]=$ $zo\ \log A_{CL}$
250			
500			
750			
1K			
1.25K			
1.5K			
2K			
3K			
5K			
10K			

2-8) [$f_c=$ Hz]

2-9)

〈 주파수응답곡선 〉

3- 1)~3- 6)

[표 8-15] 데이터자성표

f_{in}(Hz) ($1V_{P-P}$)	V_{out} (V_{P-P})	$A_{CL} = \frac{V_{out}}{V_{\in}}$ [배]	$A_{CL}[dB] =$ $zo \log A_{CL}$
100			
250			
500			
700			
1K			
1.25K			
1.5K			
2K			
3K			
5K			

3- 7) [f_r= Hz]

3- 9) [f_r= Hz]

3-10)

〈 주파수응답곡선 〉

과정 4- 1)~4- 6)

[표 8-16] 데이터작성표

f_{in}(Hz) (1V_{P-P})	V_{out} (V_{P-P})	$A_{CL} = \frac{V_{out}}{V_{\in}}$ [배]	$A_{CL}[dB]$ = $zo \log A_{CL}$
50			
75			
100			
125			
150			
175			
200			
225			
250			

4- 7) [f_r=   Hz]

4- 9) [f_r=   Hz]

4-10)

< 주파수응답곡선 >

실험 후 검토

연 습 문 제

1. 필터의 종류를 열거하고 각각의 특성을 설명하라.

2. 2극 저역통과필터가 20kHz의 차단주파수를 가진다면 2MHz에서 출력전압은 얼마나 감소하는가?

실험 8-6 능동다이오드회로

1 실험목적

연산증폭기를 이용한 정류회로와 피이크검출 및 진폭제한기의 동작에 대해 알아본다.

2 관련이론

연산증폭기와 다이오드가 합쳐진 회로를 **능동 다이오드회로**라 한다. 이 때 연산증폭기는 다이오드의 커트-인전압보다 작은 신호에 대해 정류및 피이크 검출, 클리핑, 클램퍼할 수 있어 다이오드회로의 성능을 향상시킬 수 있다.

또한 연산증폭기는 완충작용에 의해 다이오드회로의 전원과 부하의 효과를 제거할 수 있다.

2-1. 능동반파정류회로

그림 8-26은 능동반파정류회로를 나타낸다. 입력신호가 정(+)일 때 출력은 정(+)이 되고 다이오드는 전도된다. 이 때 출력에는 정(+)의 입력신호가 나타나게 된다.

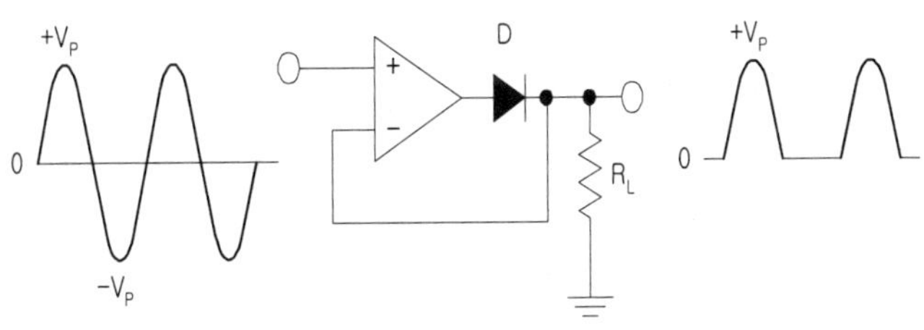

[그림 8-26] 반파정류회로

한편 입력이 부(−)이면 출력은 부(−)가 되고 다이오드는 차단되어 부하에는 전압이 주어지지 않는다. 이 회로는 전압폴로워처럼 동작하므로 출력은 거의 완벽한 반파신호가 나오게 된다. 연산증폭기의 큰 전압이득은 커트 인 전압효과를 실제 제거할 수 있다.

예를 들어, V_r=0.7[V], A=10^5 이면 다이오드의 전도전압은

$$V_{in} = \frac{0.7}{10^5} = 7[\mu V]$$

가 되어 다이오드는 7[μV]이상의 전압에서 전도되게 된다. 즉 다시 말해 이 반파정류회로는 μV단위의 소신호까지도 사용할 수 있다.

2-2. 피이크검출기

피이크 검출기는 입력신호의 피이크전압과 같은 직류전압을 얻을 수 있는 회로이다. 그림 8-27(a)에 일반적인 피이크검출기를 나타내었다.

이 회로는 정(+)의 반 주기에서만 다이오드가 전도되고 커패시터는 입력전압에서 다이오드의 커트인 전압을 뺀 만큼 충전된다. 따라서 일반 피이크검출기는 입력전압이 다이오드의 커트인 전압보다 훨씬 큰 경우에 유용하다.

극히 작은 신호의 피이크를 검출하기 위해서는 그림 8-27(b)의 능동피이크검출기를 사용한다. 이 회로는 능동반파정류기와 흡사한데 부하에 병렬로 커패시터반 섭속된다.

연산증폭기를 사용하였으므로 입력신호가 다이오드의 커트인 전압이하의 신호일지라도 피이크를 검출할 수 있다. 단, 회로의 시정수는 입력신호주기 T와는 다음과 같은 관계가 성립되어야만 오차를 최소화 할 수 있다.

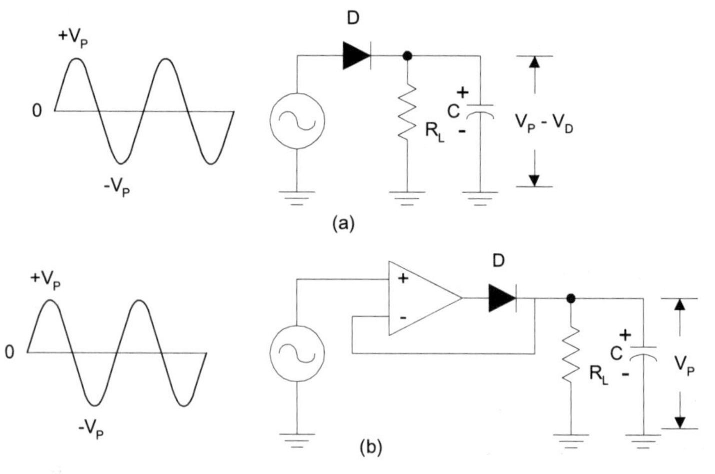

[그림 8-27] 피이크검출기
(a) 일반형 (b) 능동피이크검출기

$R_L C > 10\ T$ (8-28)

2-3. 능동 정(+)의 클리퍼

그림 8-28에 **능동 정(+)의 클리퍼**를 나타내었다.

V_{ref}의 와이퍼를 왼쪽으로 완전히 돌리면 V_{ref} 는 0이 되어 비반전입력은 접지가 된다. V_{in}이 정(+)이면 오차전압은 연산증폭기의 출력을 부(-)로 되게 하고 다이오드를 전도시킨다. 이 때 출력전압 V_{out}은 V_{in}의 어떤 전압값에 대해서도 0이 된다.

V_{in}이 부(-)가 되면 연산증폭기의 출력은 정(+)이 되므로 다이오드는 차단되고 회로가 개

방된다. 이때 출력 V_{out}은 V_{in}의 부(−)의 반파에 따르게 되며, 출력은 R과 다이오드간의 전압이 된다.

기준전압을 변화시킬려면 V_{ref}를 조절하면 된다. 이 회로에서도 연산증폭기는 커트 인 전압을 μV영역까지 낮추어 주는 역할을 한다. 따라서 이 회로는 소신호의 클리핑에 사용할 수 있다.

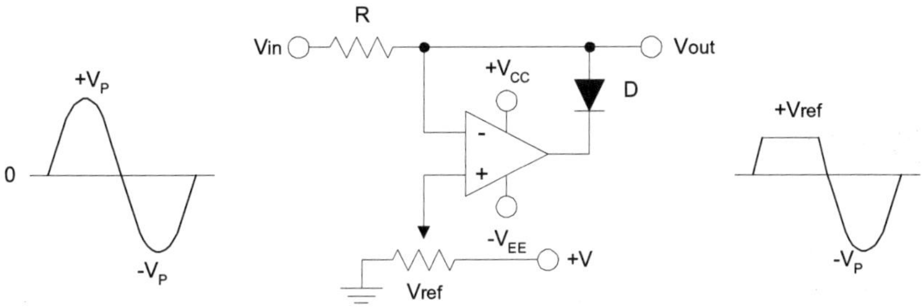

[그림 8-28] 능동 정(+)의 클리퍼회로

2-4. 능동 정(+)의 클램퍼

그림 8-29는 **정(+)의 클램퍼**[부(−)의 피이크가 0[V]에 클램퍼]회로를 나타낸다. 처음 부(−)의 반주기 신호는 연산증폭기의 출력이 정(+)이 되게 하고 다이오드를 전도시킨다. 이것은 커패시터를 그림과 같은 극성으로 충전되게 한다. 신호가 정(+)이 되면 다이오드는 차단되고 출력전압은 0[V]에 고정되게 된다.

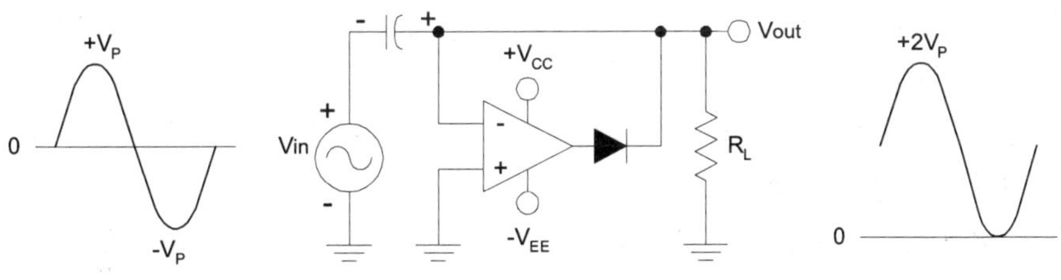

[그림 8-29] 능동 정(+)의 클램퍼

3 사용기기 및 부품

1) 전원공급장치 : ±15V

2) 신호발생기 : 20Hz ~ 1MHz

3) 오실로스코우프(2현상)
4) 연산증폭기 : 741C
5) 다이오드 : 1N914
6) 저항 : 1kΩ, 2.2kΩ, 10kΩ (0.5W)
7) 전위차계 : 1kΩ
8) 커패시터 : 100㎌ (25WV)

4 실험순서

1) 그림 8-30의 회로를 구성하라.
2) 신호발생기를 정현파주파수 100㎐, 진폭 $10V_P$로 조정하여 인가하고 부하저항 R_L양단의 전압을 오실로스코우프로 측정하라. 이때 오실로스코우프는 DC couple 에 놓아라.
3) 입출력 파형을 그래프 상에 그리고 V_P값을 표시하라.

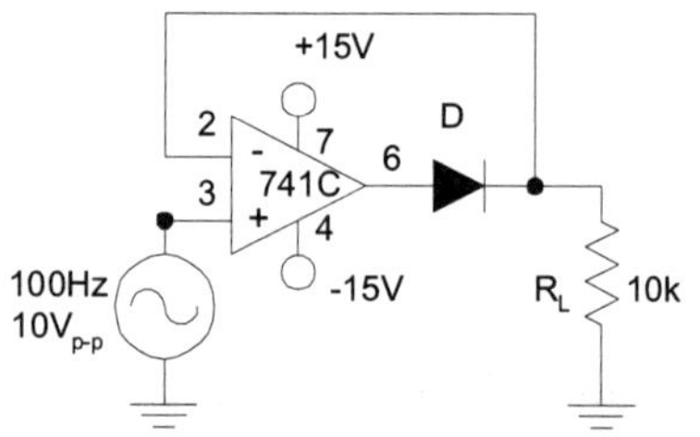

[그림 8-30] 반파정류회로

4) 반파출력이 $100mV_P$가 되게 신호발생기를 조절하고 입출력 파형을 관측하여 그래프 상에 그리고 V_P를 표시하라.
5) 그림 8-30의 R_L과 병렬로 100㎌의 커패시터를 접속하라.
6) 입력신호가 $1V_P$가 되게 신호발생기를 조절하고 입출력 파형을 관측하여 그래프 상에 그리고 V_P를 기록하라.
7) 입력신호가 $100mV_P$가 되게 신호발생기를 조절하여 입출력파형을 관측하여 그래프상에 그리고 V_P를 기록하라.
8) 그림 8-31의 회로를 구성하라.
9) 신호발생기를 $1V_P$가 되도록 조절한 후 전위차계를 전 범위에 걸쳐 변경시키면서 출력신호의 변화를 관찰하라.
10) 신호발생기를 $100mV_P$가 되도록 조절한 후 과정 9)를 반복하여라.

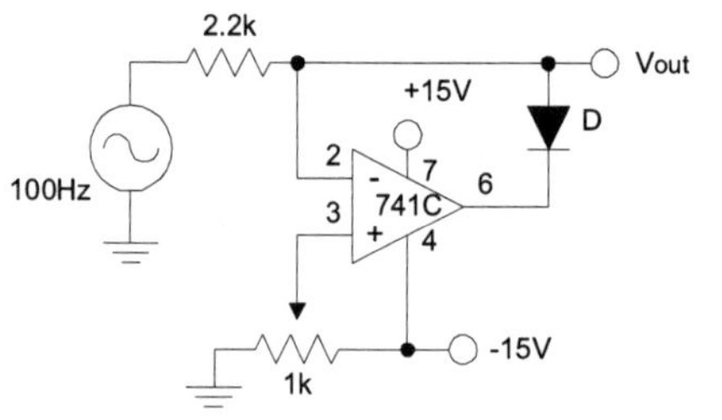

[그림 8-31] 진폭제한기회로

실험 결과보고서

교 과 목 명	
실 험 제 목	
담 당 교 수	
실 험 일 자	년 월 일(요일)

조 편 성	
공동실험자	
학 번	
이 름	

3)

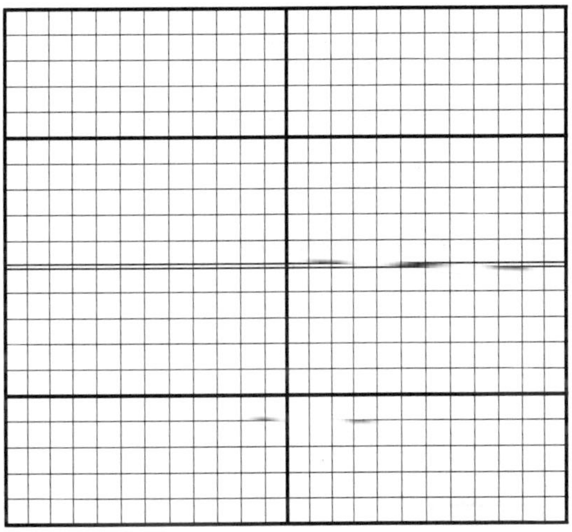

4)

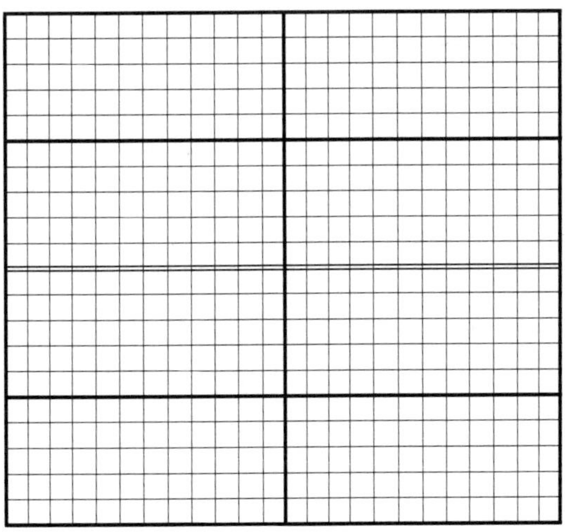

6)

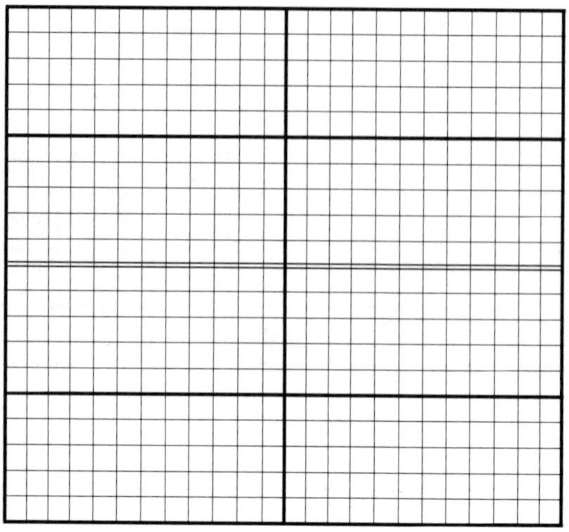

7)

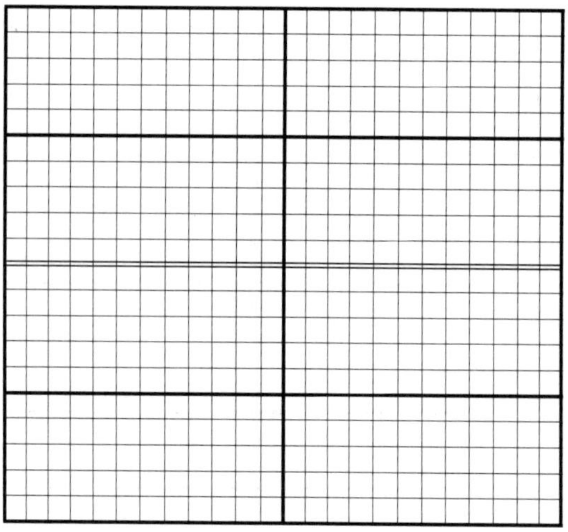

9)

10)

실험 후 검토

연 습 문 제

1. 일반 다이오드 반파정류회로와 능동 반파정류회로에서 다이오드의 커트 인 전압의 영향에 대해 설명하라.

2. 능동피이크검출기에서 오차를 최소화시키기 위한 방전시성수와 입력신호주기 사이의 관계에 대해 설명하라.

3. 능동 정(+)의 클리퍼의 동작을 상세히 설명하라.

4. 능동 정(+)의 클램퍼의 동작을 상세히 설명하라.

5. 능동다이오드회로가 공통적으로 일반다이오드회로보다 유리한 점은 무엇인가?

실험 8-7 적분기

1 실험목적

연산증폭기를 사용한 적분기의 동작과 적분조건에 대해 알아본다.

2 관련이론

그림 8-32(a)에 **적분기(integrator)**의 기본회로를 나타내었다. 이 회로에서 귀환성분은 커패시터인데 이상적인 연산증폭기인 경우 반전입력단자의 가상접지 때문에 루우프전류 I는 R과 C를 통해 흐른다.

이 회로에 그림 8-32(b)의 V_{in}과 같은 펄스가 인가된 경우 동작을 살펴보자. 펄스가 인가되는 순간 V_{in}은 +V로 상승하고 회로전류 I 는

$$I=\frac{V_{in}}{R}=\frac{V}{R} \tag{8-29}$$

로 일정하게 된다. 커패시터 양단전압 V_c는

$$C=\frac{Q}{V}$$

에서

$$V_C=\frac{Q}{C} \tag{8-30}$$

인데 I가 일정하게 커패시터를 흐르므로 전하 Q는 시간에 따라 선형적으로 충전되어 그림과 같이 선형적으로 증가한다. 반면에 출력전압 V_{out}은 반전되

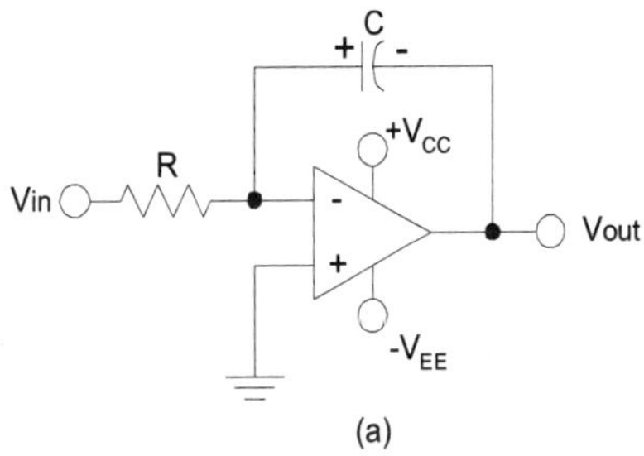

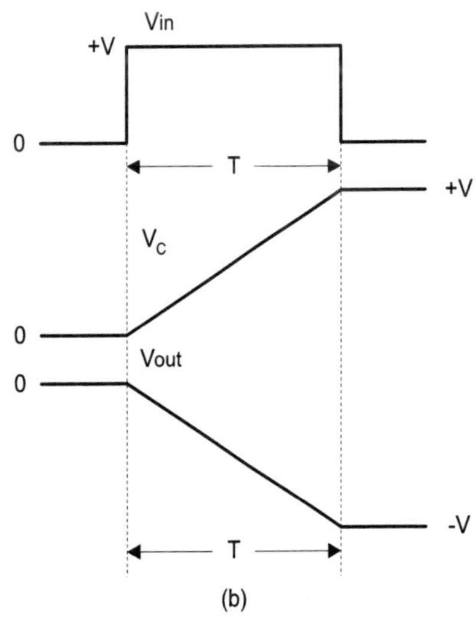

[그림 8-32] 적분기 (a) 기본회로 (b) 입력, V_C, 출력파형

어 그림과 같이 선형적으로 감소한다. 이와 같은 출력파형을 **램프(ramp)파** 또는 **스위프(sweep)파형**이라 한다. 또, 종단에서 V_{in}은 0이 되므로 V_C의 충전은 중지되고 최종치전압인 +V를 그대로 유지한다.

따라서 출력전압은 주기 T가 긴 경우 $V_{out}=-V$인 부(−)의 전압으로 일정하게 된다.

그러나 T가 짧은 경우

$$\frac{V_C}{T} = \frac{Q}{CT} = \frac{Q/T}{C} = \frac{I}{C}$$

이므로

$$V_C = \frac{IT}{C}$$

즉

$$V_{out} = -\frac{I}{C}T = -\frac{V}{CR}T \qquad (8-31)$$

가 된다. 이것이 종단에서의 출력 전압값이 된다. 그러나, 그림 8-32(a)와 같은 적분기는 직류와 같은 일정한 전압에 대해서는 커패시터가 개방되어 부귀환이 없어진다. 이 때 출력에는 입력에서의 오프세트전압과 동일한 오프세트가 발생하여 커패시터를 충전시켜 $\pm V_{sat}$으로 출력을 동작시킨다.

따라서 실지 적분기는 커패시터가 직류에 대해서 개방되지 않는 그림 8-33과 같은 보상적분기로 구성한다. 이 회로는 C에 병렬로 저항을 접속한 것으로 0주파수에서 커패시터가 개방되더라도 10R의 저항 때문에 A_{CL}이 감소하여 출력오프세트를 최소화시킬 수 있어 출력에는 거의 완벽한 램프파형을 발생시킬 수가 있다.

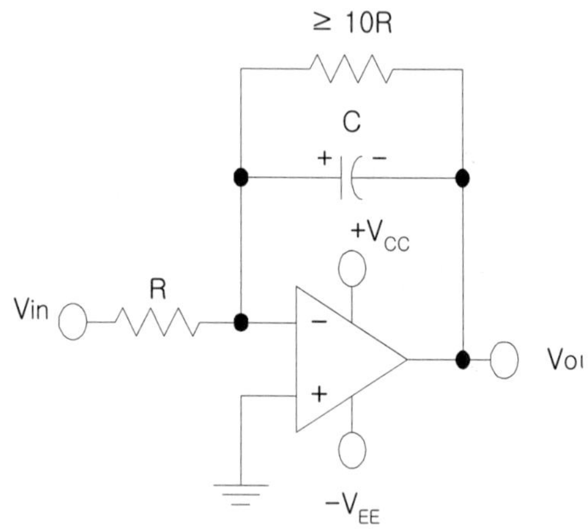

[그림 8-33] 보상적분기

3 사용기기 및 부품

1) 전원공급장치 : ±15V
2) 신호발생기 : 20Hz ~ 1MHz
3) 오실로스코우프(2현상)
4) 연산증폭기 : 741C
5) 저항 : 10kΩ×2, 100kΩ, 20kΩ (0.5W)
6) 커패시터 : 0.0022μF, 0.1μF (25WV)
7) 브레드보오드

4 실험순서

1) 그림 8-34와 같이 회로를 구성하고 전원을 인가하라.

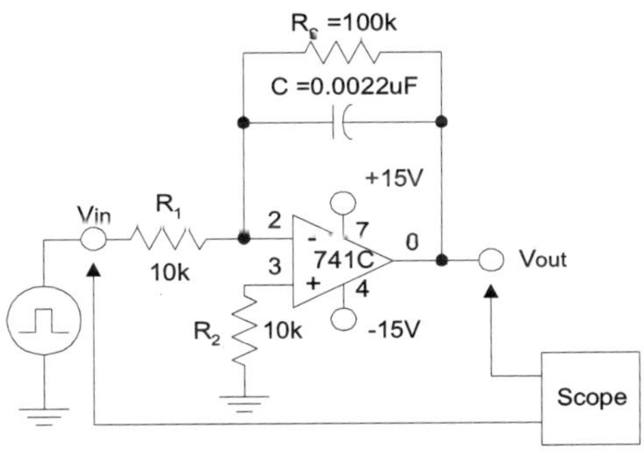

[그림 8-34] 적분기

2) 신호발생기를 구형파주파수 10kHz, V_{P-P}=1V로 조정하여 V_{in}에 인가하고 오실로스코우프로 입력과 출력파형을 관측하여 그려보아라.
   이때 오실로스코우프는 DC couple에 놓아라.
3) 출력삼각파의 P-P전압 값을 측정하여 기록하라.
4) 출력삼각파의 반주기(t)를 측정하여 기록하라.
5) 구형파 입력신호에 대한 삼각파 P-P출력전압이 다음 식으로 주어지는 계산치와 같은지를 비교하라.

$$[\, V_O = -\frac{1}{R_1 C}\int_0^t V_{in} dt \,]$$

6) 신호발생기를 구형파주파수 4㎑가 되도록 조정하고 과정 2)~5)를 반복하라.

7) 저주파응답공식인 $f_C=1/2\pi R_{S}C$로 구해지는 임계주파수는 얼마인가? 실지 적분기는 $f<fc$에서는 전압이득이 $-R_S/R_1$인 반전증폭기에 가까워져 적분기 작용이 없어지고 $f>fc$에서는 적분기로 동작한다.

8) 신호발생기를 구형파주파수 100㎐, 진폭 $V_{P-P}=1V$로 조정하여 V_{in}에 인가하고 입력과 출력파형을 관측하여 그려보아라. 반드시 P-P전압 값을 표시하라.

9) 과정 8)에서 전압이득은 얼마가 되는가?
이것을 식 $A_{CL}=R_S/R_1$로 계산한 값과 비교해 보라.

실험 결과보고서

교 과 목 명	
실 험 제 목	
담 당 교 수	
실 험 일 자	년 월 일(요일)

조 편 성	
공동실험자	
학 번	
이 름	

1)~2)

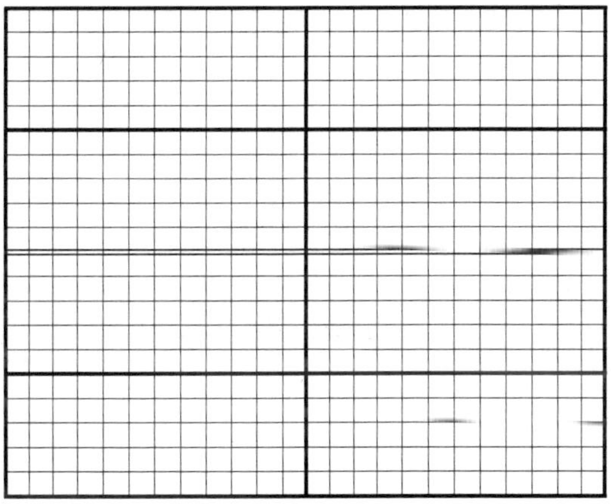

3) [$V_{O(P-P)}=$ V]

4) [$t=$ μs]

5) [ ]

6)

[$V_{O(P-P)}=$ V]

[$t=$ μs]

[V]

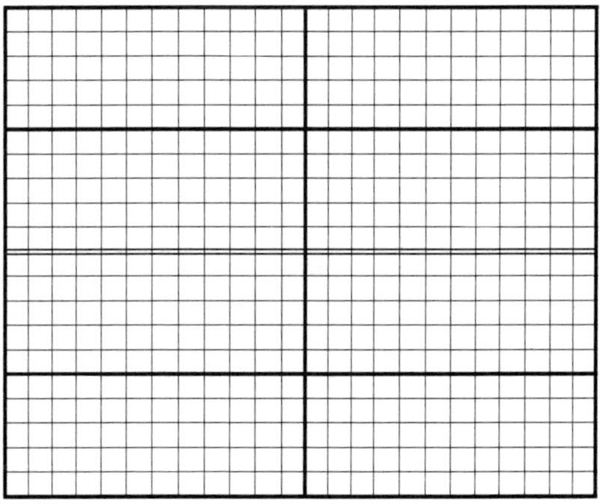

7) [f_c= Hz]

8)

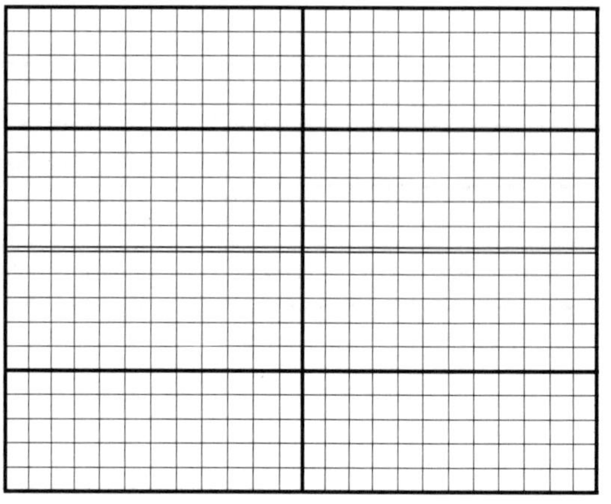

9) [A_{CL}=]

[A_{CL}=]

실험 후 검토

연 습 문 제

1. 연산증폭기 적분기는 무엇을 사용하여 구성하는가?

2. 연산증폭기 적분기에서 입력저항을 흐르는 전류는 무엇을 통해 흐르는가?

3. 적분조건에 대해 설명하라.

4. 보상적분기를 구성하는 방법과 구성 시 주어지는 효과에 대해 설명하라.

실험 8-8 미분기

1 실험목적

연산증폭기를 사용한 미분기의 동작과 미분조건에 대해 알아본다.

2 관련이론

미분기(differentiator)는 앞서 2장에서 설명한 것과 같이 출력신호는 입력신호를 미분한 모양으로 주어진다. 즉 RC회로의 시정수 RC가 구형파 입력신호의 주기 T보다 충분히 적으면 **스파이크(spike)파**를 얻을 수가 있다. 실제 사용하는 연산증폭기 미분기는 그림 8-35과 같이 0.01R~0.1R 정도의 저항을 커패시터에 직렬로 부가하여 발진이 발생했을때 고주파에서 폐루우프 선압이득을 세한하여 발신을 방지시키고 있다. 이 회로의 출력전압은

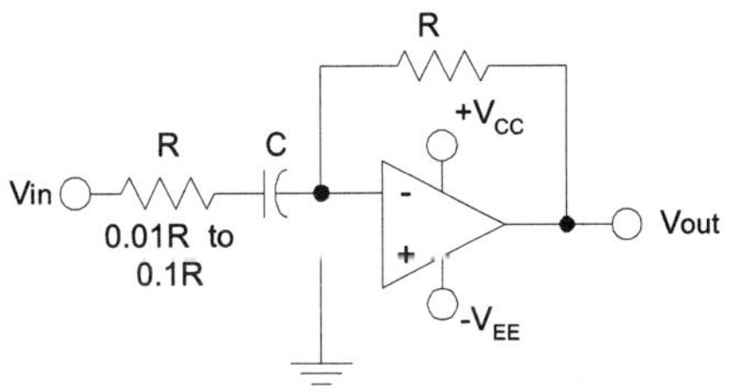

[그림 8-35] 보상미분기

$$V_{out} = CR\frac{dV_i}{dt} \qquad (8-32)$$

가 된다.

3 사용기기 및 부품

1) 전원공급장치 : ±15V
2) 함수발생기(삼각파)
3) 오실로스코우프(2현상)
4) 연산증폭기 : 741C

5) 저항 : 2.2kΩ, 22kΩ (0.5W)
6) 커패시터 : 0.0047㎌ (25WV)
7) 브레드보오드

4 실험순서

1) 그림 8-36과 같이 회로를 구성하고 전원을 인가하라.
2) 함수발생기를 조절하여 삼각파주파수 400㎐, 진폭 $1V_{P-P}$가 되게 조절하고 오실로스코우프로 입력과 출력파형을 측정하여 그려라. 반드시 P-P값을 표시하라. 이때 오실로스코우프는 DC couple에 놓아라.
3) 출력구형파에 대한 부(-)의 피이크전압을 측정하여 아래에 기록하라.
4) 이 파형이 부(-)가 되는 기간 t_1을 측정하라.
5) 출력구형파의 피이크전압을 결과보고서의 식으로 계산해 보라.
과정 3)의 결과와 비교해 보라.
6) 함수발생기의 주파수를 1㎑로 조절하고 과정 3)~5)를 반복하라.
7) 이 미분기에서 임계주파수를 결과보고서의 식으로 계산하라.
실지 미분기는 f<fc일때는 미분기로 동작하고 f>fc일 때는 $-R_F/R_S$의 전압이득을 갖는 반전증폭기가 된다.
8) 함수발생기의 주파수를 30㎐로 조절하고 오실로스코우프로 입력과 출력파형을 측정하여 그려라. 반드시 P-P전압 값을 표시하라.
이 회로는 어떤 동작을 하고 있는가?
9) 과정 8)에서 이 회로의 전압이득은 얼마인가?
$-R_F/R_S$로 계산한 값과 비교해 보아라.

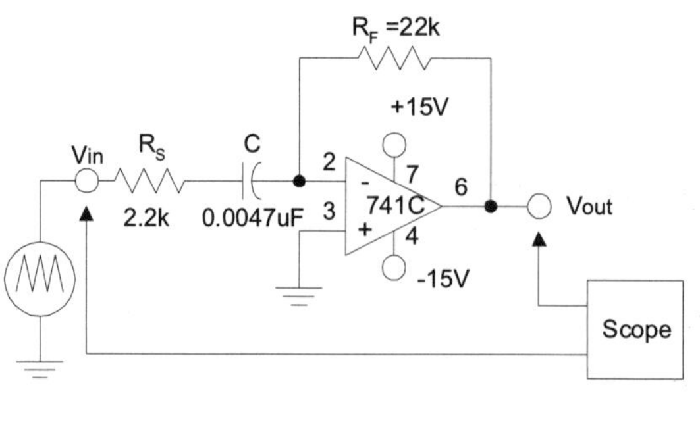

[그림 8-36] 미분기

실험 결과보고서

교과목명	
실험제목	
담당교수	
실험일자	년 월 일(요일)

조편성	
공동실험자	
학번	
이름	

1)~2)

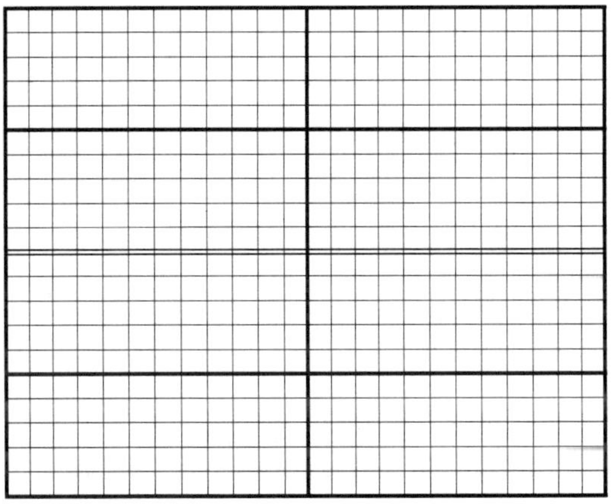

3) [$V_{O(P)}=$ V]

4) [$t_1=$ ms]

5) [$V_{O(P)}=-\frac{2R_F C V_{in(p)}}{t_1}=$ V]

6)

[$V_{O(p)}=$ V]

[$t_1=$ ms]

[$V_{O(P)계산치}=$ V]

7)

$[f_c = \frac{1}{2\pi R_S C} =$ Hz $]$

8)

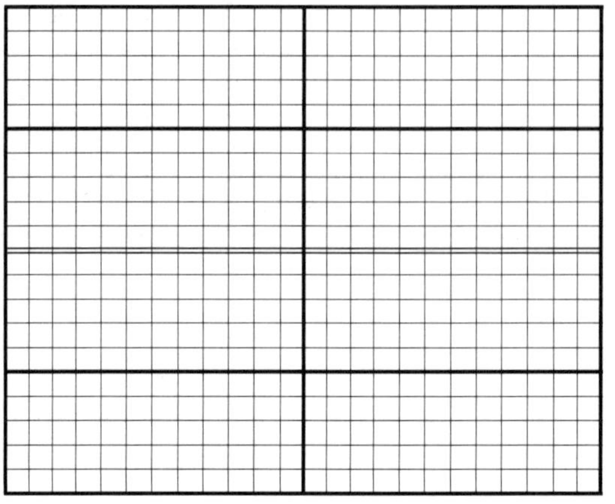

[ ]

9) $[A_{CL} =$ $]$

$[A_{CL} =$ $]$

실험 후 검토

연 습 문 제

1. 미분조건에 대해 설명하라.

2. 미분회로에 구형파를 인가한 때의 회로조건에 따른 출력전압관계를 설명하라.

3. 미분회로에 삼각파가 입력되었을 때 미분조건이 성립된 경우 출력파형은?

실험 8-9 연산증폭기 발진회로

실험 8-9-1. 구형파발생회로(이장발진기)

1 실험목적

연산증폭기를 어떻게 구형파발생기로 사용할 수 있는지와 그 출력주파수를 어떻게 계산하는지에 대해 알아본다.

2 관련이론

그림 8-37(a)의 회로는 출력신호의 주파수가 커패시터의 충전에 의존하는 회로인 **이장발진기(relaxation oscillator)**로 구형과 발생기이다.

이 회로의 동작을 살펴보자. 먼저 전원이 공급되면 커패시터의 연속성 때문에 V_C=0이 되고 V_2는 βV_{sat}이 되어 V_{in}은 부(−)가 되므로 V_{out}은 $+V_{sat}$이 된다.

$V_{out}=+V_{sat}$인 경우 V_C는 R을 통해 서서히 충전되고 이 충전전압값이 $+\beta V_{sat}$을 넘는 순간 V_{in}은 정(+)이 되어 $V_{out}=-V_{sat}$이 된다. $V_{out}=-V_{sat}$인 경우 V_C는 R_1을 통해 방전

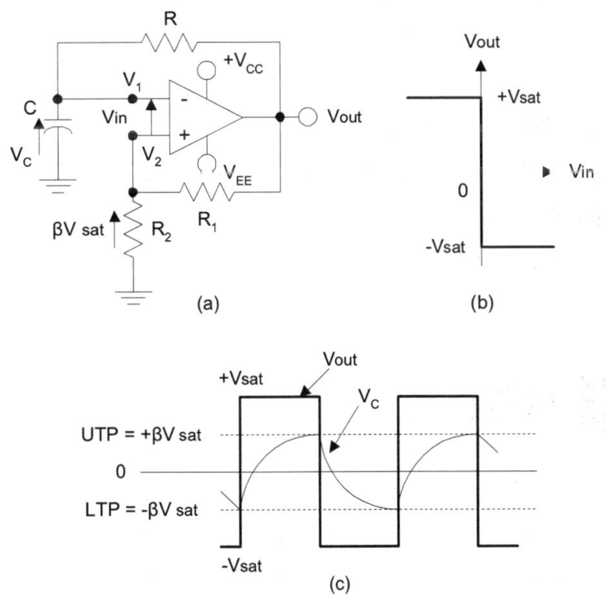

[그림 8-37] (a) 이장 발진기
(b) 연산증폭기전달특성 (c) V_C와 V_{out}

하면서 서서히 감소하고 이 값이 $-\beta V_{sat}$을 넘는 순간 V_{in}은 다시 부(−)가 되어 $V_{out}=+V_{sat}$이 된다.

그 다음은 상기 과정을 반복한다. 따라서 이 회로는 안정상태가 없는 구형파를 발생시키므로 **비안정 멀티바이브레이터**라고도 한다. 출력파형의 주기 T는

$$T=2\ RC\ l_n(1+\frac{2R_2}{R_1})=2\ RC\ l_n(\frac{1+B}{1-B}) \qquad (8-32)$$

$$(\text{단,}\quad B=\frac{R_2}{R_1+R_2})$$

가 된다. 만일 RC시정수를 증가시키면 커패시터전압이 트립점에 도달하는 시간이 오래 걸려 주파수는 낮아질 것이며 RC시정수를 감소시키면 그 반대가 될 것이다.

따라서 이 회로는 R을 조정하므로 쉽게 발진주파수를 변화시킬 수가 있다.

3 사용기기 및 부품

1) 전원공급장치 : ±15V
2) V.O.M(전압계)
3) 오실로스코우프(2현상)
4) 연산증폭기 : 741C
5) 저항 : 4.7kΩ, 10kΩ, 22kΩ, 86kΩ, 100kΩ (0.5W)
6) 커패시터 : 0.02㎌, 0.05㎌, 0.1㎌ (25WV)
7) 브레드보오드

4 실험순서

1) 표 8-17의 제1열에 주어진 R_1과 C_1을 사용하여 그림 8-38(a)의 회로를 구성하라.
2) 다음 식을 사용하여 $\pm V_{ref}$를 계산하라.

$$\begin{cases} +V_{ref} = \dfrac{R_3}{R_2+R_3}(+V_{sat}) \\ -V_{ref} = \dfrac{R_3}{R_2+R_3}(-V_{sat}) \end{cases}$$

3) 오실로스코우프를 사용하여 $+V_{sat}$, $-V_{sat}$, $+V_{ref}$, $-V_{ref}$및 두 파형의 V_{P-P}를 측정하고 기록하라.

4) 다음 식을 사용하여 발진기의 주파수를 계산하고 표 8-17에 기록하라.

$$f_o = \frac{1}{2R_1C_1}$$

5) 오실로스코우프로 f_o를 측정하고 표 8-17에 기록하라.

6) 표에 주어진 나머지 R_1과 C_1의 값에 대해 과정 4)와 5)를 반복하라.

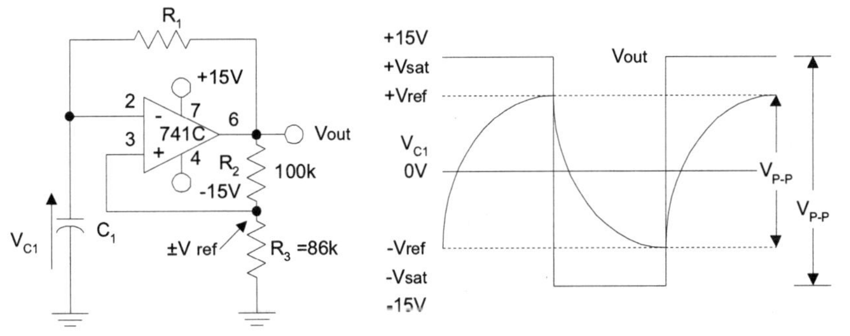

[그림 8-38] 구형파발생기 회로도

실험 8-9-2. 삼각파발생회로

1 실험목적

이장발진기와 적분기를 조합하여 삼각파를 발생시키는 회로에 대해 그 동작을 알아본다.

2 관련이론

그림 8-39(a)에서 비반전 슈미터트리거회로는 적분기를 구동시키는 구형파를 발생시키고 적분기의 출력은 삼각파가 되며 이 삼각파가 귀환하여 슈미터트리거를 구동시키는 것으

로 되어 있다. 이 회로의 동작을 살펴보자.

먼저 슈미터트리거의 출력이 $-V_{sat}$에서 시작된다고 가정하면 이 때 적분기의 입력은 $-V_{sat}$이 되어 적분기의 출력은 그림 8-39(c)와 같이 정(+)의 램프파가 된다.

이 정(+)의 램프파가 UTP와 같아지면 슈미터트리거의 출력은 $+V_{sat}$으로 스위칭된다. 이 때 적분기의 입력은 $+V_{sat}$이 되고 적분기의 출력은 부(−)의 램프파가 된다.

이 부(−)의 램프파가 LTP와 같아지면 슈미터트리거의 출력은 다시 $-V_{sat}$으로 스위칭되고 처음의 동작으로 되돌아간다. 이 상태가 반복되면서 출력에는 삼각파가 발생되게 된다.

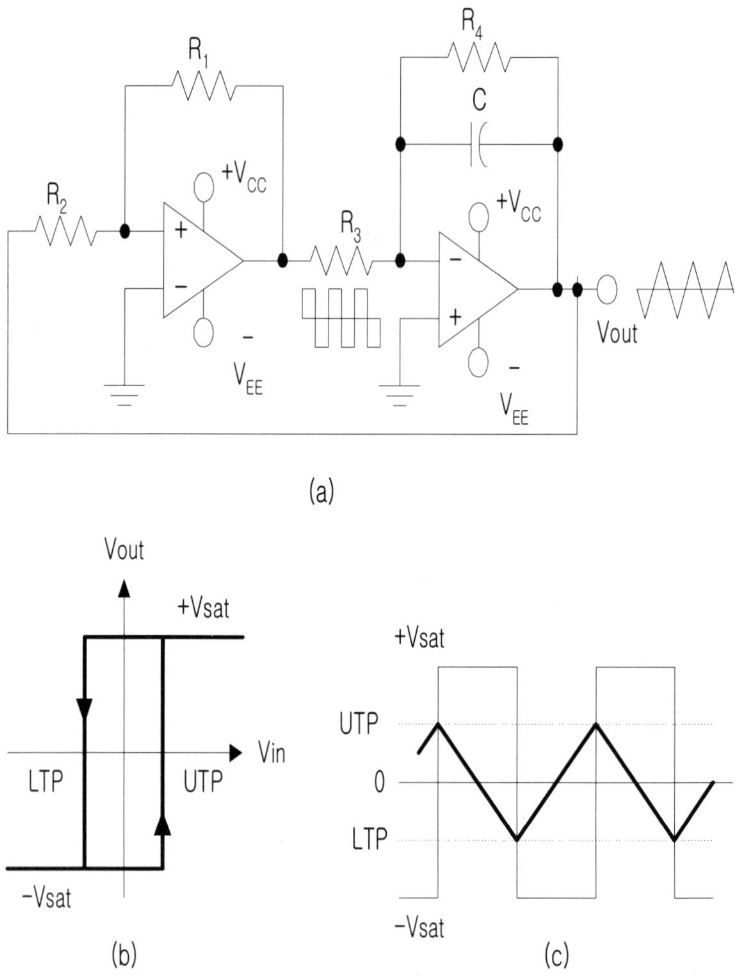

[그림 8-39] (a)삼각파 발생회로 (b)슈미터트리거 전달특성 (c)두 출력파형

3 사용기기 및 부품

1) 전원공급장치 : ±15V
2) 오실로스코우프(2현상)
3) 연산증폭기 : 741C
4) 저항 : 10kΩ×3, 12kΩ, 100kΩ (0.5W)

5) 커패시터 : 0.022㎌×2, 0.047㎌, 0.1㎌ (25WV)
6) 브레드보오드

4 실험순서

1) 그림 8-40에 C=0.002㎌를 접속하고 회로를 구성하라.
2) 전원을 인가하고 오실로스코우프로 (1)의 점과 V_O파형을 관측하여 그리고 P-P값을 표시하라.
3) 그림 8-40의 C를 0.047㎌, 0.1㎌로 바꾼 후 과정 1), 2)를 반복하라.

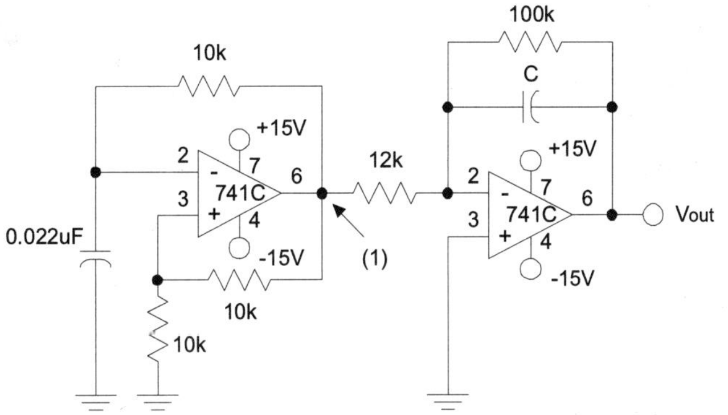

[그림 8-40] 이상발신기와 적분기에 의한 삼각파발생회로

실험 8-9-3. 윈 브릿지발진기

1 실험목적

연산증폭기 윈 브릿지발진기의 동작에 대해 알아본다.

2 관련이론

윈 브릿지발진기는 앞서 트랜지스터부에서 설명했듯이 발진조건은

┌위상조건: 0°
└진폭조건: $\beta = ⅓ \rightarrow A_{CL} = 3$

이 되어야 한다.

여기서는 그림 8-41과 같은 **자기시동(self starting) 윈브릿지 발진기**에 대해 설명한다. 이 회로에서 부귀환회로의 R_1과 R_2는

$$A_{CL}=\frac{1}{B}=\frac{R_1+R_2}{R_2}=1+\frac{R_1}{R_2}=3 \tag{8-33}$$

이므로 $R_1=2R_2$가 되어야 한다. 전원이 인가되는 순간 두개의 제너다이오드는 모두 차단상태 이므로 R_3는 R_1에 직렬로 접속되고 $R_1=2R_2$이므로

$$A_{CL}=\frac{R_1+R_2+R_3}{R_2}=\frac{3R_2+R_3}{R_2}$$

$$=3+\frac{R_3}{R_2}>3 \tag{8-34}$$

이 되어 성장진동이 시작된다.

$V_{out}>V_Z$가 되면 제너다이오드는 전도되므로 단락되고 R_3도 단락된다. 이 때

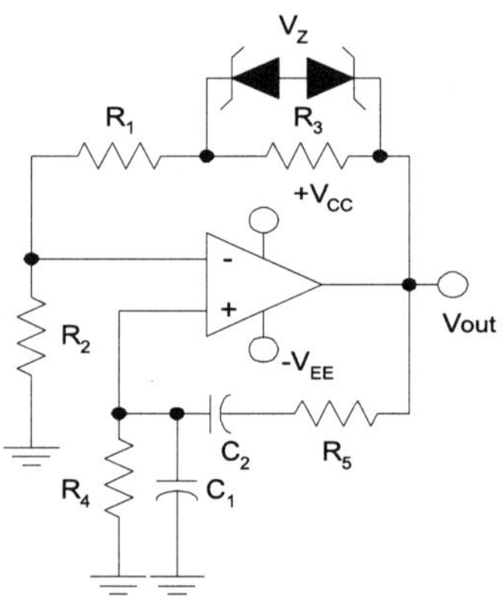

[그림 8-41] 자기시동 윈브릿지 발진기

$$A_{CL}=\frac{R_1+R_2}{R_2}=\frac{3R_2}{R_2}=3 \tag{8-35}$$

이 되어 정상진동을 개시한다. 이것은 정현파발진기의 대표적인 회로이다.

3 사용기기 및 부품

1) 전원공급장치 : ±15V
2) 오실로스코우프(2현상)
3) 연산증폭기 : 741C
4) 저항 : 100Ω, 270Ω, 1kΩ×2, 10kΩ (0.5W)
5) 전위차계(선형) : 1kΩ

6) 커패시터 : 0.1μF×4 (25WV)
7) 브레드보오드

4 실험순서

1) 그림 8-42의 발진주파수를 다음 식으로 계산하여 표 8-18에 기록하라.

$$f_o(\text{계산치}) = \frac{1}{2\pi R_3 C_1}$$

2) 그림 8-42의 회로를 구성하고 전원을 인가하라.
3) 파형이 일그러지지 않는 범위 내에서 최대정현파전압 V_{out}이 주어지도록 R_2를 조정하라.
4) 출력주파수를 측정하여 표 8-18에 기록하라.
5) V_{out}(핀6)와 (+)입력단자(핀3)사이의 위상차를 측정하여 표 8-18에 기록하라.

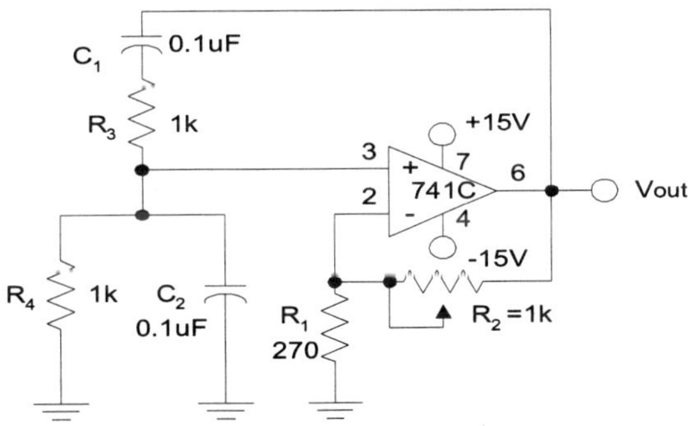

[그림 8-42] 윈브릿지발진기 회로도

실험 결과보고서

교 과 목 명	
실 험 제 목	
담 당 교 수	
실 험 일 자	년 월 일(요일)

조 편 성	
공동실험자	
학 번	
이 름	

1-1)~1-6)

[표 8-17] 데이터 작성표

R_1 (kΩ)	C_1 (μF)	f_0(Hz)	
		계산치	측정치
10	0.05		
22	0.05		
4.7	0.05		
10	0.02		
10	0.1		

1-2)

$$\begin{cases} +V_{ref} = [\quad\quad\quad\quad V] \\ -V_{ref} = [\quad\quad\quad\quad V] \end{cases}$$

1-3)

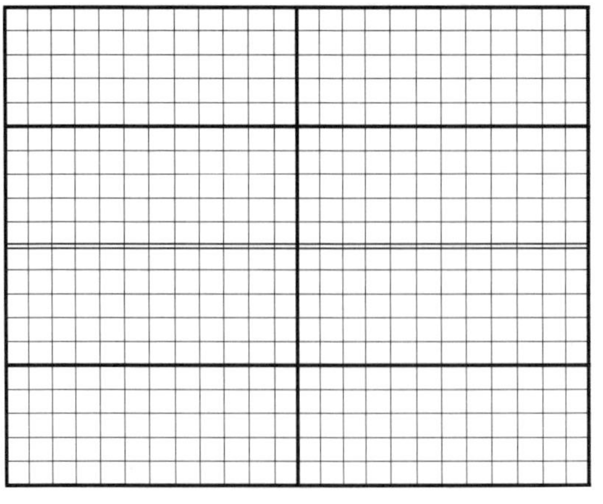

2-2)

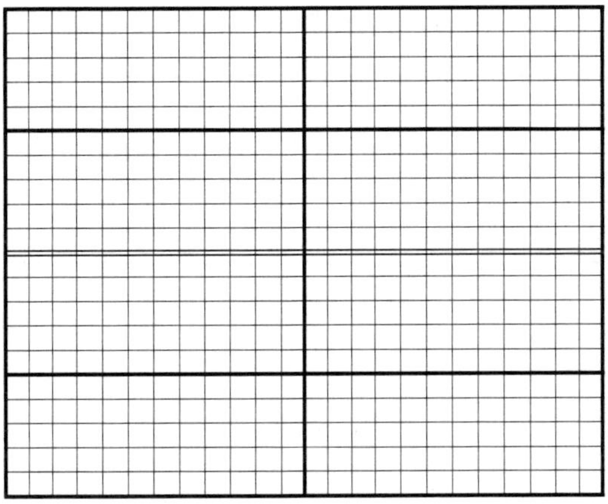

2-3)

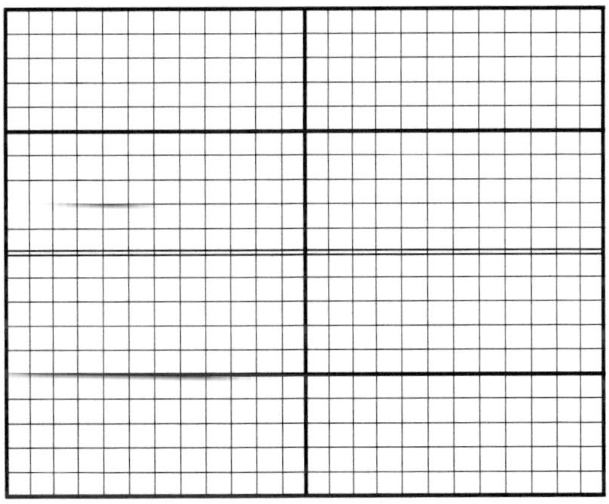

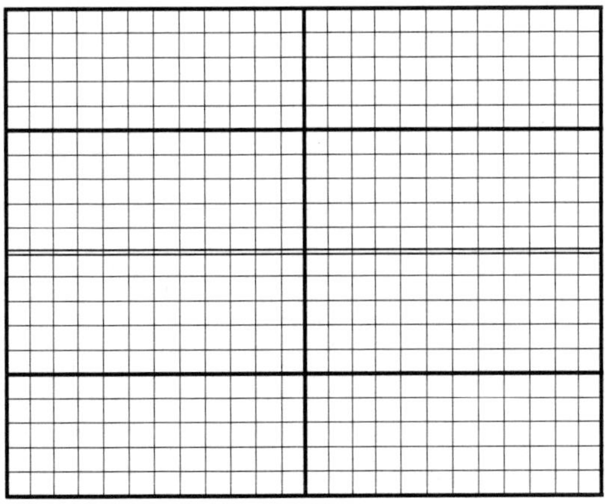

3-1)~5)

[표 8-18] 데이터 작성표

f_0(계산치)	f_0(측정치)	위상차(ψ)°

실험 후 검토

연 습 문 제

1. 이장발진기에서 전원이 인가되는 순간 Vout=-Vsat으로 동작이 시작되었다고 가정하고 이 회로의 동작을 설명하라. 또 Vout과 Vc파형을 그려라.

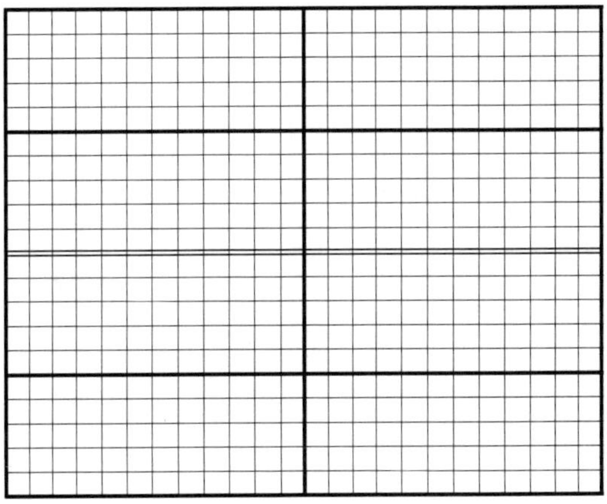

2. 이장발진기의 주기를 구하는 식이 (8-32)식이다. 이를 유도하라.

3. 이상발신기와 직분기가 조합된 그림 8-40 회로의 동작을 설명하라.

4. 반전슈미터트리거와 적분기가 조합된 삼각파발생회로의 회로를 그리고 동작을 설명하라.

5. 자기시동 윈 브릿지발진기의 동작에 대해 설명하라.

6. 윈 브릿지발진기의 귀환회로의 위상각에 대해 설명하라.

9장

555 타이머

실험 9-1. 555 타이머 IC의 기본동작
실험 9-2. 555 비안정 멀티바이브레이터
실험 9-3. 전압제어 발진회로(펄스위치변조회로)
실험 9-4. 555 톱니파 발생회로

실험 9-1 555 타이머 IC의 기본동작

1 실험목적

555 타이머 IC의 입력단자기능과 기본동작에 대해 알아본다.

2 관련이론

2-1. 내부구조와 패키지

555 타이머 IC는 타이밍을 위한 회로부와 외부저항이나 커패시터를 사용하여 구형펄스를 발생시키기 위한 부가 포함되는데 그림 9-1에서 보다시피 세 개의 저항으로 구성된 **전압분배기**, 두개의 **비교기**, **R-S 플립-플롭**, **방전용 트랜지스터** 및 **토템 폴(totem-pole)구조**로 구성된 출력단과 같은 다섯부로 구성되고 있다. 이것은 일반적으로 클럭발생과 같은 발진기나 톱니파, 삼각파등의 함수발생기로도 사용한다. 그림 9-2에는 555 타이머 IC의 NFE패키지와 그 핀의 위치및 명칭을 나타내었다.

2-2. 기본동작

그림 9-3에 기능적인 다이어그램을 나타내었다. 세개의 5kΩ저항은 IC내부에서 +Vcc와 접지간에 전압분배기를 구성한다. 두 비교기의 입력기준전압 설정에 이 전압분배기가 사용된다. 비교기의 출력은 R-S 플립-플롭의 동작을 제어한다. 플립-플롭의 출력 $\overline{Q}$는 반전기 쪽으로 들어가 트랜지스터 Q_2의 전도 · 차단을 제어한다. 이 트랜지스터는 source트랜지스터처럼 동작하고 핀3의 출력과 전압원(+V_{CC})에 접속된다. R-S 플립-플롭에서의 또 다른 출력선은 트랜지스터 Q_3의 동작을 제어한다. 이 트랜지스터는 sink처럼 동작하고 출력핀과 핀1의 접지에 접속된다. 이들 트랜지스터 중 하나만은 single time에서 on 될 수 있어 이를 **토템 폴(totem-pole)출력**이라 한다. 예를 들어 만일 Q_2가 전도되면 Q_3는 차단되고 그 역도 성립한다. R-S플립-플롭에서의 출력은 또한 Q_1의 동작을 제어하고 핀 7의 타이밍시켄서로 사용된 외부커패시터의 방전에 사용된다. 핀 6(스레스홀드)과 핀 2(트리거)는 외부 RC타이밍성분으로 사용된다. 핀 4는 외부적으로 플립-플롭의 리세트에 사용되고 사용하지 않을때는 +V_{CC}에 접속한다. 핀 5는 비교기 1의 기준전압을 외부적으로 조절하고저 할 때 사용된

다. 핀 5를 사용하지 않을 때는 0.01㎌의 커패시터를 거쳐 접지시켜 둔다. 이는 잡음과 공급전원전압 리플을 접지로 바이패스시키므로 비교기 1의 기준전압에 미치는 영향을 감소시킨다. 아래에 555타이머 IC의 기본동작에 대해 요약한다.

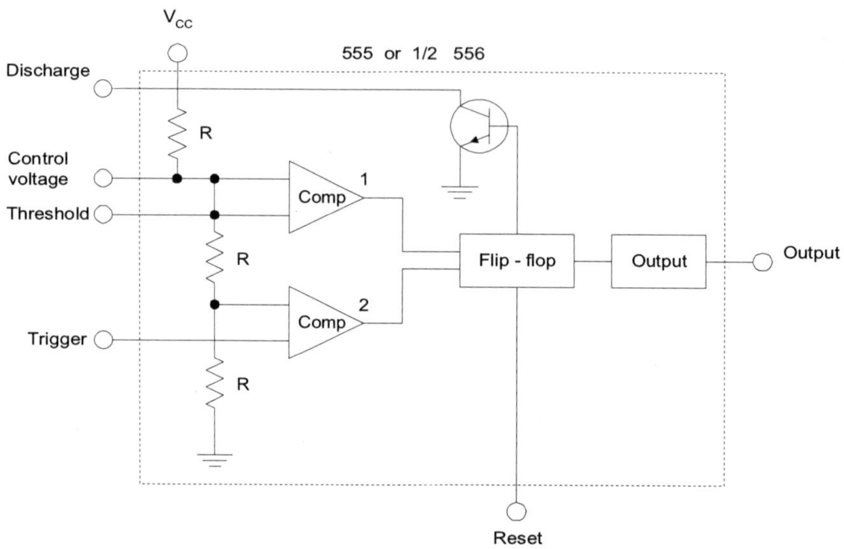

[그림 9-1] 555 타이머 IC의 내부구조 계통도

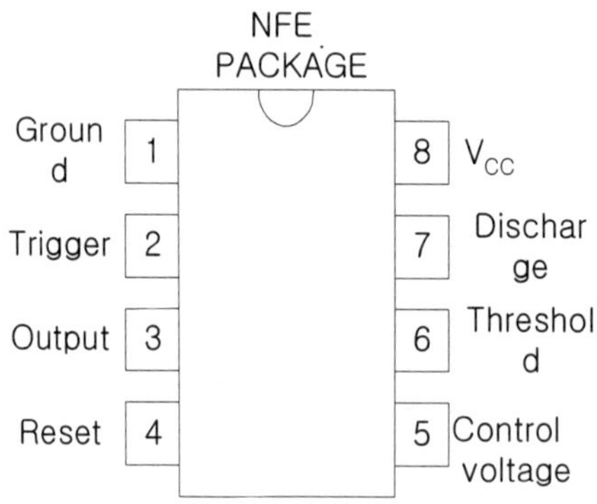

[그림 9-2] 패키지

1) 비교기 1의 기준전압은 $2/3V_{CC}$에 세트된다. 핀 6(스레스홀드)에 기준전압값 이하의 다른 입력이 주어질때 비교기의 출력은 저(low) 또는 0이 되고 플립-플롭을 리세트할 수 없다. 플립-플롭이 on이라고 가정하면 그 출력은 저(low) 또는 0상태가 되고 Q_1, Q_3는

차단되나 반전기때문에 Q_2의 베이스는 고(high) 또는 1의 상태가 된다. 이 트랜지스터는 전도되고 출력(핀3)이 $+V_{CC}$ 또는 고(high)상태가 된다.

2) 핀 6의 전압이 $2/3V_{CC}$에 도달할 때 비교기 1의 출력은 고(high) 또는 1의 상태가 되고 플립-플롭을 리세트(차단)시키고 $\overline{Q}$출력은 고(high) 또는 1의 상태에 들어간다. 이때 Q_1과 Q_3는 전도되고 Q_2는 차단된다. Q_3를 통해 접속된 출력은 접지 또는 저(low)의 상태가 된다.
3) 비교기 2의 기준전압은 $1/3V_{CC}$에 세트된다. 만일 핀 2(트리거)에 기준전압 이상의 다른 입력이 주어지면 비교기의 출력은 저(low) 또는 0이 되고 플립-플롭은 세트(전도)되지 않을 것이다.

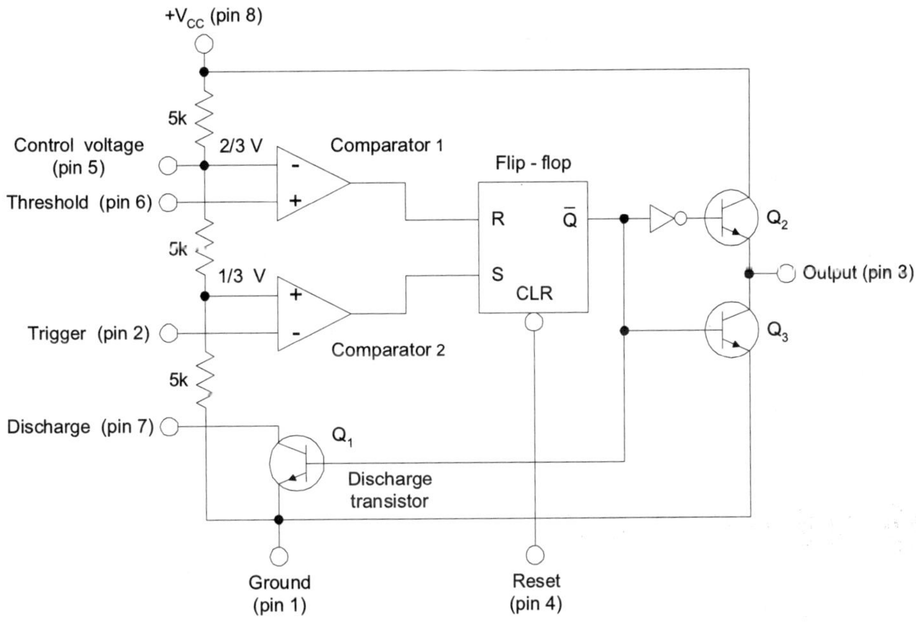

[그림 9-3] 555의 기능적인 회로 계통도

4) 핀2의 전압이 $1/3V_{CC}$로 떨어지면 비교기 2의 출력은 고(high) 또는 1의 상태가 되고 플립-플롭은 세트(전도)되고 $\overline{Q}$출력은 저(low) 또는 0상태가 된다. 이때 Q_1과 Q_3는 차단되고 Q_2는 전도된다. 다시 555의 출력에는 $+V_{CC}$ 또는 고(high)상태가 주어지고 Q_1이 차단되어 외부커패시터가 $+V_{CC}$를 향해 충전해 간다. 그리고 이 동작은 반복된다.

2-3. 555타이머의 출력단

그림 9-4에 트랜지스터 Q_2와 Q_3로 구성된 **555 타이머의 출력단**을 나타내었다. 같은 시간에 두 트랜지스터중 하나만이 동작한다. Q_2는 전도되고 Q_3가 차단되었을 때 출력은 그림 9-4(a)처럼 전도시 트랜지스터의 저항인 10Ω을 통해 +Vcc에 접속된다. Q_3는 전도되고 Q_2가 차단되었을 때 출력은 그림 9-4(b)와 같이 전도시 트랜지스터의 저항인 10Ω을 통해 접지로 접속된다. 만일 출력이 고(high)라면 Q_2는 전류흐름에 대해 **전류원(source)**처럼 동작하고 만일 출력이 저(low)라면 전류흐름에 대해 **전류싱크(sink)**처럼 동작한다.

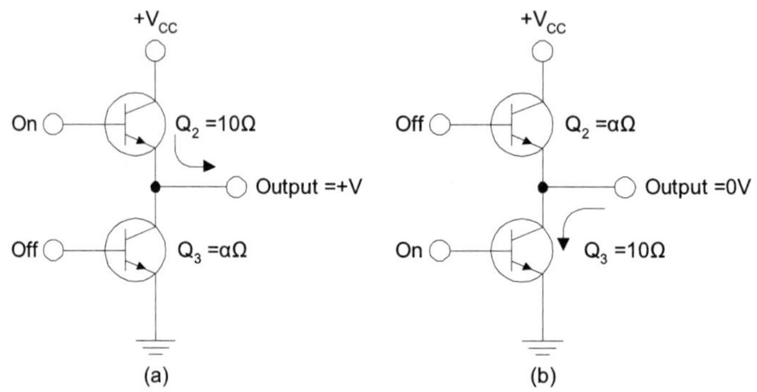

[그림 9-4] 토템 폴(Totem-pole)출력단의 동작 (a) 전류원(Source) (b) 전류싱크(Sink)

3 사용기기 및 부품

1) 전원공급장치 : + 9 [V]
2) V.O.M(전압계)
3) 타이머 IC : 555
4) 저항 : 10 [KΩ] (0.5W)
5) 커패시터 : 0.01[μF], 0.1[μF] (25WV)
6) 스위치 : SPDT
7) 브레드보오드

4 실험순서

1) 그림 9-5회로를 구성하라.
2) S_2를 개방 · 단락해 보면서 출력단자(핀 3)가 저(low)가 됨을 확인하라.
3) 표 9-1의 제 1 열과 같이 S_1, S_2를 접속시킨 후 출력전압을 측정하여 그 값을 기록하라.
4) 순간적으로 S_1을 위치 B로 단락시킨 후 위치 A로 옮겨라.
5) 출력전압을 측정하고, 표 9-1의 제 2 열에 그 값을 기록하라.
6) 순간적으로 S_2를 위치 B로 단락시킨 후 위치 A로 옮겨라.
7) 출력전압을 측정하고, 표 9-1의 제 3 열에 그 값을 기록하라.

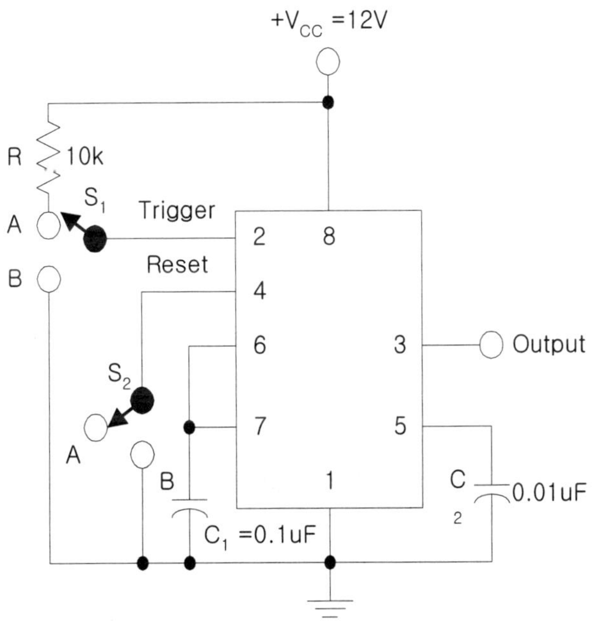

[그림 9-5] 555 타이머의 기본동작 회로도

실험 결과보고서

교 과 목 명		조 편 성	
실 험 제 목		공동실험자	
담 당 교 수		학 번	
실 험 일 자	년 월 일(요일)	이 름	

1)~7)

[표 9-1] 데이터 작성표

S_1의 위치	S_2의 위치	출력전압	비 고
A	A		트리거 전
A→B→A	A		트리거
A	A→B→A		리셋트

실험 후 검토

연 습 문 제

1. 표 9-1을 보고 스위치(S_1)의 동작시간에 따른 출력전압의 타이밍 차트를 그려라.

2. 555 IC의 외부 트리거입력단의 전압이 1/3V_{cc}가 되었을 때와 외부 스레스홀드입력단의 전압이 2/3V_{cc}가 되었을 때 IC 내부의 동작과 출력단전압에 대해 설명하라.

3. 555 IC의 출력측에 부하를 접속하는 방법은 1) +Vcc와 출력단사이, 2) 접지와 출력단 사이의 두 가지 방법이 있다. 각각에 대해 출력이 저(low)일 때와 고(high)일 때의 부하전류의 흐름을 설명하라.

실험 9-2 555 비안정멀티바이브레이터

1 실험목적

비안정멀티바이브레이터의 동작을 알아보고 출력주파수와 듀티사이클을 계산하는 방법을 알아본다.

2 관련이론

비안정멀티바이브레이터(astable multivibrator)는 흔히 디지털시스템에서의 클럭으로 표현되는데 안정한 상태를 전혀 가지지 않고 두 상태를 연속적으로 스위치하면서 날카로운 구형파 출력신호를 발생시킨다. 그림 9-6에 동작개념의 블록다이어그램을 나타내었다.

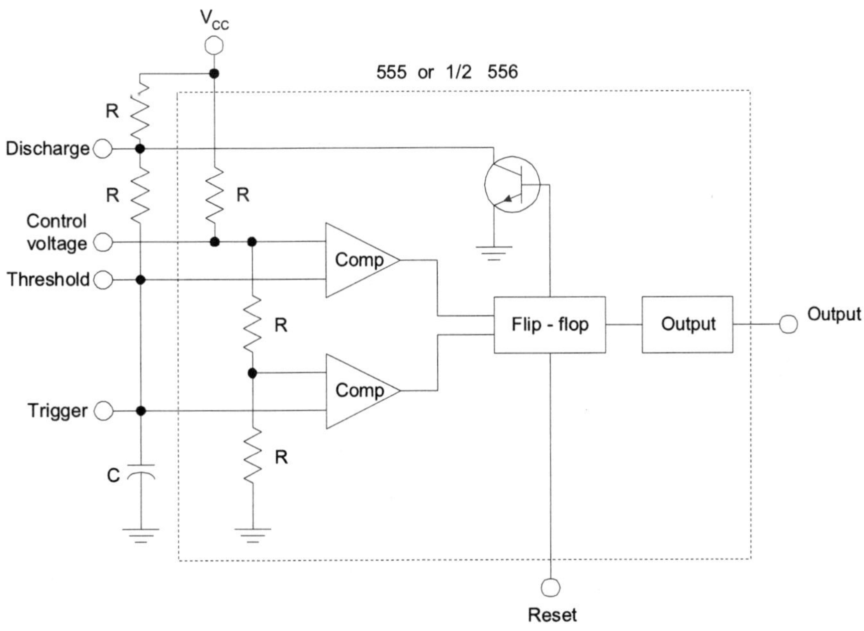

[그림 9-6] 비안정 멀티바이브레이터

555 타이머는 매우 안정한 출력주파수를 제공하는 비안정멀티바이브레이터로 사용할 수 있다. 이 때에는 세개의 외부소자를 사용하는데 두개의 저항(R_A와 R_B)과 하나의 커패시터(C)이다. 저항 R_A는 +Vcc에서 방전단자(핀 7)사이에 접속하고, R_B는 방전단자(핀 7)에서 스레스홀드단자(핀 6)사이에 접속한다. 커패시터는 접지에서 트리거단자(핀 2)사이에 접속하고 트리거단자(핀 2)와 스레스홀드단자(핀 6)는 직접 접속한다. 회로에 전원이 인가되면 커패시터 양단전압은 0에서 시작하여 충전된다. 이 충전전압이 $+1/3V_{CC}$가 되면 비교기 2가 동작하고 플립-플롭을 리세트(Reset)시켜 출력은 고(high)가 되게 되고 이때 방전트랜지스터는 차단되므로 R_A와 R_B를 통해 커패시터는 $+V_{CC}$를 향해 충전해 간다. 커패시터 양단전압이 $+2/3 V_{CC}$에 도달하면 비교기 1이 동작하여 플립-플롭은 세트(Set)되고 출력은 저(low)가 된다. 이때 타이밍커패시터의 전압은 R_B를 통해 방전트랜지스터의 접지로 방전해 간다. 다시 커패시터의 양단전압이 $+1/3V_{CC}$로 떨어지면 출력은 고(high)가 되고 한 사이클이 끝나게 된다. 이 동작은 스스로 계속 반복된다. 이 상태를 그림 9-7에 나타내었다. 출력전압이 고(high)가 되는 시간길이인 t_H는

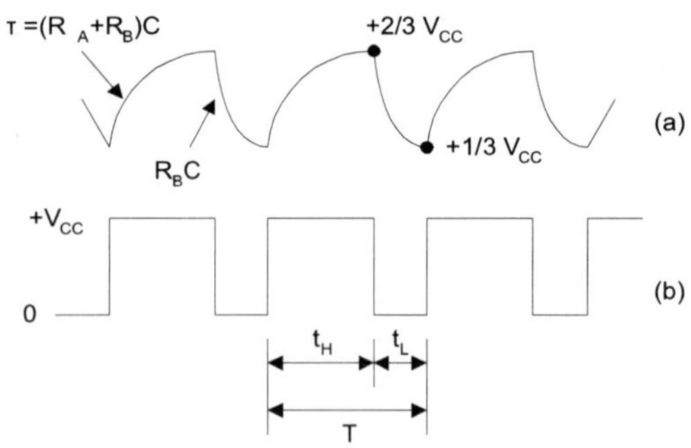

[그림 9-7] 각부의 파형 (a)커패시터전압 (b)출력전압

$$t_H = 0.693(R_A + R_B)C \quad (9-1)$$

가 되는데 이 시간길이를 펄스의 폭(W)이라고도 한다. 저(low)가 되는 시간길이인 t_L은

$$t_L = 0.693 R_B C \quad (9-2)$$

이다. 따라서 출력파형의 **주기** T는

$$T = t_H + t_L = 0.693(R_A + 2R_B)C \quad (9-3)$$

가 되고, **발진주파수**

$$f = \frac{1}{T} = \frac{1.44}{(R_A + 2R_B)C} \quad (9-4)$$

가 된다.

소자의 **듀티사이클**(duty cycle)은 그 소자의 동작시간을 나타내 주는데 일반적으로 출력파형의 주기 T에 대한 출력이 고(high)일 때의 시간비로 나타낸다.

$$D(\%) = \frac{t_H}{T} \times 100 = \frac{R_A + R_B}{R_A + 2R_B} \times 100 \qquad (9-5)$$

커패시터의 충전은 R_A와 R_B를 통해 주어지나 방전은 R_B만을 통하므로 듀티사이클은 결코 50%이하가 될 수 없다. 그러나 R_B양단에 애노우드를 방전단자(핀7)에 , 캐소우드를 스레스홀드단자(핀6)로 하는 다이오드를 접속하면 듀티사이클은 약 50%에서 95%까지도 확대할 수 있다. 만일 듀티사이클을 50%로 할려면 다이오드특성이 이상적일 때 R_A와 R_B를 같은 값을 사용하면 가능해진다.

3 사용기기 및 부품

1) 전원공급장치 : +5V
2) V.O.M(전압계)
3) 오실로스코우프
4) 타이머 IC : 555
5) 저항 : 2.2[KΩ], 10[KΩ]×2, 22[KΩ]×2 (0.5W)
6) 커패시터 : 0.01[μF], 0.05[μF], 0.1[μF], 0.2[μF], (25WV)
7) 다이오드 : 1N4002
8) 브레드보오드

4 실험순서

1) 표 9-2의 제 1 열에 주어진 R_A, R_B및 C_1의 값을 사용하여 그림 9-8의 회로를 구성하라(이 때 다이오드 D1은 접속하지 말 것).
2) f_{out}을 계산하고 표에 기록하라.
3) 출력단자(핀 3)에 오실로스코우프를 사용하여 f_{out}을 측정하고 표 9-2에 기록하라.
4) 출력전압파형을 그래프용지에 그리고 피이크-피이크전압을 측정하여 표 9-2에 기록하라.
5) R_A와 R_B의 값을 사용하여 듀티사이클을 계산하고 표 9-2에 기록하라.
6) 표 9-2에 주어진 나머지 R_A, R_B와 C_1을 사용하여 과정2)에서 5)를 반복하라.
7) 그림 9-8에 R_A=10[KΩ], R_B=10[KΩ]및 C_1=0.1[μF]를 사용하고 R_B양단에 그림과 같이 다이오드를 접속하라. R_A=R_B이고 다이오드가 접속되었기 때문에 출력주파수는 다음 식으로 계산할 수 있다. 계산된 f_{out}을 기록하라.

$$[f_{out} = \frac{1.44}{2\ R_A C}\ ]$$

8) 오실로스코프로 출력파형을 관측하여 그리고 f_{out}을 측정해서 듀티사이클이 50%가 되는지를 확인하라. 만일 50%가 되지 않는다면 그 이유는 무엇일까?

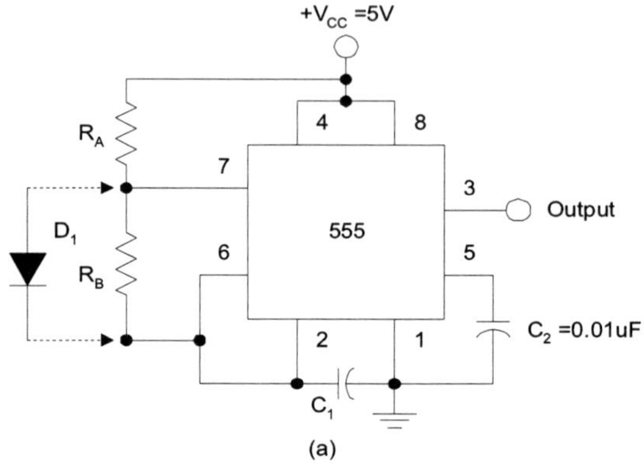

[그림 9-8] 555 비안정(클럭)멀티바이브레이터

실험 결과보고서

교과목명	
실험제목	
담당교수	
실험일자	년 월 일(요일)

조편성	
공동실험자	
학번	
이름	

1)~6)

[표 9-3] 데이터 작성표

R_A 〔Ω〕	R_B 〔Ω〕	C_1 〔μF〕	$f_{out}=\frac{1.44}{(R_A+2R_B)C}$ 계산치〔Hz〕	f_{out} 측정치〔Hz〕	출력파형(Vp-p)	$D=\frac{R_A+R_B}{R_A+2R_B}$
22〔K〕	10〔K〕	0.1				
22〔K〕	10〔K〕	0.05				
22〔K〕	10〔K〕	0.2				
22〔K〕	2.2〔K〕	0.1				
10〔K〕	10〔K〕	0.1				

4)

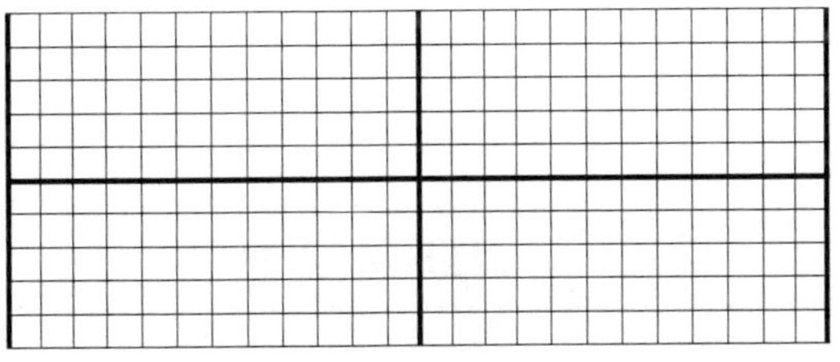

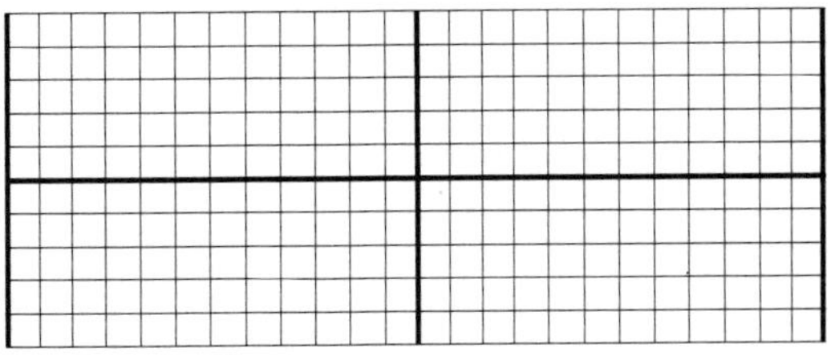

6)

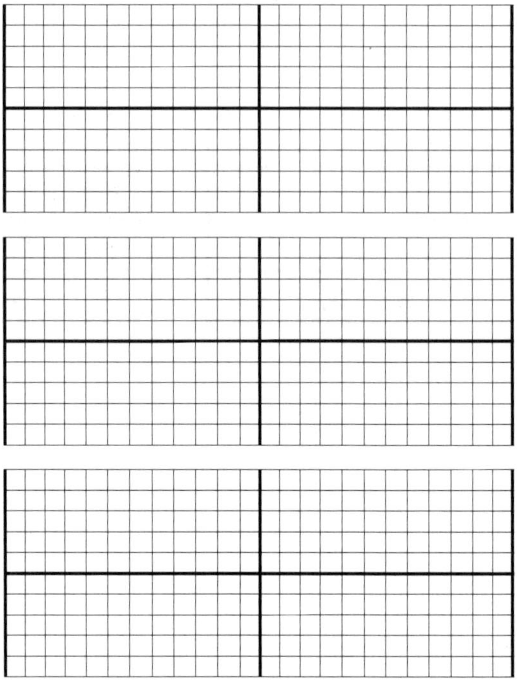

7)

[f_{out}= Hz]

8) [이유:]

실험 후 검토

연 습 문 제

1. 표 9-2의 우측에 출력주파수의 계산치와 측정치의 오차를 계산하여 기록하라.

2. 비안정멀티바이브레이터의 동작을 정성적으로 설명하라.

3. 출력파형의 주파수를 계산하는 식을 유도하라.

4. 듀티사이클이 50%가 되도록 하려면 회로구성을 어떻게 하면 되는가?

실험 9-3 전압제어 발진회로(펄스위치변조회로)

1 실험목적

제어전압단자에 공급전압이 아닌 다른 전압을 인가하므로서 555타이머의 출력전압파형의 펄스폭이 어떻게 변화되는지에 대해 알아본다.

2 관련이론

그림 9-9(a)에 **전압제어발진기**(volt- age controlled osc. ; VCO)를 나타내었다. 제어전압단자(핀5)가 인가 전원에 접속되어 있으므로 가변저항을 조절하여 기준전압을 변화시킬 수가 있다. 그림 9-9(b)에 타이밍커패시터를 통해 나타나는 전압을 표현했는데 $+V_{CON}/2$과 $+V_{CON}$ 사이에서 변화한다. 만일 V_{CON}을 증가시키면 커패시터의 충방전에 더 많은 시간이 걸리므로 출력파형의 주파수가 감소하고 V_{CON}을 감소시키면 주파수가 증가한다. 다시말해 이 회로는 제어전압단자의 가변저항을 변화시키면 기준전압이 변화하여 출력파형의 주파수(펄스의 폭)는 변화시킬 수가 있다. 따라서 이 회로는 입력전압이 출력주파수를 변화시킬 수 있기 때문에 **전압-주파수 변환기**(voltage-frequency converter)라고 부르기도 한다. 참고로 이 회로의 펄스폭(W)는

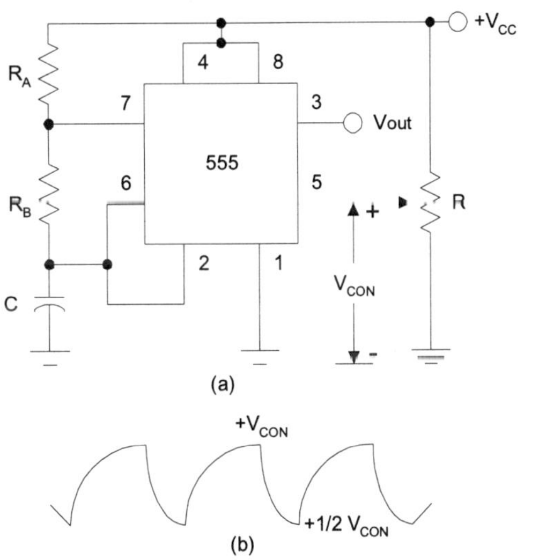

[그림 9-9] (a)전압제어발진기
(b)커패시터파형

$$W(t_H) = -(R_A + R_B)C\ln\frac{V_{CC} - V_{CON}}{V_{CC} - 0.5V_{CON}} \qquad (9-6)$$

이고, **주기** T는

$$T = W + 0.693 R_B C \tag{9-7}$$

따라서 주파수는

$$f = \frac{1}{W + 0.693 R_B C} \tag{9-8}$$

이다. 또한 듀티사이클(D)은

$$D = \frac{W}{T} \tag{9-9}$$

이다.

애노우드가 핀 7에 캐소우드가 핀 6에 접속되도록 다이오드를 삽입하면 특정주파수에서 발진되도록 구성할 수도 있다. 다음 그림 9-10(a)처럼 제어전압단자에 교류전압을 인가하면 이 전압에 따라서 펄스의 폭은 변화되지 않으나 **주파수변조**와 같은 위치의 변화가 발생된다.

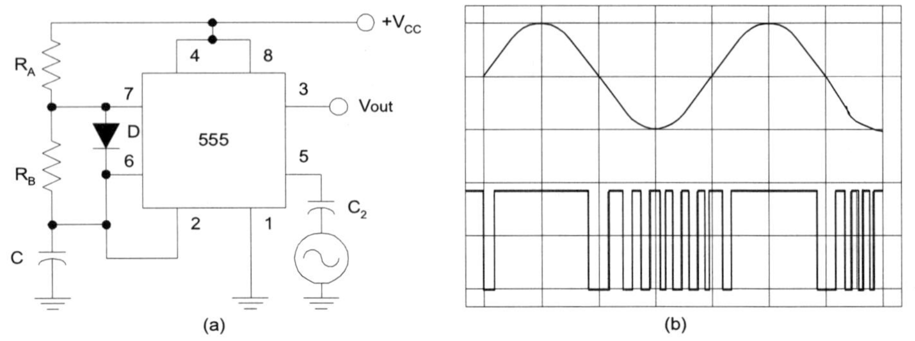

[그림 9-10] (a)펄스 위치변조 ; (b)파형

3 사용기기 및 부품

1) 전원공급장치 : + 15 [V]
2) V.O.M(전압계)
3) 오실로스코우프(2현상)
4) 정현파발생기
5) 타이머 IC : 555

6) 다이오드 : 1N4002
7) 저항: 1[KΩ], 10[KΩ] (0.5W)
8) 선형전위차계 : 10[KΩ]
9) 커패시터 : 0.1[μF] (25WV)
10) 브레드보오드

4 실험순서

1) 그림 9-11(a)의 회로를 구성하라.
2) 555타이머 출력단자(핀 3)에 오실로스코우프를 접속하라. 또 오실로스코우프의 외부트리거 (external trigger)또는 sync입력에 프로우브(probe)를 접속하라. 오실로스코프의 time/sweep스위치를 외부(external)에 세트하라. 펄스폭이 변화될 때 이 관면 상의 노프를 고정시켜라.
3) Rc의 와이퍼를 접지에 세트하라.
4) Rc를 조정해서 표 9-3의 제 1 열에 표시된 + 2 [V]에 Vcon을 세트하라.
5) 오실로스코우프의 time-base를 표 9-3에 지시한 대로 놓아라.
6) 한 사이클 동안 펄스가 고(high)인 시간을 측정하여 표 9-3에 기록하라.
7) 한 사이클 동안 펄스가 저(low)인 시간을 측정하여 표 9-3에 기록하라.
8) 출력전압의 파형을 그래프용지에 그려라.
9) 표에 주어진 나머지 Vcon의 값에 대해서도 과정 5)~8)을 반복하라.
10) 그림 9-11(b)의 회로를 구성하라.
11) 과정 2)에 주어진 대로 오실로스코우프를 세트하고 time/cm스위치를 0.2ms/cm 또는 0.5ms/cm에 세트하라.
12) 정현파발생기를 300[Hz] ,7[Vp-p]가 되게 조정하고 입출력파형을 그려라.
13) 그림 9-11(c)에 주어진 그래프의 파형과 오실로스코우프의 관측파형을 비교하라. (스레 스홀드전압이 크기 때문에 정현파의 정(+)의 피이크가 출력펄스보다 큼에 주목하라. 정현파의 부(-)의 피이크는 스레스홀드전압을 적게 발생시키고 555타이머는 훨씬 큰 사이클의 시간을 가진다).

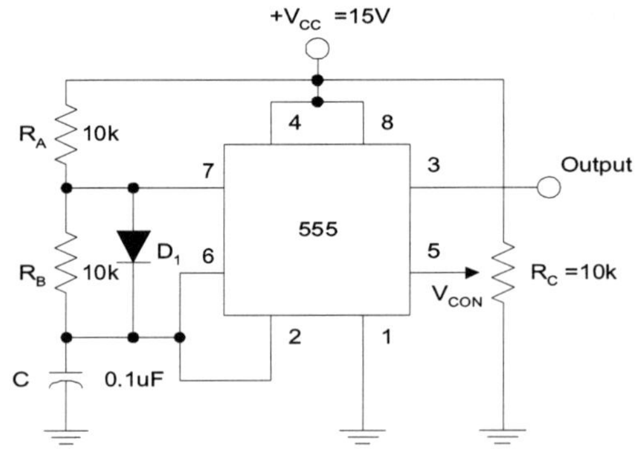

(a)

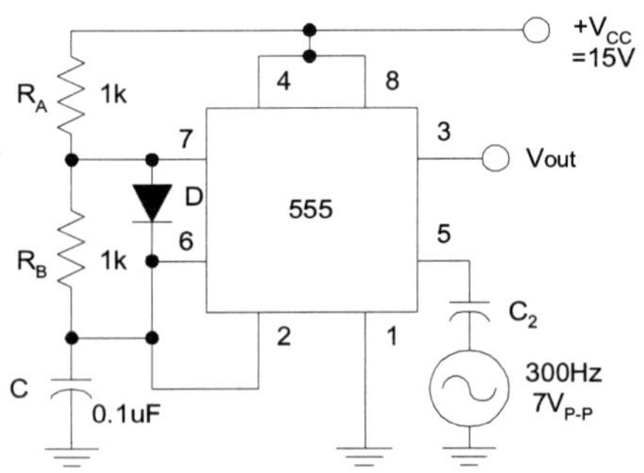

(b)

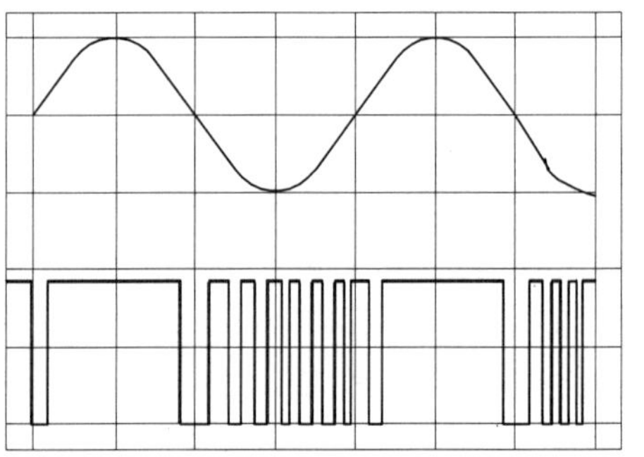

(c)

[그림 9-11] (a) 펄스폭 변조 (b) 펄스위치 변조 (c) 파형

실험 결과보고서

교과목명	
실험제목	
담당교수	
실험일자	년 월 일(요일)

조편성	
공동실험자	
학 번	
이 름	

1)~7)

[표 9-3] 데이터 작성표

V_{MOD} (V)	오실로스코프 time/cm(ms)	t_{high}	t_{low}	출력파형
+ 2	0.2			
+ 5	0.2			
+10	0.5			
+12	0.5			
+14	0.5			
+15	1.0			

8)~9)

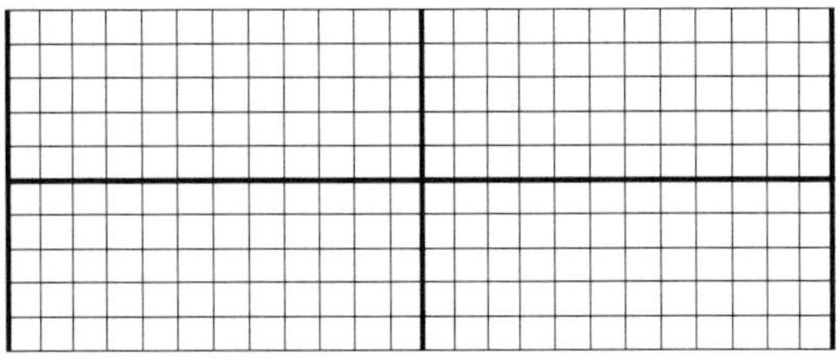

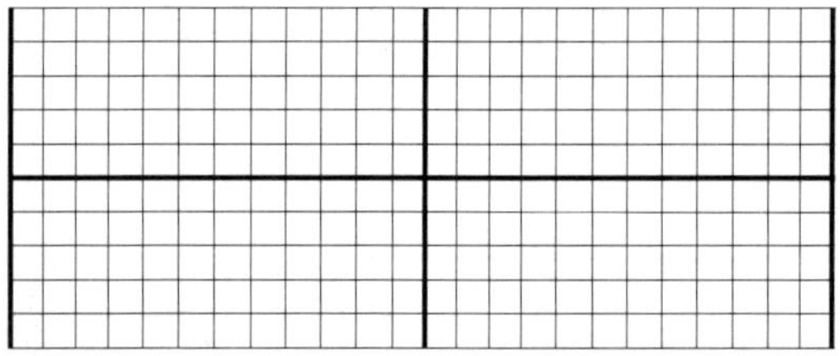

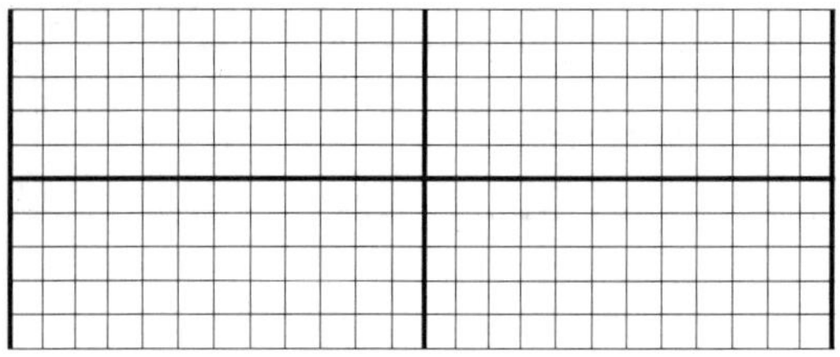

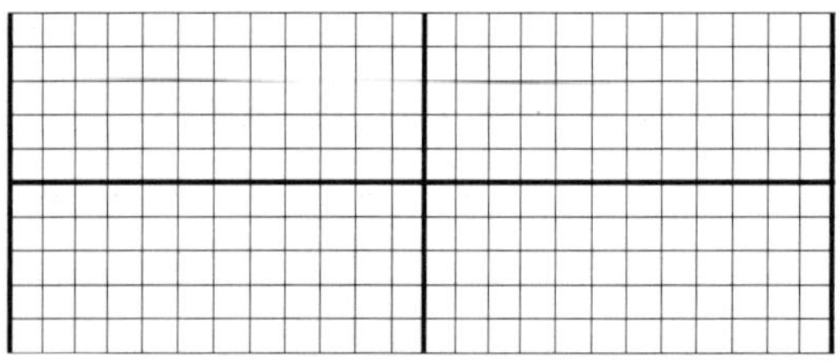

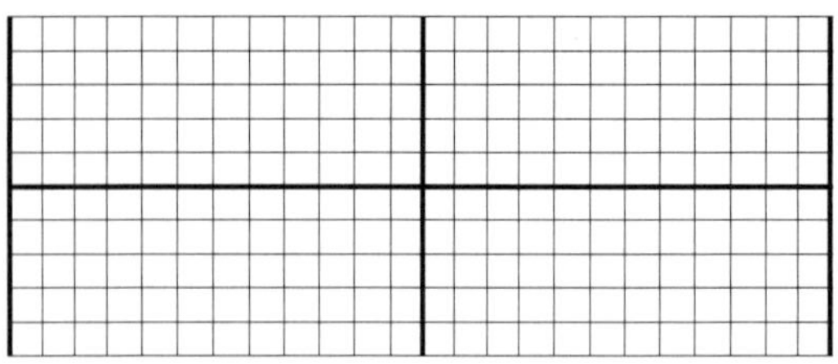

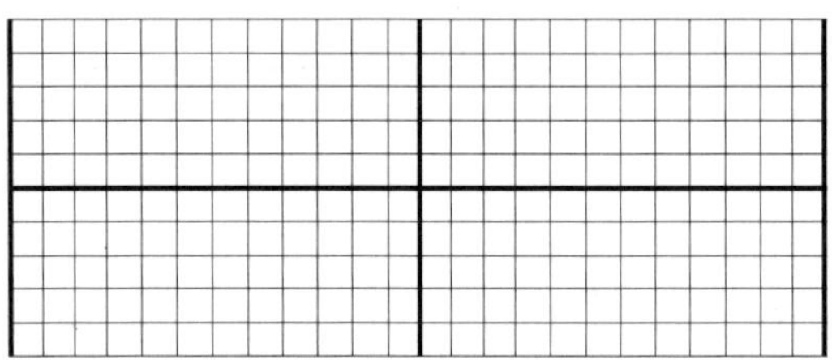

12)

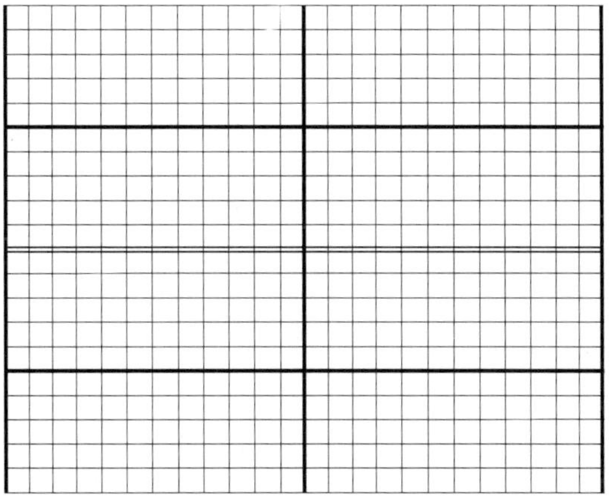

실험 後 검토

연 습 문 제

1. 전압제어 발진회로에서 제어전압은 주로 어떤 것으로부터 얻을 수 있는가?

2. 전압제어 발진기는 궁극적으로 무엇을 변환시켜 무엇을 변환시키고저 할 때 사용하는 회로인가?

3. 그림 9-9에서 Vcc=+12[V], R_A=75[kΩ], R_B=30[kΩ], C=47[μF]이다. V_{CON}이 11[V]일 때 주파수와 듀티사이클은 얼마인가? 또 V_{CON}이 1[V]일 때 주파수와 듀티사이클은 얼마인가?

실험 9-4 555 톱니파 발생회로

1 실험목적

555 타이머를 이용하여 다양한 선형램프기울기를 갖는 톱니파를 발생시켜본다.

2 관련이론

일정한 충전전류는 선형램프형태의 캐패시터 양단전압을 만든다. 그림 9-12(a)의 PNP트랜지스터는 다음과 같은 일정한 충전전류를 흐르게 한다.

$$I_C = \frac{V_{CC} - V_E}{R} \tag{9-10}$$

$$V_E = V_{BE} + \frac{R_2}{R_1 + R_2} V_{CC} \tag{9-11}$$

예를 들면 V_{CC} = 15[V], R=20[kΩ], R_1=5[kΩ], R_2=10[kΩ], V_{BE}=0.7[V]이면, V_E=0.7[V]+10[V]=10.7[V], I_C=(15V−10.7V)/20kΩ=0.215mA 이다.

그림 9-12(a)의 단안정 555 타이머가 트리거되어 동작되면 PNP트랜지스터는 전류원으로서 캐패시터에 충전전류를 흐르게 한다. 이 때 캐패시터 양단전압은 그림 9-12(b)와 같이 선형램프 모양이 된다. 선형램프의 기울기 S는 시간에 따른 증가량으로 정의되고 다음 식으로 표현된다.

$$S = \frac{V}{T} \tag{9-12}$$

여기서 V는 시간 T에서 피크전압값으로, 만약 V=10[V], T=2[mS]이면 기울기 S=10[V]/2[mS] =5[V/mS]가 된다. 즉, 램프의 상승속도는 5[V/mS]라고 할 수 있다.

기본적인 캐패시터의 관계식은 V=Q/C 이므로 양변을 T로 나누면 V/T=(Q·T)/C이고 충전전류가 일정하다면 다음과 같이 간략히 된다.

$$S = \frac{I}{C} \tag{9-13}$$

즉, 충전전류와 케페시터 용량값의 비로 부터 선형램프의 기울기를 추측할 수 있다. 만약 충전전류값이 0.215[mA]이고 용량값이 0.022[μF]이면 기울기 S=0.215[mA]/0.022[μF]=9.77[V/mS]이다.

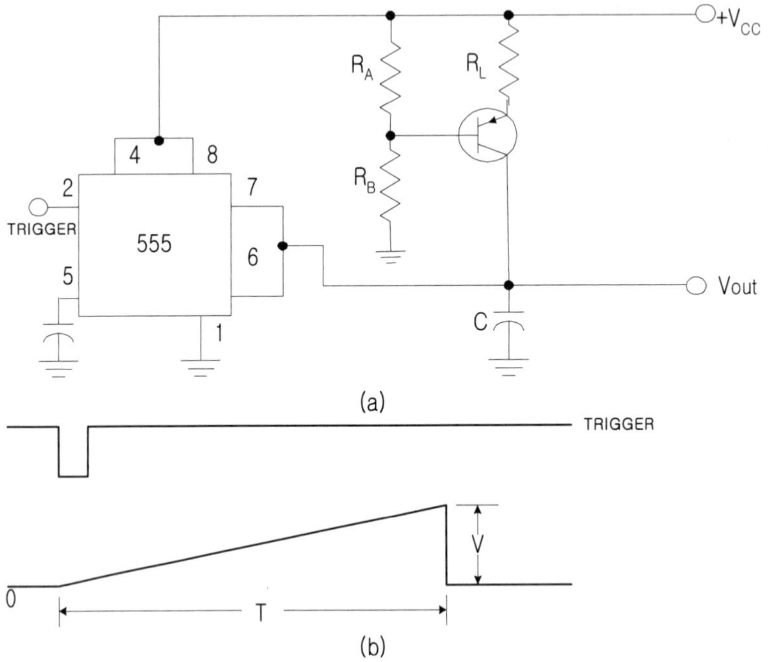

[그림 9-12] (a) 톱니파 발생기 (b) 파형

3 사용기기 및 부품

1) 전원공급장치 : +15[V]
2) V.O.M(전압계)
3) 오실로스코우프(2현상)
4) 정현파발생기
5) 타이머 IC : 555
6) 트랜지스터 : 2N3906
7) op amp. : 741C

8) 저항 : 1[kΩ]×2, 4.7[KΩ], 10[KΩ]×3, 22[KΩ], 33[KΩ], 47[KΩ], 68[KΩ], 100[KΩ] (0.5W)
9) 커패시터 : 0.01[μF]×2 (25WV)
10) 가변저항 : 1[kΩ]
11) 브레드보오드

4 실험순서

1) 그림 9-13의 회로에서 표 9-4에 주어진 각 저항값에 따른 충전전류값을 계산하여 $I_{충전}$ 란에 기록하라.
2) 커패시터 전압의 기울기를 [V/mS]단위로 계산하여 표 9-4의 $S_{계산치}$란에 기록하라.
3) 그림 9-13의 회로에 저항 R=10[kΩ]을 연결하라.
4) 정현파 발생기의 주파수를 1[kHz]로 고정하고, 입력레벨은 슈미트트리거의 출력 듀티 사이클이 90[%]로 되도록 조정하라.
5) 출력전압을 관측하여 톱니파가 발생되는지 살펴보고, 램프전압과 시간간격을 측정하여 기울기를 [V/mS]단위로 결정하여 표 9-4의 $S_{측정치}$란에 기록하라.
6) 표 9-4의 나머지 저항값들에 대해서도 과정 3)~5)를 반복하라.

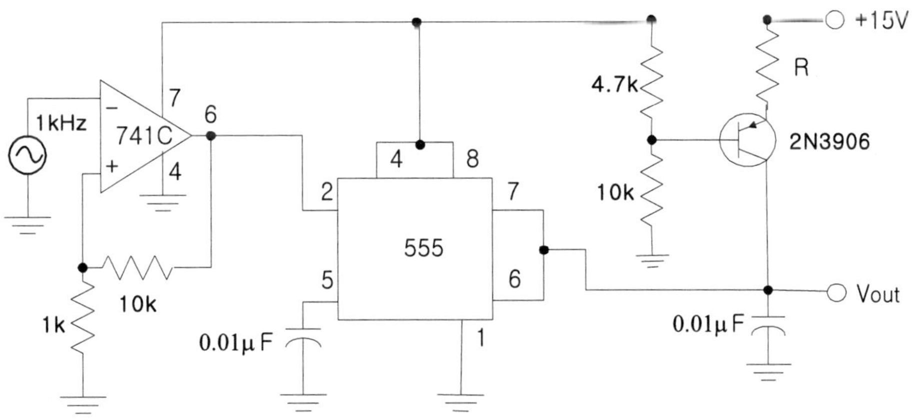

[그림 9-13] 톱니파 발생기

실험 결과보고서

교과목명		조편성	
실험제목		공동실험자	
담당교수		학번	
실험일자	년 월 일(요일)	이름	

1)~6)

[표 9-4] 톱니파 발생기

R 〔$k\Omega$〕	$I_{충전}$ 〔V/mS〕	$S_{계산치}$ 〔V/mS〕	$S_{측정치}$ 〔V/mS〕
10			
22			
33			

실험 후 검토

연 습 문 제

1. 그림 9-13의 출력주파수는 얼마인가?

2. 저항 R이 톱니파에 미치는 영향은 무엇인가?

10장

믹서, 변·복조기, PLL

실험 10-1. 믹서, 변·복조기
실험 10-2. 566 PLL FM(FSK)의 복조기

실험 10-1 믹서, 변·복조기

1 실험목적

믹서에서의 차 주파수 및 바이폴라 진폭변조에 대해 실험을 통해 확인해 본다.

2 관련이론

비선형 왜곡은 고조파(harmonics)를 발생시킨다. 즉 트랜지스터의 V_{BE}가 1[kHz]인 정현파의 경우 그림 10-1의 I_C는 기본주파수 1[kHz]와 고조파인 2[kHz], 3[kHz] 등을 포함하는 왜곡된 정현파가 된다. 일반적으로 f가 기본주파수이면 출력은 f, 2f, 3f, …, nf인 주파수를 포함한다.

믹서(mixer)는 두개의 입력신호와 한개의 출력신호를 갖는 비선형 회로이다. 출력신호는 두 입력신호의 합성으로 왜곡된 그림 10-2에서와 같은 주파수 fx 와 fy의 합성파이다. 비선형왜곡으로 인해서 출력신호는 입력신호 주파수와 고조파성분이 포함된다. 예를 들면 두 입력신호 주파수가 100[kHz]와 101[kHz]이면, 출력신호는 100[kHz], 101[kHz], 200[kHz], 202[kHz], 300[kHz], 303[kHz]의 주파수 등을 포함한다.

발생되는 고조파 이외에도 출력에는 새로운 주파수가 나타나는데 그것은 두 입력신호 주파수의 합과 차이다. 입력신호의 주파수가 f_x와 f_y인 경우, 새로운 주파수는 다음과 같다.

$$\text{합 주파수} = f_x + f_y \tag{10-1}$$

$$\text{차 주파수} = f_x - f_y \tag{10-2}$$

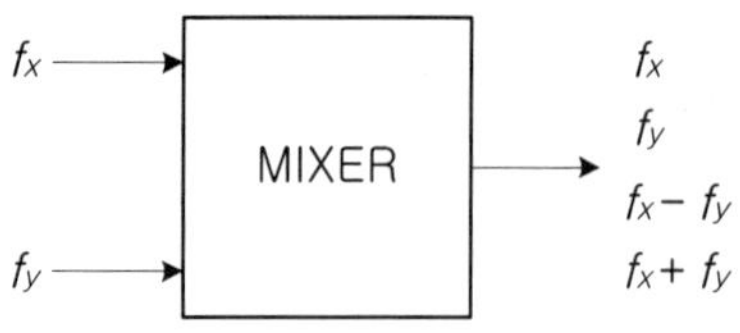

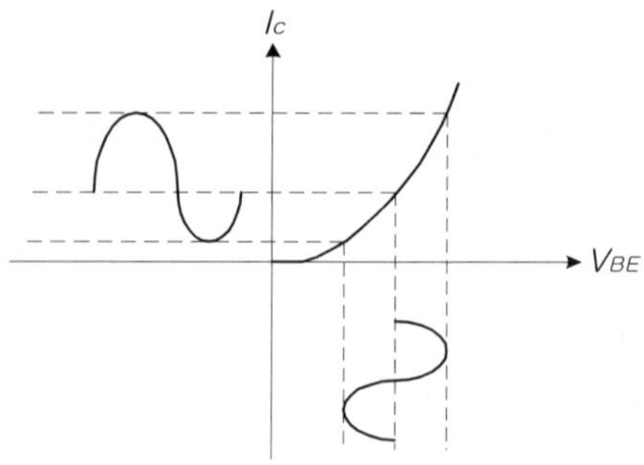

[그림 10-1] 톱니파 발생기

[그림 10-2]기본 주파수와 합 및 차주파수를 발생시키는 믹서

그림 10-3은 트랜지스터 믹서의 한 예이다. 한 신호가 베이스를 구동하고 다른 신호는 에미터를 구동한다. 입력신호 중 하나는 대신호를 사용하며 이는 비선형 동작을 시키기 위해 필요하고 또 다른 입력신호는 보통 소신호이며 이는 보통 안테나로 부터 나오는 미약한 신호이다.

콜렉터의 탱크신호는 대체로 차 주파수에 동조된다. 이 때문에 원래의 두 개 신호와 그들의 고조파 및 합의 주파수는 출력에서 여과되고 차 주파수만이 최종 출력단에 나타난다.

라디오, TV 등의 많은 전자시스템에서는 변조가 반드시 필요하다. 변조는 저주파신호가 고조파신호의 진폭, 주파수 또는 위상을 조정하는 것을 말하는데 저주파신호에 의해 고주파 신호의 진폭을 조정하면 **진폭변조**(amplitude modulation:AM)를 얻는다.

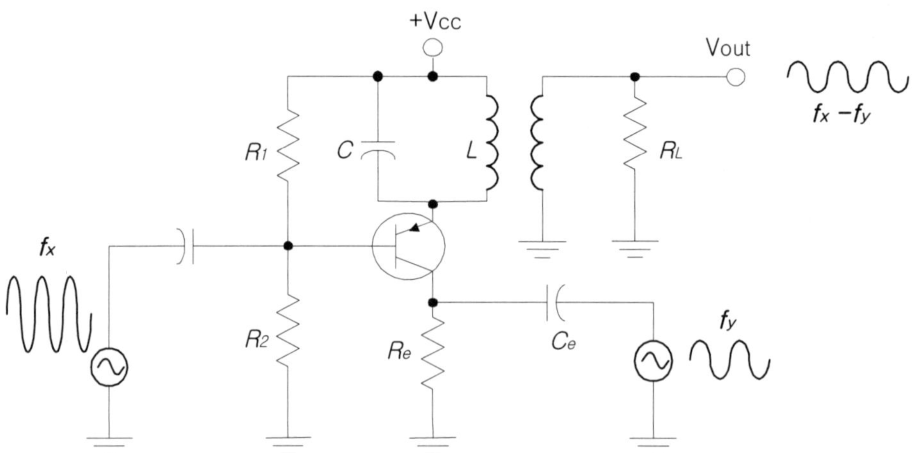

[그림 10-3] 트랜지스터 믹서

그림 10-4(a)는 간단한 변조기이다. 고주파신호 v_x가 전위차계의 입력이므로 출력신호의 진폭은 와이퍼의 위치에 따라 달라지는데 이 위치를 정현파와 같이 변화시키면 그림 10-4(b)의 AM파형을 얻을 수가 있다. 즉, 고주파신호의 진폭은 저주파신호의 변화에 따른다.

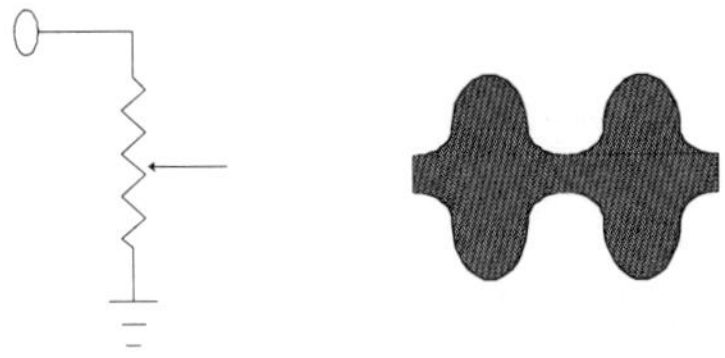

[그림 10-4] (a)전위차계를 이용한 진폭변조
(b) AM 신호 (c) AM 포락선

고주파신호를 **반송파(carrier)**라 하고, 저주파신호를 **변조신호**라고 한다. 변조신호의 한 주기동안 보통 수백번의 반송파주기가 나타난다. 이 때문에 오실로스코우프 상의 AM파형은 그림 10-4(c)와 같다. 반송파는 피크간격이 좁기 때문에 (+)측에 **상위 포락선(upper envelope)**, (−)측에 **하위 포락선(lower envelope)**을 형성한다.

그림 10-5는 트랜지스터 변조기의 일 예이다. 반송파 v_x는 CE증폭기의 입력이다. 이 회로는 반송파를 A배 증폭시켜 출력은 Av_x가 되고 변조신호는 바이어스의 일부이므로 에미터 전류에 저수파변화를 발생시킨다. 전압이득은 에미터전류에 비례하기 때문에 증폭된 반송파 신호는 AM파형처럼 나타난다.

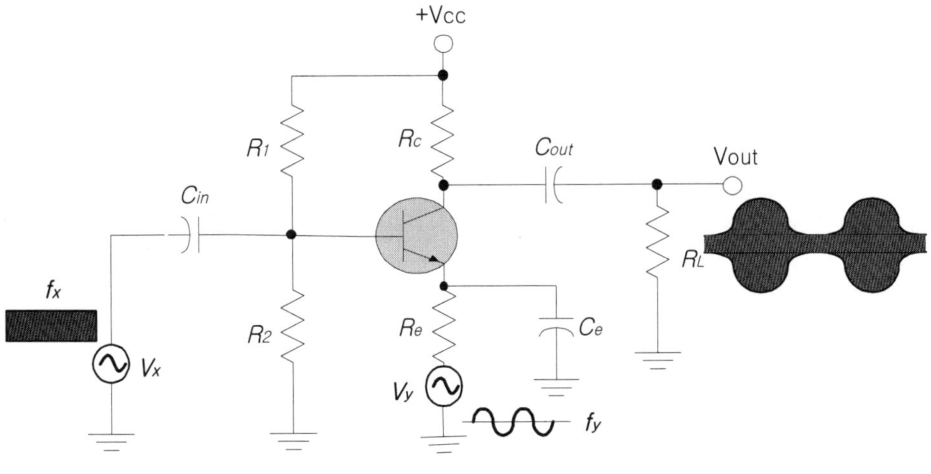

[그림 10-5] 트랜지스터 진폭변조기

그림 10-6(a)에서 AM파형은 피크-피크의 최대값이 $2[V_{max}]$이고 최소값이 $2[V_{min}]$이다. 따라서 변조계수m과 변조율은 다음과 같다.

$$m = \frac{2V_{max} - 2V_{min}}{2V_{max} + 2V_{min}} = \frac{V_{max} - V_{min}}{V_{max} + V_{min}} \qquad (10-3)$$

$$\text{변조율} = m \times 100\% \qquad (10-4)$$

예를 들어 오실로스코우프 상에서 그림 10-6(b)와 같은 AM파형이 관측되었다면 이 파형의 변조계수와 변조율은 다음과 같다.

$$m = \frac{16-4}{16+4} = 0.6, \quad \text{변조율} = 60\%$$

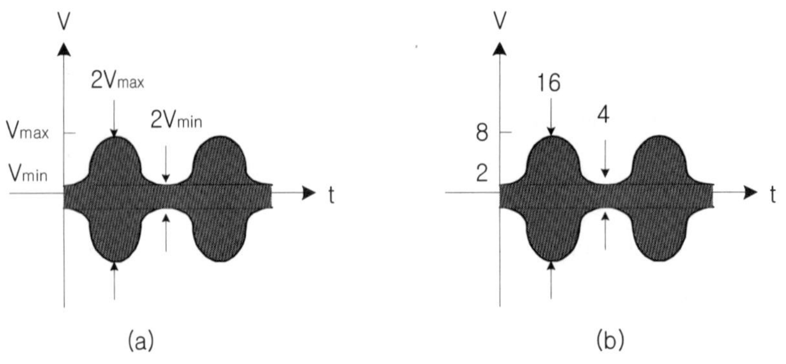

[그림 10-6] AM 신호

그림 10-5와 같은 변조기는 비선형회로이다. 이 때문에 믹서의 경우와 같이 합과 차의 주파수를 얻게 된다. 예를 들어 변조주파수가 1[kHz]이고, 반송주파수가 1[MHz]인 경우 합과 차의 주파수는 다음과 같다.

합 주파수 = 1.001[MHz]
차 주파수 = 999[kHz]

새로운 주파수는 **측면주파수**(side frequency)라 하고 합은 **상위 측면주파수**이고, 차는 **하위 측면주파수**이다.

믹서와 같이 변조기는 두 개의 원래 주파수와 합과 차의 주파수를 발생시킨다. 그러나 믹서와는 달리 그림 10-5의 최종 출력은 반송파와 두 측면주파수를 포함한다.

그리고 AM 방송신호는 540[kHz]~1600[kHz]사이 주파수를 반송파로 사용하며 음성신호에 의해 반송파를 변조하여 AM 신호를 발생시켜 송신안테나를 통해 공중으로 방출한다. 수신측에서는 수신안테나를 통해 변조된 RF신호를 받아 증폭한 후 복조하여 음성을 복원한다.

그림 10-7(a)는 복조기의 일 예인데 기본적으로 이것은 피크검출기이다. 이상적으로 동작한다면 입력신호의 피크가 검출되어 상위 포락선을 복원하므로 **포락선검파기**라고도 부른다. 반송파의 매 주기마다 다이오드가 순간적으로 전도되어 커패시터는 특정 반송파 형태의 피크전압을 충전시킨다. 각 피크에서서는 커패시터가 저항을 통해 방전한다. RC시정수를 반송파의 주기보다 훨씬 크게 하여 각 주기간에 약간의 충전만 되도록 한다. 이러한 방법을 통해 대부분의 반송파가 제거된다. 이 때 출력신호는 그림 10-7(b)와 같이 작은 리플을 가지며 포락선의 차단주파수는

$$f_{y(max)} = \frac{1}{2\pi Rcm} \tag{10-5}$$

이 된다. 여기서 m은 변조율이고 포락선주파수가 $f_{y(max)}$보다 크면 검출된 출력은 20[dB/decade]로 감소한다.

그림 10-7(a)의 출력에 저역통과필터를 부가하면 그림 10-7(b)와 같이 검출된 신호에 남아있는 고주파 리플성분을 제거할 수가 있다.

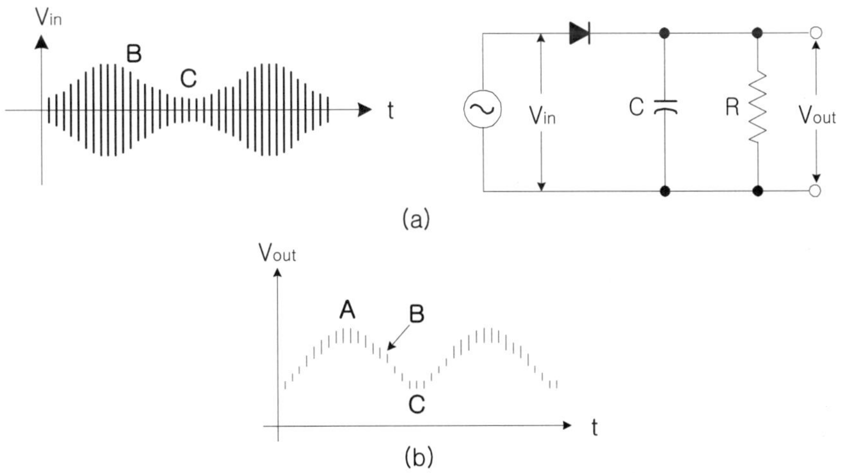

[그림 10-7] (a)포락선 검파기 (b)작은 반송파 리플을 가진 포락선

3 사용기기 및 부품

1) 전원공급장치 : + 15 [V]
2) V.O.M(전압계)
3) 오실로스코우프(2현상)
4) 신호발생기×2 (100[kHz]~500[kHz]), 저주파발생기
5) 다이오드 : 1N914
6) 저항 : 1[KΩ]×3, 4.7[KΩ], 10[KΩ]×4, 22[KΩ], 100[KΩ]×2 (0.5W)
7) 커패시터 : 0.001[μF]×3, 0.01[μF], 0.1[μF]×2, 1.0[μF] (25WV)
8) 트랜지스터 : 2N3904×2
9) 브레드보오드

4 실험순서

1) 그림 10-8의 회로에서 fx=101[kHz]이고 fy=100[kHz]이면 차주파수는 얼마인가? 표 10-1에 기록하라.
2) 그림 10-8의 혼합기 출력은 두 개의 저주파 RC회로에 의해 여과된다. 각 회로의 근사적인 차단주파수는 다음 식으로 주어진다.

$$f_C = \frac{1}{2\pi RC}$$

fc를 계산하여 표 10-1에 기록하라.
3) 그림 10-8의 회로를 구성하라.
4) v_y를"0"으로 낮추고 오실로스코우프를 사용해서 v_x를 0.1[V_{p-p}]로 조정하고 주파수를 101[kHz]로 맞추어라.
5) 다음 v_y를 1[V_{p-p}], 100[kHz]로 맞추어라.
6) 수직감도 0.1[V/div](교류입력)과 스위프시간 0.2[mS/div]으로 최종 출력신호를 관찰하라. 1[kHz] 출력신호를 얻을 때까지 v_x발생기의 주파수를 101[kHz]주변에서 서서히 변화시켜라.
7) 최종 RC필터의 입력인 B점을 관찰하라. 1[kHz]신호의 리플에 유의하라.
8) 첫째단 RC필터의 입력인 A점을 관찰하라. 수직감도 2[V/div]을 사용한다. 여기서 리플의 크기에 주의하라.

9) 그림 10-9(a)에서 측면주파수는 얼마인가? 표 10-1에 기록하라.
10) 그림 10-9(a)의 회로를 구성하라.
11) 신호발생기를 200[Hz]에 맞추고 RF발생기를 500[kHz]로 맞추어라.
12) 신호발생기를 분리하지 않고 0[Hz]까지 줄여라. 0.3[V_{p-p}]의 최종출력 V_{out}을 얻도록 RF신호발생기를 조정하라.
13) 스위프속도는 1[mS/div]으로 하라. 신호발생기의 출력을 증가시키면 진폭변조를 보게 될 것이다.
14) 신호크기를 증감시켜서 변조율이 어떻게 변하는지 관찰하라.

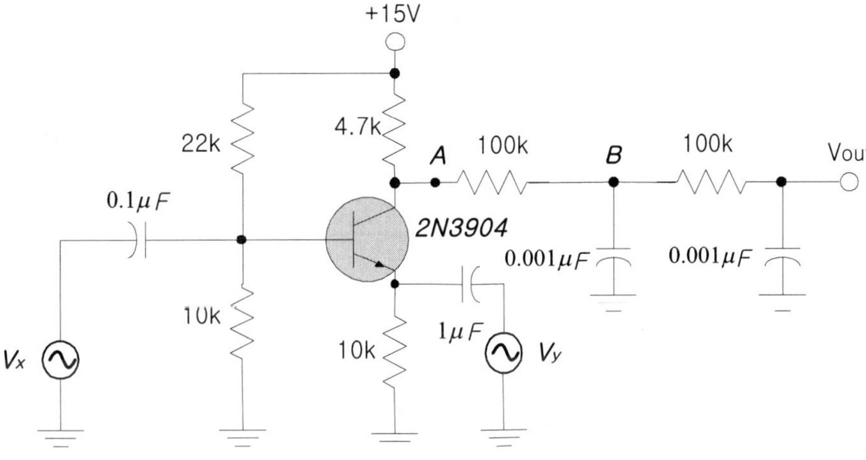

[그림 10-8] 혼합기 실험회로

15) 그림 10-9(b)의 포락선 검파기가 감쇄 없이 100[%] 변조할 수 있는 최고 주파수를 찾아 표 10-1에 기록하라.
16) 그림 10-9(a)의 진폭변조기 출력을 그림 10-9(b)의 회로에 연결하라.
17) 오실로스코우프를 사용하여 포락선 검파기의 입력(그림 10-9(b)의 아래쪽 저항(1[kΩ]))을 관찰하라. 변조율이 100[%]가 되도록 조정하라.
18) 포락선 검파기의 출력을 관찰하라. 음성대역신호가 나타나야 한다.
19) 신호발생기의 주파수를 변화시키면 포락선 검파기의 출력에 어떤 변화가 일어나는지 관찰하라.

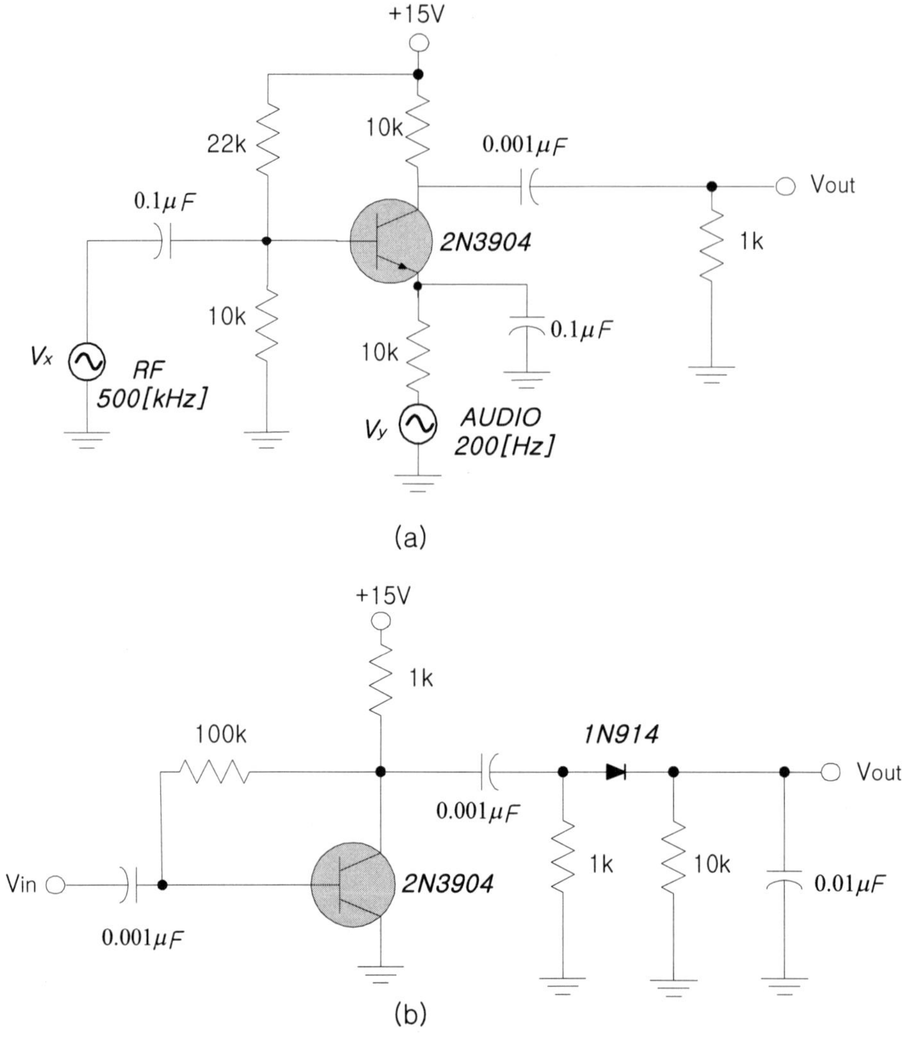

[그림 10-9] (a) 진폭변조기 (b) 포락선 검파기

실험 결과보고서

교과목명		조편성	
실험제목		공동실험자	
담당교수		학 번	
실험일자	년 월 일(요일)	이 름	

1) ~19)

[표 10-1] 데이터 작성표

과 정	주 파 수	과 정	관 찰 결 과
1)	$f_x - f_y =$	7)	
2)	$f_c =$	8)	
9)	상위측면주파수= 하위측면주파수=	14)	
15)	$f_{y(}\text{max}) =$	18),19)	

실험 후 검토

연 습 문 제

1. 출력에서 기본주파수(100[kHz]와 101[kHz])가 나타나지 않는 이유는 무엇인가?

2. 그림 10-9(a)에서 포락선의 주파수는 얼마인가?

3. 그림 10-9(a)에서 음성 신호주파수가 변할 때 그림 10-9(b)의 포락선 검파기의 주파수가 바뀌는 이유를 설명하라.

실험 10-2 566 PLL FM(FSK)의 복조기

1 실험목적

위상동기루프(PLL : Phase-Locked Loop)를 FM(FSK)의 복조기로 사용하여 그 동작을 이해한다.

2 관련이론

중요한 정보가 담긴 아나로그 또는 디지털 신호를 그대로 채널로 전송할 경우 왜곡이 크게 발생하여 수신측에서는 제대로 그 정보를 뽑아내기 어렵게 된다. 이러한 이유로 여러가지 변조를 하게 되며 흔히 사용되는 방법 중의 하나가 FM(FSK)이다. 여기서는 그림 10-10과 같은 FM(FSK) 변복조과정에서 위상동기루프(PLL: Phase-Locked Loop)를 복조기로 사용하는 회로의 동작을 알아보기로 하자.

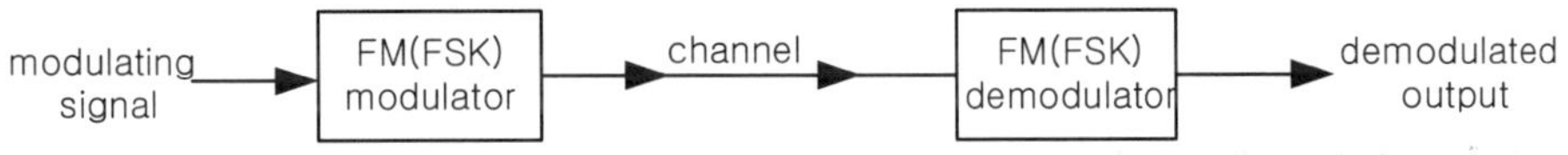

[그림 10-10] FM(FSK)의 변복조 과정

FM(FSK)복조기로서의 PLL회로는 앞 장에서 구성 실험한 회로를 그대로 사용하면 된다. 따라서 이 후에는 실험에서 FM(FSK)신호를 직접 발생시킬 수 있도록 565 IC를 사용한 간단한 FM(FSK)변복조에 관해 알아본다. 566 IC는 조정전압에 따라 직선적으로 출력주파수가 변화하는 범용의 VCO이다. 그림 10-11에서 핀5에 피변조신호(전압)를 가하면 이 신호에 의해 주파수가 변조된 구형파신호가 핀3으로 출력된다. 이 때 출력주파수는 대략 다음 식과 같이 핀5의 전압에 비례한다.

$$f_o = \frac{2(V_{CC} - V_5)}{R_T C_T V_{CC}} \qquad (10-6)$$

여기서 R_T는 2K<R_T<20K이고 V_5는 핀5의 전압을 말한다. V_5는 대략 $\frac{4}{3}V_{CC}$와 V_{CC} 사이의 값을 가하게 된다.

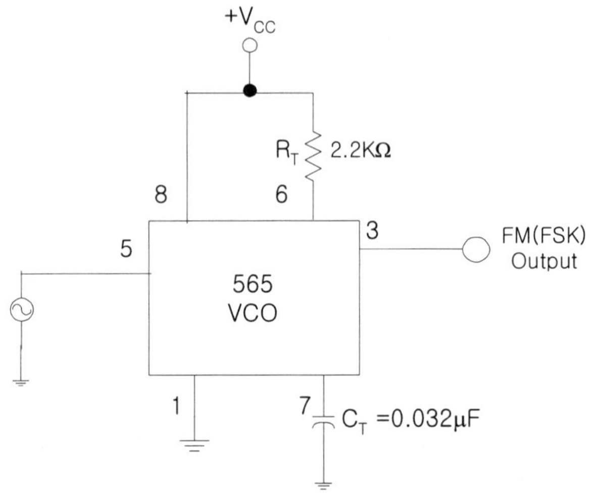

[그림 10-11] FM(FSK)의 변조기 회로도

3 사용기기 및 부품

1) 전원공급장치 : + 15[V]
2) V.O.M(전압계)
3) 오실로스코우프(2현상)
4) 정현파발생기
5) PLL IC : NE565, NE566
6) 저항: 1[KΩ], 2.2[KΩ], 3.7[KΩ], 4.7[KΩ], 10[KΩ] (0.5W)
7) 선형전위차계 : 10[KΩ]
8) 커패시터 : 0.01[μF], 0.032[μF], 0.1[μF], 4..7[μF],(25WV)
9) 브레드보오드

4 실험순서

[FM(FSK)변조]

1) 그림 10-12의 회로를 구성하라.
2) 핀5에 적당한 직류전압이 걸려서 핀3의 출력이 4kHz 구형파가 되도록 가변저항을 적절히 조정하라. 그 때의 입력 직류전압 V_1을 측정하여 기록하라.
3) 핀3의 출력이 6kHz 구형파가 되도록 과정 1)을 되풀이 하고 그 때의 전압 V_2를 측정하여 기록하라.
4) $V_1 - V_2$로 변하는 200Hz 구형파를 +9V 및 가변저항회로 대신에 핀5에 입력시키고 핀3의 출력파형(FSK)을 관측하여 그려라.
5) 200Hz 근처의 정현파로 과정 4)를 반복하여 그 출력파형(FM)을 관측하여 그려라.

[FM(FSK)복조]

6) 566 IC의 핀3의 출력을 565 PLL회로의 핀2에 캐패시터를 통하여 연결하라. 이 때 PLL회로에서 LPF를 위한 C_F는 $C_F = 0.03\mu F$정도를 사용하라.
7) 200Hz 구형파에 대한 핀7의 출력파형(FSK 복조파형)을 관측하여 그려라.
8) 200Hz 정형파에 대한 핀7의 출력파형(FM 복조파형)을 관측하여 그려라.
9) $C_F = 0.02\mu F$로 하여 과정 7)~8)을 반복하라.
10) 과정9)에서 관측할 수 있는 바와 같이 이 실험회로의 출력파형에는 많은 harmonics가 포함되어 있기 때문에 실세 응용회로에서는 너욱 여러 난의 필터를 보완하여 출력을 얻어야 한다.

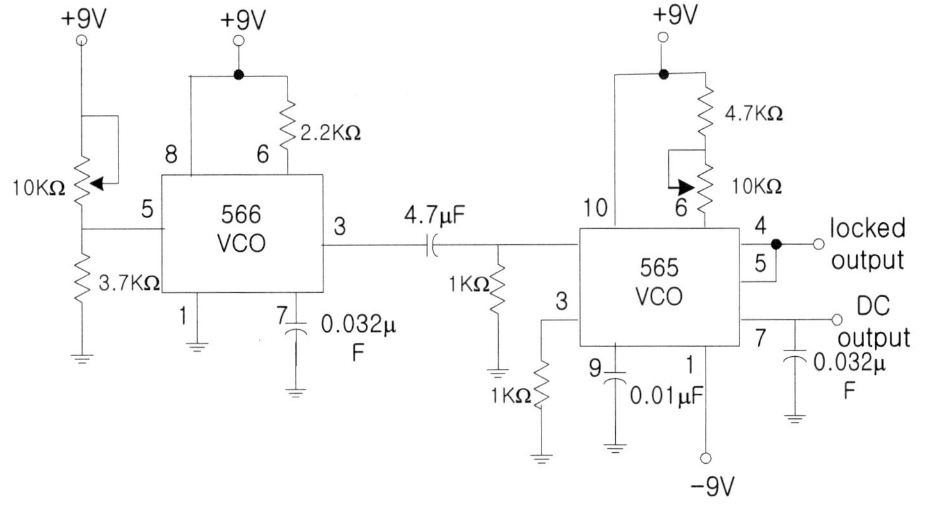

[그림 10-12] FM(FSK)의 변복조 실험회로

실험 결과보고서

교 과 목 명	
실 험 제 목	
담 당 교 수	
실 험 일 자	년 월 일(요일)

조 편 성	
공동실험자	
학 번	
이 름	

[FM(FSK)변조기]

2) [$V_1=$ V]

3) [$V_2=$ V]

4)

5)

[FM(FSK)복조기]

7)

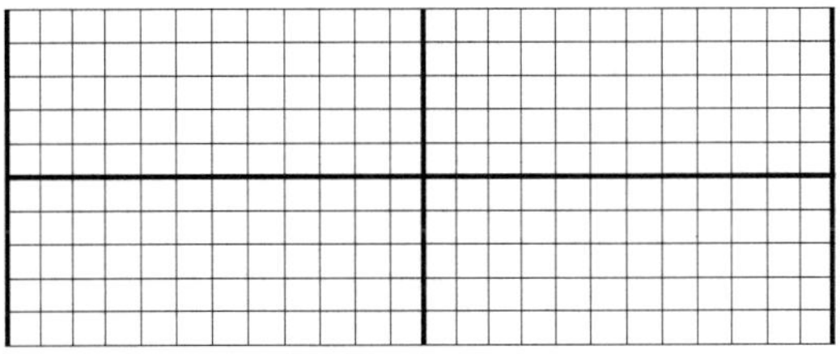

8)

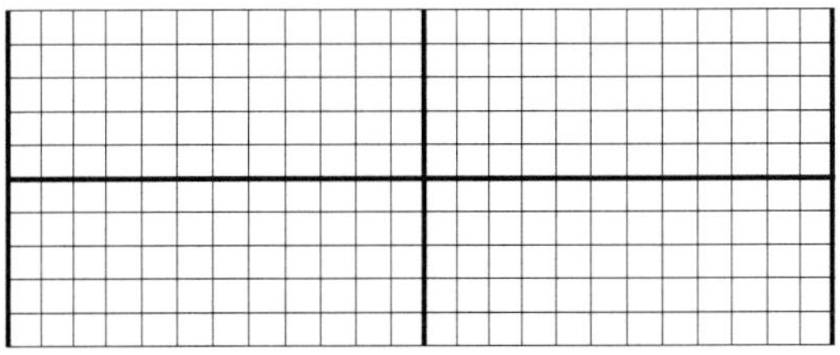

9)

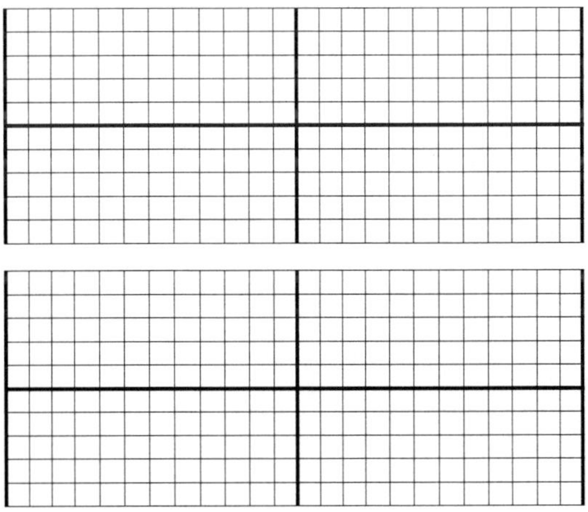

실험 후 검토

연 습 문 제

1. 실험에서 수행한 FM(FSK) 송수신 과정을 설명하라.

2. PLL을 FM(FSK) 복조기로 사용할 경우 주의해야 할 사항들을 기술하라.

3. FM(FSK) 송수신의 장단점을 열거하라.

4. FM(FSK) 복조기로 주파수 판별기를 사용하는 것에 비해 PLL을 사용하면 어떤 점이 유리한가?

부 록

LINEAR INTEGRATED CIRCUITS

TYPES uA741M, uA741C GENERAL-PURPOSE OPERATIONAL AMPLIFIERS

BULLETIN NO. DL-S 11363, NOVEMBER 1970–REVISED OCTOBER 1979

- Short-Circuit Protection
- Offset-Voltage Null Capability
- Large Common-Mode and Differential Voltage Ranges
- No Frequency Compensation Required
- Low Power Consumption
- No Latch-up

description

The uA741 is a general-purpose operational amplifier featuring offset-voltage null capability.

The high common-mode input voltage range and the absence of latch-up make the amplifier ideal for voltage-follower applications. The device is short-circuit protected and the internal frequency compensation ensures stability without external components. A low-value potentiometer may be connected between the offset null inputs to null out the offset voltage as shown in Figure 2.

The uA741M is characterized for operation over the full military temperature range of −55°C to 125°C; the uA741C is characterized for operation from 0°C to 70°C.

schematic

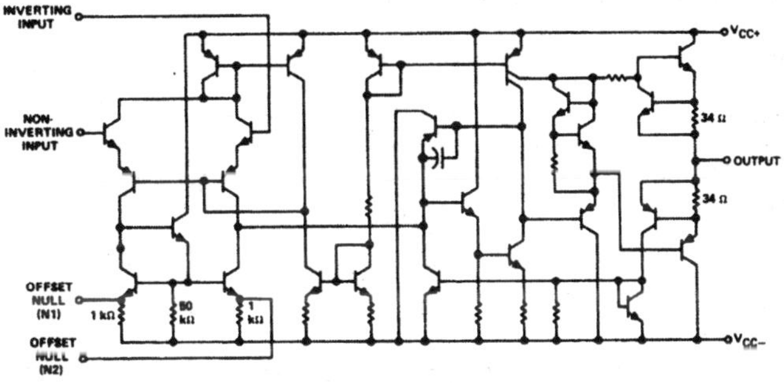

Resistor values shown are nominal

terminal assignments

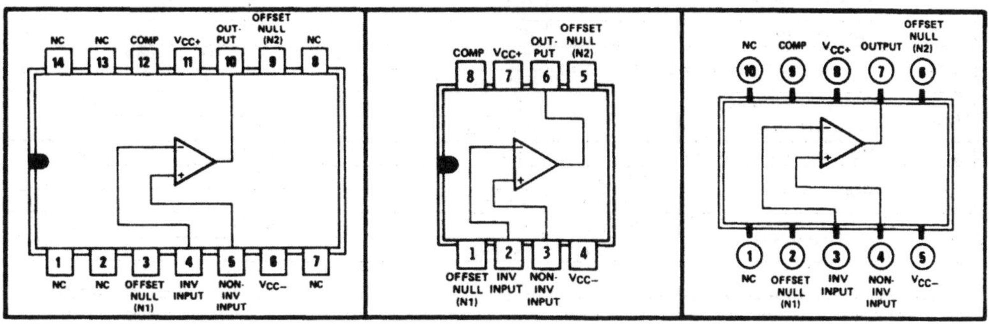

NC—No internal connection

TYPES uA741M, uA741C
GENERAL-PURPOSE OPERATIONAL AMPLIFIERS

absolute maximum ratings over operating free-air temperature range (unless otherwise noted)

		uA741M	uA741C	UNIT
Supply voltage V_{CC+} (see Note 1)		22	18	V
Supply voltage V_{CC-} (see Note 1)		−22	−18	V
Differential input voltage (see Note 2)		±30	±30	V
Input voltage (either input, see Notes 1 and 3)		±15	±15	V
Voltage between either offset null terminal (N1/N2) and V_{CC-}		±0.5	±0.5	V
Duration of output short-circuit (see Note 4)		unlimited	unlimited	
Continuous total power dissipation at (or below) 25°C free-air temperature (see Note 5)		500	500	mW
Operating free-air temperature range		−55 to 125	0 to 70	°C
Storage temperature range		−65 to 150	−65 to 150	°C
Lead temperature 1/16 inch (1,6 mm) from case for 60 seconds	J, JG, U, or W package	300	300	°C
Lead temperature 1/16 inch (1,6 mm) from case for 10 seconds	N or P package		260	°C

NOTES: 1. All voltage values, unless otherwise noted, are with respect to the midpoint between V_{CC+} and V_{CC-}.
2. Differential voltages are at the noninverting input terminal with respect to the inverting input terminal.
3. The magnitude of the input voltage must never exceed the magnitude of the supply voltage or 15 volts, whichever is less.
4. The output may be shorted to ground or either power supply. For the uA741M only, the unlimited duration of the short-circuit applies at (or below) 125°C case temperature or 75°C free-air temperature.
5. For operation above 25°C free-air temperature, refer to Dissipation Derating Curves, Section 2. In the J and JG packages, uA741M chips are alloy-mounted; uA741C chips are glass-mounted.

electrical characteristics at specified free-air temperature, V_{CC+} = 15 V, V_{CC-} = −15 V

PARAMETER		TEST CONDITIONS†		uA741M			uA741C			UNIT
				MIN	TYP	MAX	MIN	TYP	MAX	
V_{IO}	Input offset voltage	R_S ≤ 10 kΩ	25°C		1	5		1	6	mV
			Full range			6			7.5	
$\Delta V_{IO(adj)}$	Offset voltage adjust range		25°C		±15			±15		mV
I_{IO}	Input offset current		25°C		20	200		20	200	nA
			Full range			500			300	
I_{IB}	Input bias current		25°C		80	500		80	500	nA
			Full range			1500			800	
V_{ICR}	Common-mode input voltage range		25°C	±12	±13		±12	±13		V
			Full range	±12			±12			
V_{OPP}	Maximum peak-to-peak output voltage swing	R_L = 10 kΩ	25°C	24	28		24	28		V
		R_L ≥ 10 kΩ	Full range	24			24			
		R_L = 2 kΩ	25°C	20	26		20	26		
		R_L ≥ 2 kΩ	Full range	20			20			
A_{VD}	Large-signal differential voltage amplification	R_L ≥ 2 kΩ,	25°C	50	200		20	200		V/mV
		V_O = ±10 V	Full range	25			15			
r_i	Input resistance		25°C	0.3	2		0.3	2		MΩ
r_o	Output resistance	V_O = 0 V, See Note 6	25°C		75			75		Ω
C_i	Input capacitance		25°C		1.4			1.4		pF
CMRR	Common-mode rejection ratio	R_S ≤ 10 kΩ	25°C	70	90		70	90		dB
			Full range	70			70			
k_{SVS}	Supply voltage sensitivity ($\Delta V_{IO}/\Delta V_{CC}$)	R_S ≤ 10 kΩ	25°C		30	150		30	150	μV/V
			Full range			150			150	
I_{OS}	Short-circuit output current		25°C		±25	±40		±25	±40	mA
I_{CC}	Supply current	No load,	25°C		1.7	2.8		1.7	2.8	mA
		No signal	Full range			3.3			3.3	
P_D	Total power dissipation	No load,	25°C		50	85		50	85	mW
		No signal	Full range			100			100	

†All characteristics are specified under open-loop operation. Full range for uA741M is −55°C to 125°C and for uA741C is 0°C to 70°C.

NOTE 6: This typical value applies only at frequencies above a few hundred hertz because of the effects of drift and thermal feedback.

TEXAS INSTRUMENTS
INCORPORATED

TYPES uA741M, uA741C
GENERAL-PURPOSE OPERATIONAL AMPLIFIERS

operating characteristics, V_{CC+} = 15 V, V_{CC-} = −15 V, T_A = 25°C

PARAMETER		TEST CONDITIONS	uA741M			uA741C			UNIT
			MIN	TYP	MAX	MIN	TYP	MAX	
t_r	Rise time	V_I = 20 mV, R_L = 2 kΩ,		0.3			0.3		μs
	Overshoot factor	C_L = 100 pF, See Figure 1		5%			5%		
SR	Slew rate at unity gain	V_I = 10 V, R_L = 2 kΩ, C_L = 100 pF, See Figure 1		0.5			0.5		V/μs

PARAMETER MEASUREMENT INFORMATION

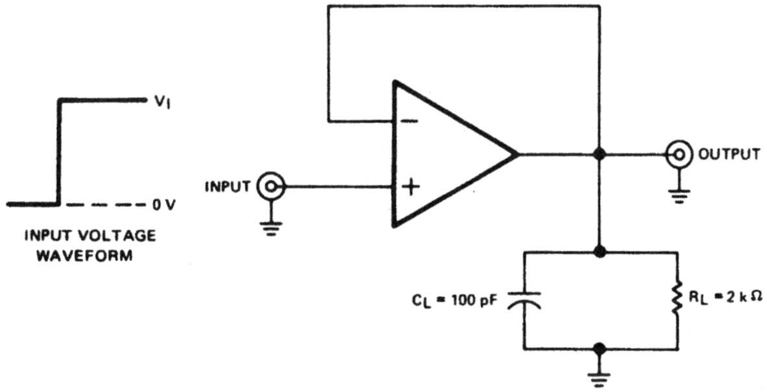

TEST CIRCUIT
FIGURE 1—RISE TIME, OVERSHOOT, AND SLEW RATE

TYPICAL APPLICATION DATA

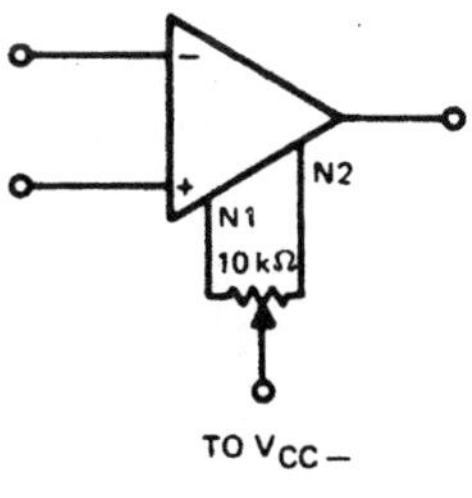

FIGURE 2—INPUT OFFSET VOLTAGE NULL CIRCUIT

TYPES uA741M, uA741C
GENERAL-PURPOSE OPERATIONAL AMPLIFIERS

TYPICAL CHARACTERISTICS

INPUT OFFSET CURRENT
vs
FREE-AIR TEMPERATURE

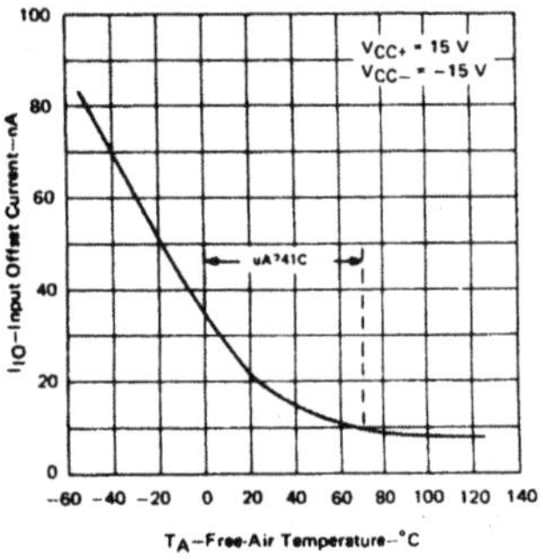

FIGURE 3

INPUT BIAS CURRENT
vs
FREE-AIR TEMPERATURE

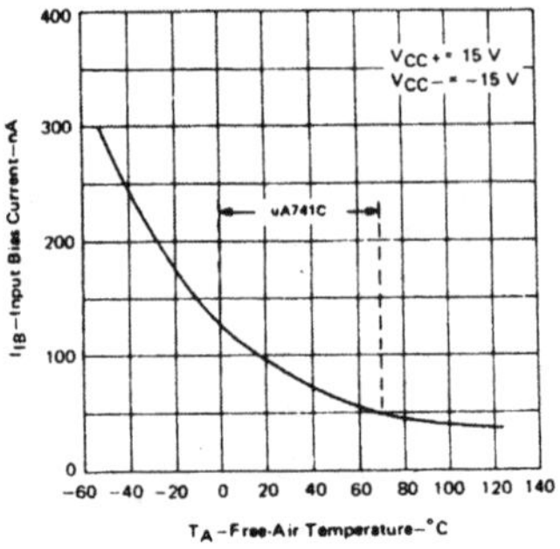

FIGUER 4

MAXIMUM PEAK-TO-PEAK OUTPUT VOLTAGE
vs
LOAD RESISTANCE

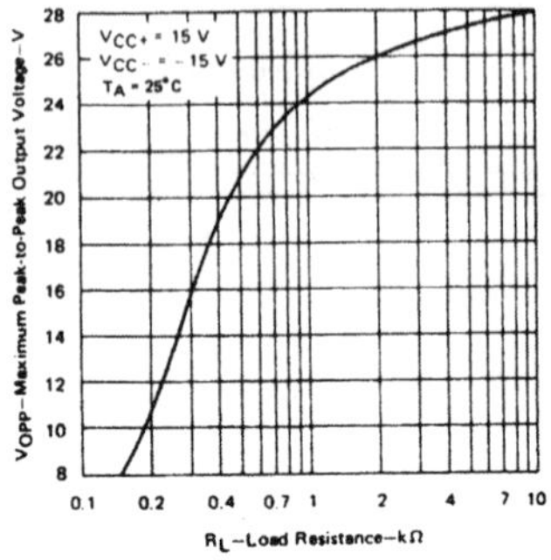

FIGURE 5

MAXIMUM PEAK-TO-PEAK OUTPUT VOLTAGE
vs
FREQUENCY

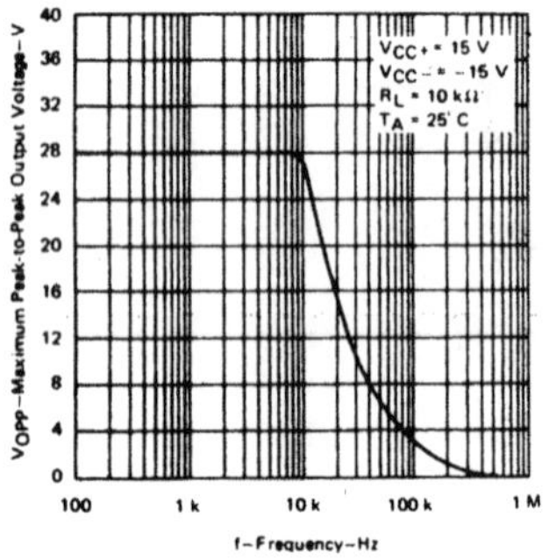

FIGURE 6

OPEN-LOOP LARGE-SIGNAL
DIFFERENTIAL
VOLTAGE AMPLIFICATION
vs
SUPPLY VOLTAGE

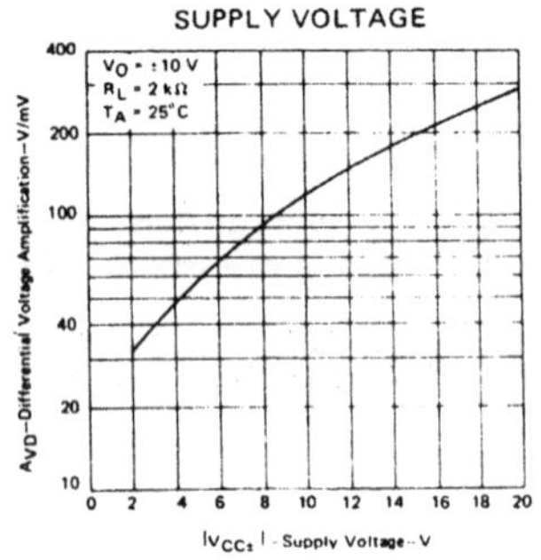

FIGURE 7

OPEN-LOOP LARGE-SIGNAL
DIFFERENTIAL
VOLTAGE AMPLIFICATION
vs
FREQUENCY

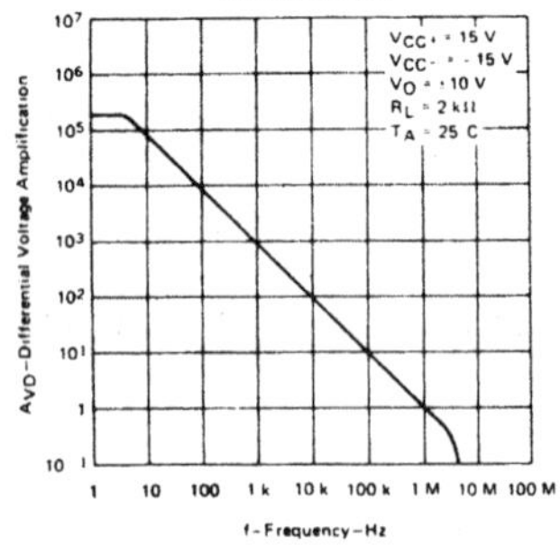

FIGURE 8

COMMON-MODE REJECTION RATIO
vs
FREQUENCY

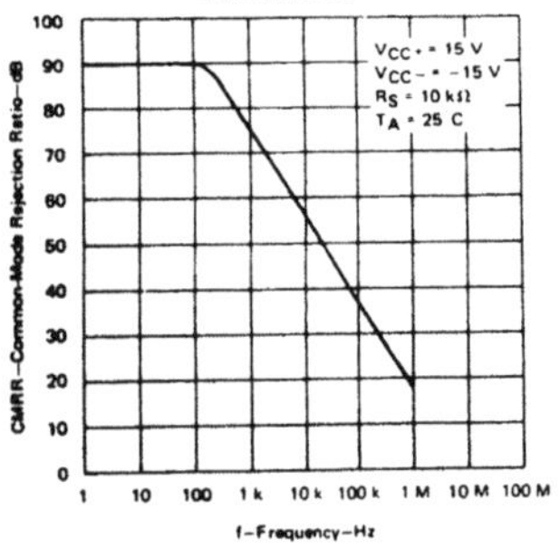

FIGURE 9

OUTPUT VOLTAGE
vs
ELAPSED TIME

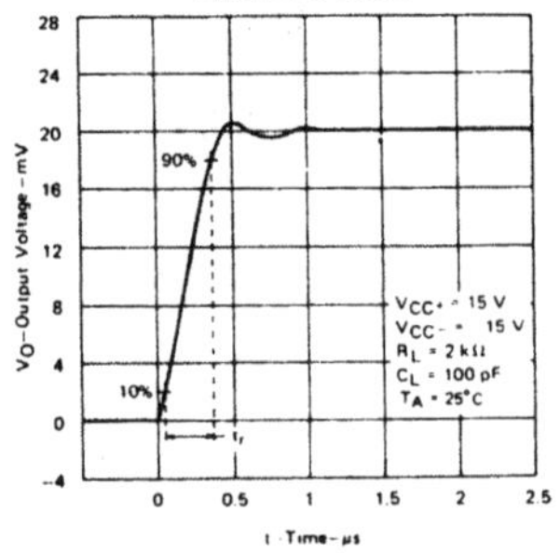

FIGURE 10

VOLTAGE-FOLLOWER
LARGE-SIGNAL PULSE RESPONSE

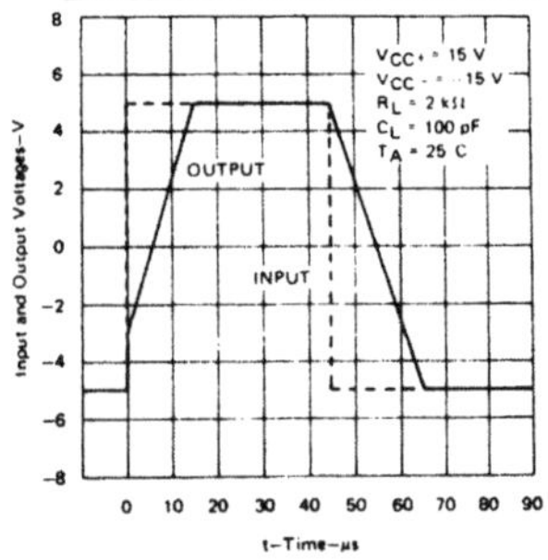

FIGURE 11

TEXAS INSTRUMENTS
INCORPORATED

LINEAR INTEGRATED CIRCUITS

TYPE TL7805AC 3-PERCENT 5-VOLT REGULATOR

BULLETIN NO. DL-S 12504, MARCH 1977–REVISED SEPTEMBER 1977

- 3-Terminal Regulator
- Output Current up to 1.5 A
- No External Components
- Internal Thermal Overload Protection
- Improved Replacement for uA7805 and LM340-05 5-Percent Regulators
- High Power Dissipation Capability
- Internal Short-Circuit Current Limiting
- Output Transistor Safe-Area Compensation

KC PACKAGE

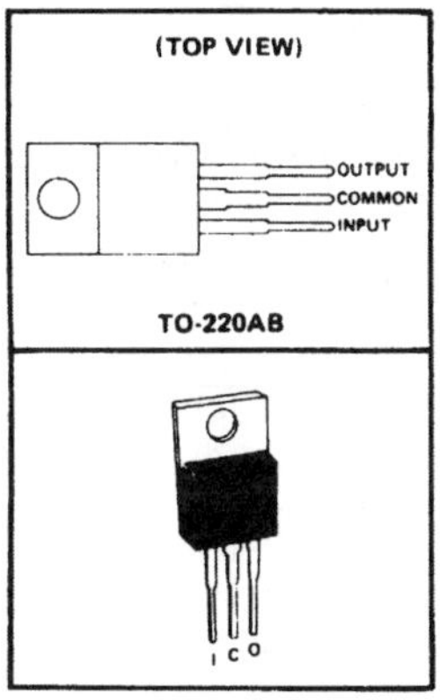

description

The TL7805AC 3-percent 5-volt regulator offers improved accuracy over the uA7805 and LM340-05 regulators. This monolithic integrated circuit boasts an overall accuracy of better than 3-percent deviation over full line, load, and temperature variations and can deliver up to 1.5 amperes of output current. The internal current limiting and thermal shutdown features make it essentially immune to overload. In addition to use as a fixed-voltage regulator, the TL7805AC can be used with external components to obtain adjustable output voltages and currents and also can be used as the power pass element in precision regulators.

schematic

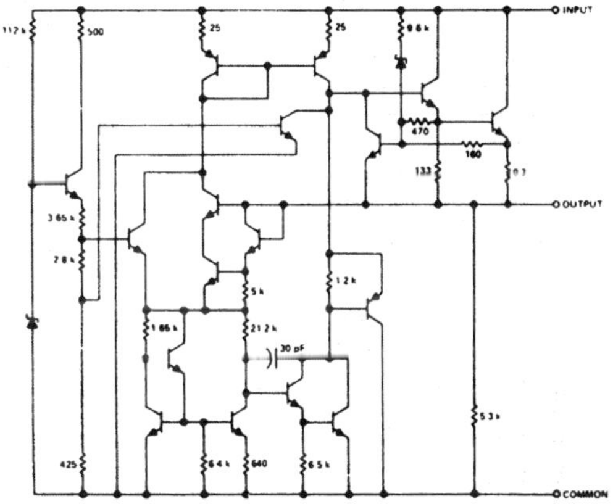

Resistor values shown are nominal and in ohms.

absolute maximum ratings over operating temperature range (unless otherwise noted)

Input voltage	35 V
Continuous total dissipation at 25°C free-air temperature (see Note 1)	2 W
Continuous total dissipation at (or below) 25° case temperature (see Note 1)	15 W
Operating free-air, case, or virtual junction temperature range	0°C to 150°C
Storage temperature range	−65°C to 150°C
Lead temperature 1/16 inch from case for 10 seconds	260°C

NOTE 1: For operation above 25°C free-air or case temperature, refer to Dissipation Derating Curves, Figure 1 and Figure 2, next page.

TYPE TL7805AC
3-PERCENT 5-VOLT REGULATOR

recommended operating conditions

	MIN	MAX	UNIT
Input voltage, V_I	7	25	V
Output current, I_O		1.5	A
Operating virtual junction temperature, T_J	0	125	°C

electrical characteristics at specified virtual junction temperature, $V_I = 10$ V, $I_O = 500$ mA (unless otherwise noted)

PARAMETER	TEST CONDITIONS†			MIN	TYP	MAX	UNIT
Output voltage	I_O = 5 mA to 1A, P ≤ 15 W	V_I = 7 V to 20 V,	25°C	4.9	5	5.1	V
			0°C to 125°C	4.85		5.15	
Input regulation	V_I = 7 V to 25 V		25°C		3	50	mV
	V_I = 8 V to 12 V				1	25	
Ripple rejection	V_I = 8 V to 18 V,	f = 120 Hz	0°C to 125°C	62	78		dB
Output regulation	I_O = 5 mA to 1.5 A		25°C		15	100	mV
	I_O = 250 mA to 750 mA				5	50	
Output resistance	f = 1 kHz		0°C to 125°C		0.017		Ω
Temperature coefficient of output voltage	I_O = 5 mA		0°C to 125°C		−1.1		mV/°C
Output noise voltage	f = 10 Hz to 100 kHz		25°C		40		μV
Dropout voltage	I_O = 1 A		25°C		2.0		V
Bias current			25°C		4.2	8	mA
Bias current change	V_I = 7 V to 25 V		0°C to 125°C			1.3	mA
	I_O = 5 mA to 1 A					0.5	
Short-circuit output current			25°C		750		mA
Peak output current			25°C		2.2		A

†All characteristics are measured with a capacitor across the input of 0.33 μF and a capacitor across the output of 0.1 μF. All characteristics except noise voltage and ripple rejection ratio are measured using pulse techniques ($t_w \leq 10$ ms, duty cycles ≤ 5%). Output voltage changes due to changes in internal temperature must be taken into account separately.

THERMAL INFORMATION

FREE-AIR TEMPERATURE DISSIPATION DERATING CURVE

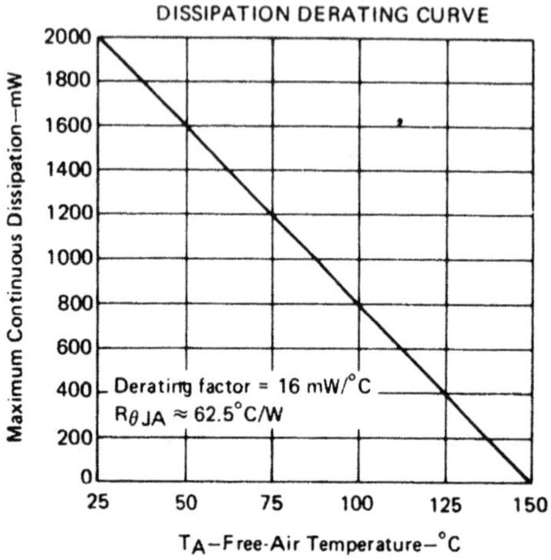

FIGURE 1

CASE TEMPERATURE DISSIPATION DERATING CURVE

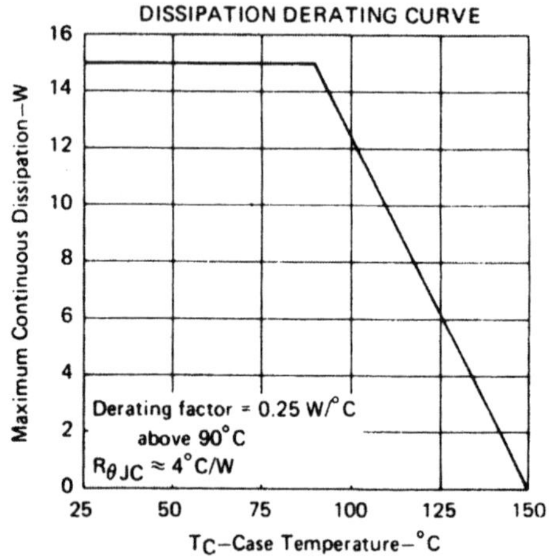

FIGURE 2

TEXAS INSTRUMENTS
INCORPORATED

LINEAR INTEGRATED CIRCUITS

TYPES SE555, NE555 PRECISION TIMERS

BULLETIN NO. DL-S 12053, SEPTEMBER 1973—REVISED OCTOBER 1979

- Timing from Microseconds to Hours
- Astable or Monostable Operation
- Adjustable Duty Cycle
- TTL-Compatible Output Can Sink or Source up to 200 mA
- Designed to be Interchangeable with Signetics SE555/NE555

JG OR P DUAL-IN-LINE PACKAGE (TOP VIEW)

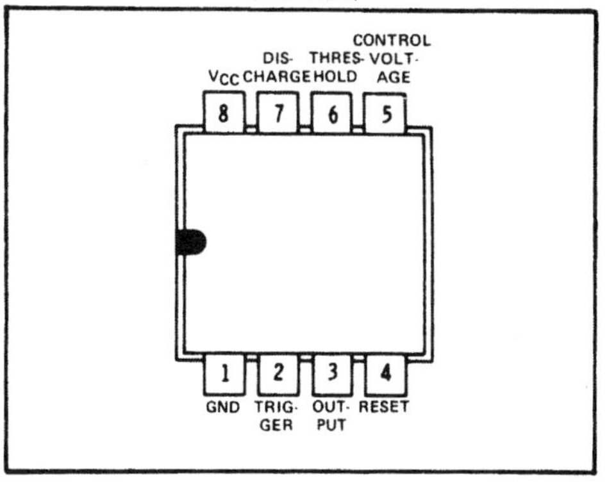

description

The SE555 and NE555 are monolithic timing circuits capable of producing accurate time delays or oscillation. In the time-delay or monostable mode of operation, the timed interval is controlled by a single external resistor and capacitor network. In the astable mode of operation, the frequency and duty cycle may be independently controlled with two external resistors and a single external capacitor.

The threshold and trigger levels are normally two-thirds and one-third, respectively, of V_{CC}. These levels can be altered by use of the control voltage terminal. When the trigger input falls below the trigger level, the flip-flop is set and the output goes high. When the threshold input rises above the threshold level, the flip-flop is reset and the output goes low. The reset input can override all other inputs and can be used to initiate a new timing cycle. When the reset input goes low, the flip-flop is reset and the output goes low. When the output is low, a low-impedance path is provided between the discharge terminal and ground.

The output circuit is capable of sinking or sourcing current up to 200 milliamperes. Operation is specified for supplies of 5 to 15 volts. With a 5-volt supply, output levels are compatible with TTL inputs.

functional block diagram

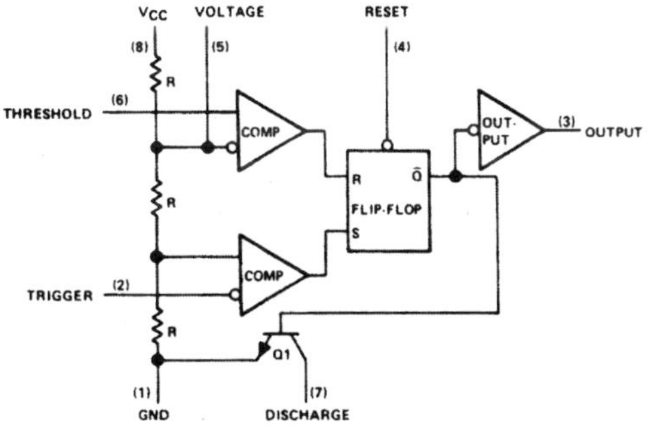

TYPES SE555, NE555
PRECISION TIMERS

schematic

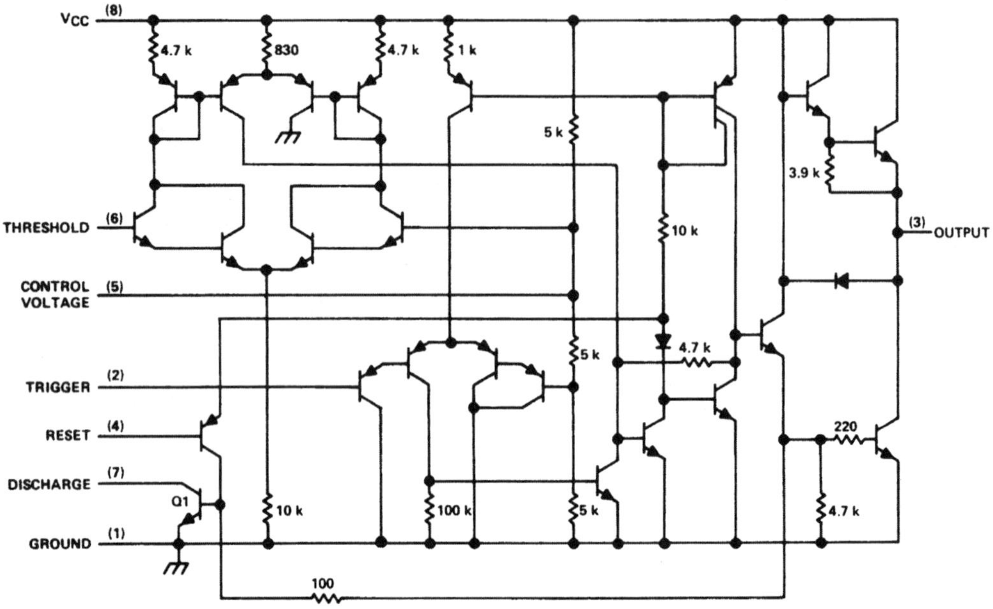

Resistor values shown are nominal and in ohms.

absolute maximum ratings over operating free-air temperature range (unless otherwise noted)

Supply voltage, V_{CC} (see Note 1)		18 V
Input voltage (control voltage, reset, threshold, trigger)		V_{CC}
Output current		±225 mA
Continuous total dissipation at (or below) 25°C free-air temperature (see Note 2)		600 mW
Operating free-air temperature range:	SE555	−55°C to 125°C
	NE555	0°C to 70°C
Storage temperature range		−65°C to 150°C
Lead temperature 1/16 inch (1,6 mm) from case for 60 seconds: JG package		300°C
Lead temperature 1/16 inch (1,6 mm) from case for 10 seconds: P package		260°C

NOTES: 1. All voltage values are with respect to network ground terminal.
2. For operation above 25°C free-air temperature, refer to Dissipation Derating Table. In the JG package, SE555 chips are alloy-mounted, NE555 chips are glass-mounted.

recommended operating conditions

	SE555			NE555			UNIT
	MIN	NOM	MAX	MIN	NOM	MAX	
Supply voltage, V_{CC}	4.5		18	4.5		16	V
Input voltage, V_I (control voltage, reset, threshold, trigger)			V_{CC}			V_{CC}	V
Output Current, I_O			±200			±200	mA
Operating free-air temperature, T_A	−55		125	0		70	°C

TEXAS INSTRUMENTS
INCORPORATED

TYPES SE555, NE555 PRECISION TIMERS

electrical characteristics at 25°C free-air temperature, V_{CC} = 5 V to 15 V (unless otherwise noted)

PARAMETER	TEST CONDITIONS		SE555 MIN	SE555 TYP	SE555 MAX	NE555 MIN	NE555 TYP	NE555 MAX	UNIT
Threshold voltage level as a percentage of supply voltage				66.7			66.7		%
Threshold current (see Note 3)				0.1	0.25		0.1	0.25	μA
Trigger voltage level	V_{CC} = 15 V		4.8	5	5.2		5		V
	V_{CC} = 5 V		1.45	1.67	1.9		1.67		
Trigger current				0.5			0.5		μA
Reset voltage level			0.4	0.7	1	0.4	0.7	1	V
Reset current				0.1			0.1		mA
Control voltage (open-circuit)	V_{CC} = 15 V		9.6	10	10.4	9	10	11	V
	V_{CC} = 5 V		2.9	3.3	3.8	2.6	3.3	4	
Low-level output voltage	V_{CC} = 15 V	I_{OL} = 10 mA		0.1	0.15		0.1	0.25	V
		I_{OL} = 50 mA		0.4	0.5		0.4	0.75	
		I_{OL} = 100 mA		2	2.2		2	2.5	
		I_{OL} = 200 mA		2.5			2.5		
	V_{CC} = 5 V	I_{OL} = 5 mA					0.25	0.35	
		I_{OL} = 8 mA		0.1	0.25				
High-level output voltage	V_{CC} = 15 V	I_{OH} = −100 mA	13	13.3		12.75	13.3		V
		I_{OH} = −200 mA		12.5			12.5		
	V_{CC} = 5 V	I_{OH} = −100 mA	3	3.3		2.75	3.3		
Supply current	Output low, No load	V_{CC} = 15 V		10	12		10	15	mA
		V_{CC} = 5 V		3	5		3	6	
	Output high, No load	V_{CC} = 15 V		9	11		9	14	
		V_{CC} = 5 V		2	4		2	5	

NOTE 3: This parameter influences the maximum value of the timing resistors R_A and R_B in the circuit of Figure 13. For example when V_{CC} = 5 V the maximum value is $R = R_A + R_B \approx 20\ M\Omega$.

operating characteristics, V_{CC} = 5 V and 15 V

PARAMETER	TEST CONDITIONS†		SE555 MIN	SE555 TYP	SE555 MAX	NE555 MIN	NE555 TYP	NE555 MAX	UNIT
Initial error of timing interval	R_A = 1 kΩ to 100 kΩ,	T_A = 25°C		0.5	2		1		%
Temperature coefficient of timing interval	R_B = 0 to 100 kΩ,	T_A = MIN to MAX		30	100		50		ppm/°C
Supply voltage sensitivity of timing interval	C = 0.1 μF	T_A = 25°C		0.05	0.2		0.1		%/V
Output pulse rise time	C_L = 15 pF,	T_A = 25°C		100			100		ns
Output pulse fall time				100			100		ns

†For conditions shown as MIN or MAX, use the appropriate value specified under recommended operating conditions.

DISSIPATION DERATING TABLE

PACKAGE	POWER RATING	DERATING FACTOR	ABOVE T_A
JG (Alloy-Mounted Chip)	600 mW	8.4 mW/°C	79°C
JG (Glass-Mounted Chip)	600 mW	6.6 mW/°C	59°C
P	600 mW	8.0 mW/°C	75°C

Also see Dissipation Derating Curves, Section 2.

FIGURE 1

TYPES SE555, NE555
PRECISION TIMERS

TYPICAL CHARACTERISTICS†

LOW-LEVEL OUTPUT VOLTAGE
vs
LOW-LEVEL OUTPUT CURRENT

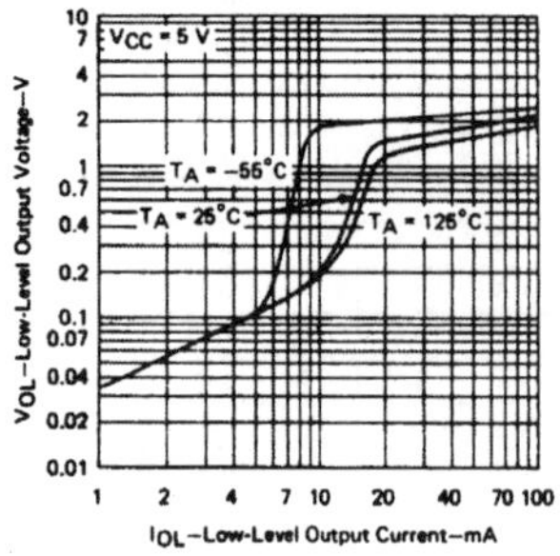

FIGURE 1

LOW-LEVEL OUTPUT VOLTAGE
vs
LOW-LEVEL OUTPUT CURRENT

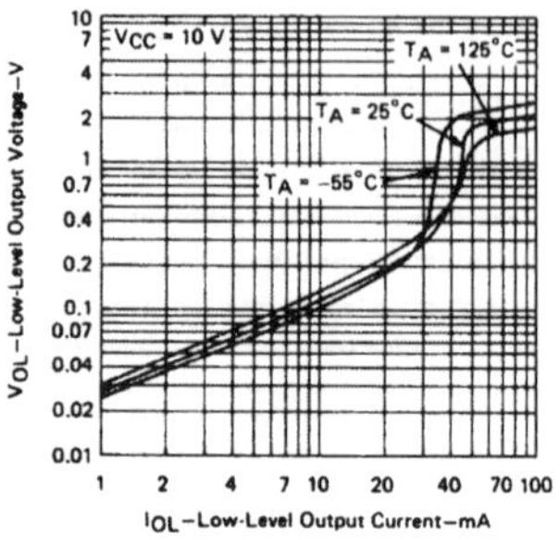

FIGURE 2

LOW-LEVEL OUTPUT VOLTAGE
vs
LOW-LEVEL OUTPUT CURRENT

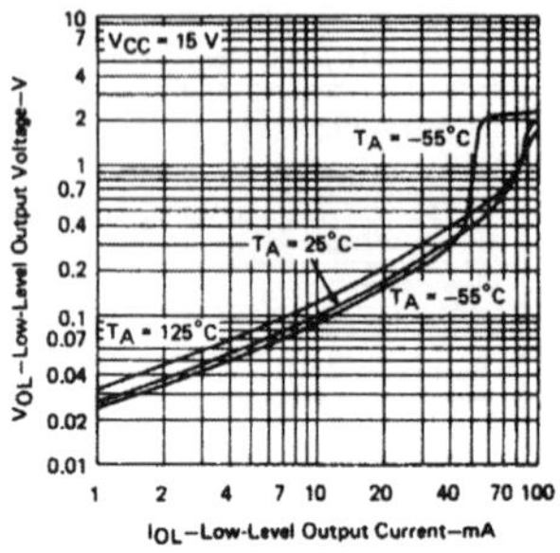

FIGURE 3

DROP BETWEEN SUPPLY VOLTAGE AND OUTPUT
vs
HIGH-LEVEL OUTPUT CURRENT

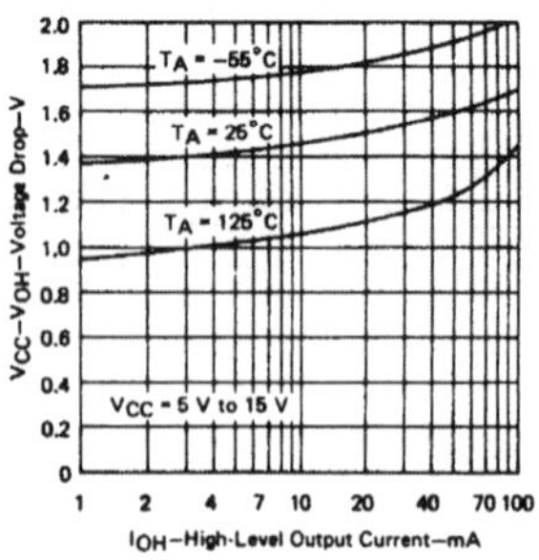

FIGURE 4

SUPPLY CURRENT
vs
SUPPLY VOLTAGE

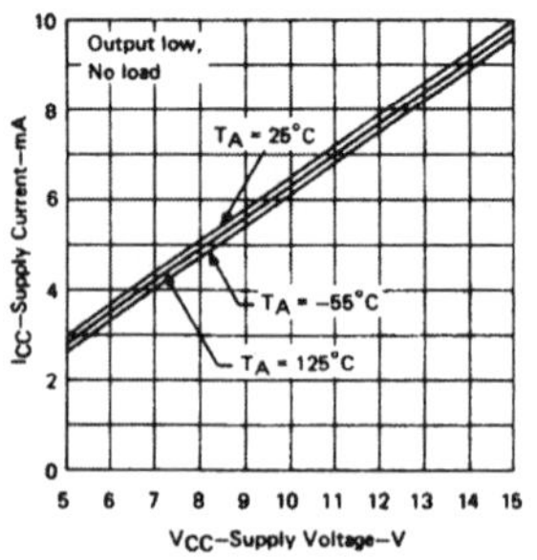

FIGURE 5

MINIMUM PULSE WIDTH REQUIRED
FOR TRIGGERING
vs
LOWEST VOLTAGE LEVEL OF
TRIGGER PULSE

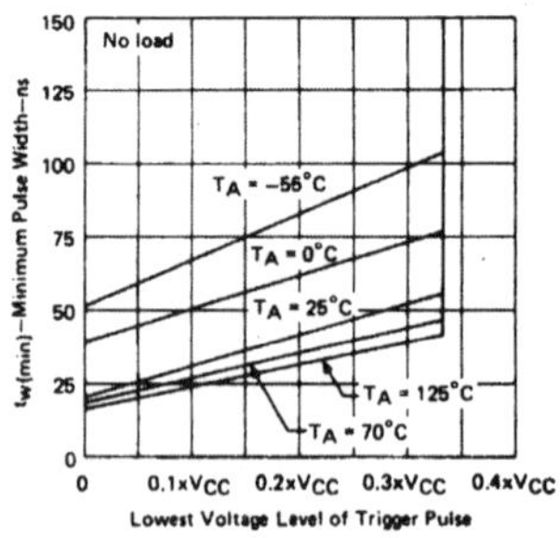

FIGURE 6

NORMALIZED OUTPUT PULSE WIDTH
(MONOSTABLE OPERATION)
vs
SUPPLY VOLTAGE

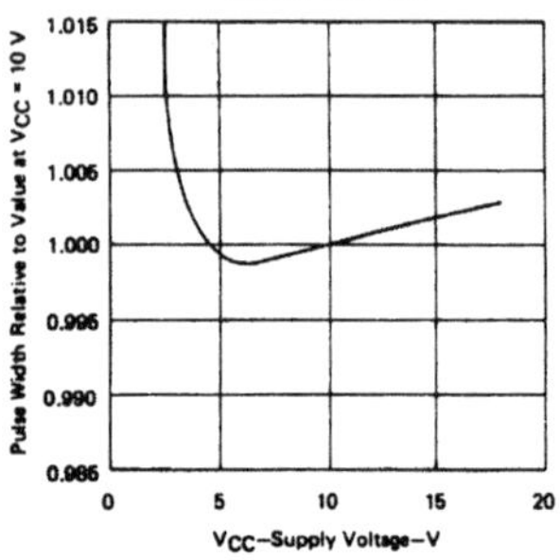

FIGURE 7

NORMALIZED OUTPUT PULSE WIDTH
(MONOSTABLE OPERATION)
vs
FREE-AIR TEMPERATURE

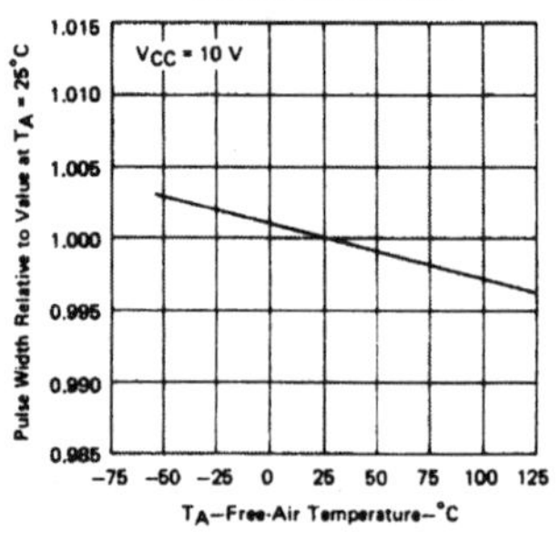

FIGURE 8

PROPAGATION DELAY TIME
vs
LOWEST VOLTAGE LEVEL
OF TRIGGER PULSE

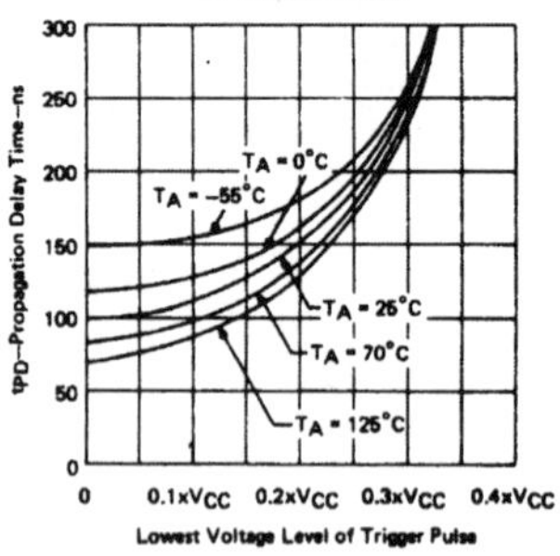

FIGURE 9

†Data for temperatures below 0°C and above 70°C are applicable for SE555 circuits only.

TYPICAL APPLICATION DATA

monostable operation

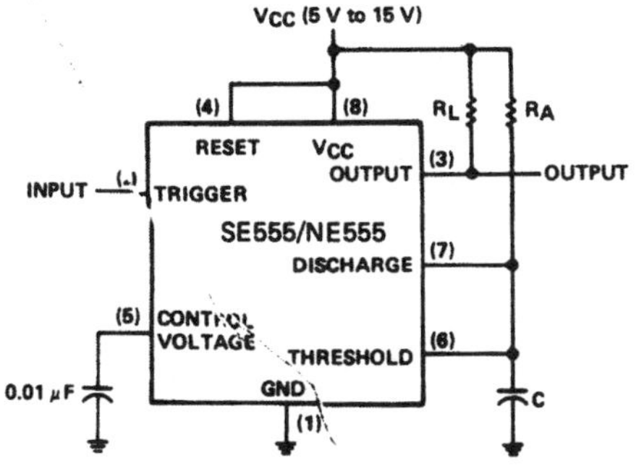

FIGURE 10—CIRCUIT FOR MONOSTABLE OPERATION

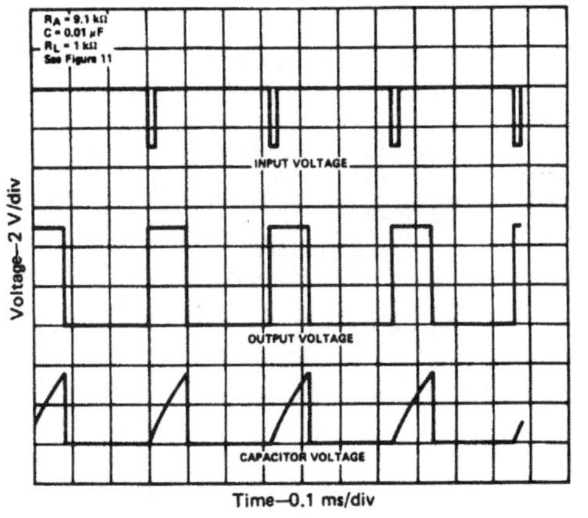

FIGURE 11—TYPICAL MONOSTABLE WAVEFORMS

For monostable operation, the SE555/NE555 may be connected as shown in Figure 10. If the output is low, application of a negative-going pulse to the trigger input sets the flip-flop ($\bar{Q}$ goes low), drives the output high, and turns off Q1. Capacitor C is then charged through R_A until the voltage across the capacitor reaches the threshold voltage of the threshold input. If the trigger input has returned to a high level, the output of the threshold comparator will reset the flip-flop ($\bar{Q}$ goes high), drive the output low, and discharge C through Q1.

Monostable operation is initiated when the trigger input voltage falls below the trigger threshold. Once initiated, the sequence will complete only if the trigger input is high at the end of the timing interval. Because of the threshold level and saturation voltage of Q1, the output pulse width is approximately $t_w = 1.1\ R_AC$. Figure 12 is a plot of the time constant for various values of R_A and C. The threshold levels and charge rates are both directly proportional to the supply voltage, V_{CC}. The timing interval is therefore independent of the supply voltage, so long as the supply voltage is constant during the time interval.

Applying a negative-going trigger pulse simultaneously to the reset and trigger terminals during the timing interval will discharge C and re-initiate the cycle, commencing on the positive edge of the reset pulse. The output is held low as long as the reset pulse is low. When the reset input is not used, it should be connected to V_{CC} to prevent false triggering.

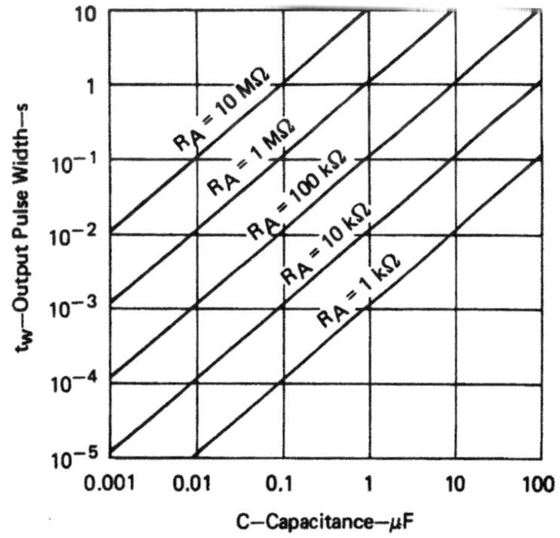

FIGURE 12—OUTPUT PULSE WIDTH vs CAPACITANCE

TYPES SE555, NE555 PRECISION TIMERS

TYPICAL APPLICATION DATA

missing-pulse detector

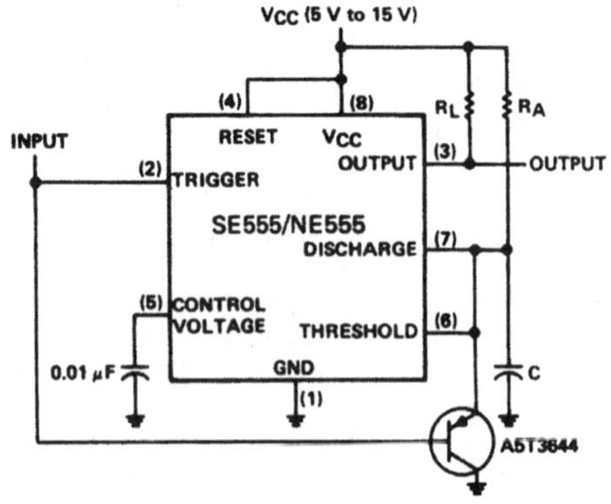

FIGURE 16—CIRCUIT FOR MISSING-PULSE DETECTOR

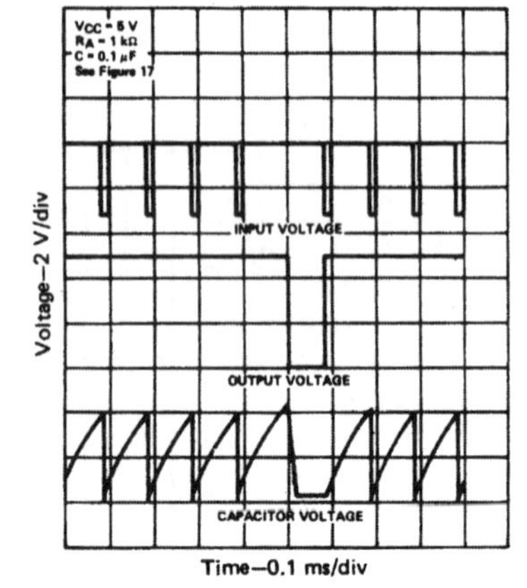

FIGURE 17—MISSING-PULSE DETECTOR WAVEFORMS

The circuit shown in Figure 16 may be utilized to detect a missing pulse or abnormally long spacing between consecutive pulses in a train of pulses. The timing interval of the monostable circuit is continuously retriggered by the input pulse train as long as the pulse spacing is less than the timing interval. A longer pulse spacing, missing pulse, or terminated pulse train will permit the timing interval to be completed, thereby generating an output pulse as illustrated in Figure 17.

frequency divider

By adjusting the length of the timing cycle, the basic circuit of Figure 10 can be made to operate as a frequency divider. Figure 18 illustrates a divide-by-3 circuit that makes use of the fact that retriggering cannot occur during the timing cycle.

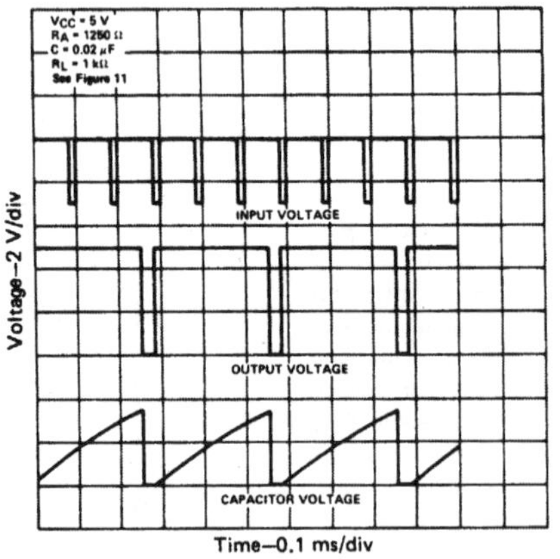

FIGURE 18—DIVIDE-BY-THREE CIRCUIT WAVEFORMS

TEXAS INSTRUMENTS
INCORPORATED

TYPES SE555, NE555 PRECISION TIMERS

TYPICAL APPLICATION DATA

pulse-width modulation

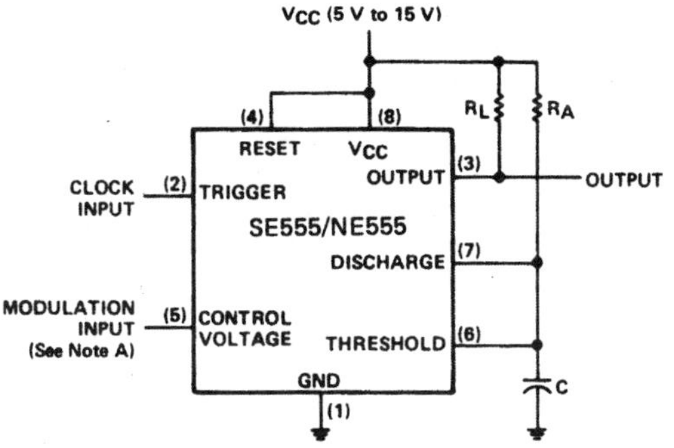

NOTE A: The modulating signal may be direct or capacitively coupled to the control voltage terminal. For direct coupling, the effects of modulation source voltage and impedance on the bias of the SE555/NE555 should be considered.

FIGURE 19—CIRCUIT FOR PULSE-WIDTH MODULATION

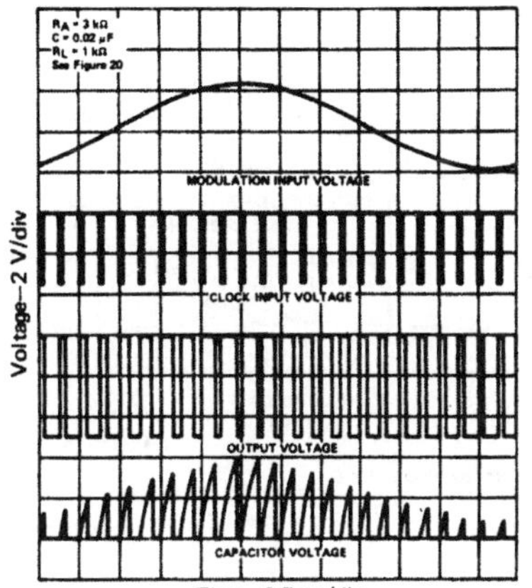

FIGURE 20—PULSE-WIDTH-MODULATION WAVEFORMS

The operation of the timer may be modified by modulating the internal threshold and trigger voltages. This is accomplished by applying an external voltage (or current) to the control voltage pin. Figure 19 is a circuit for pulse-width modulation. The monostable circuit is triggered by a continuous input pulse train and the threshold voltage is modulated by a control signal. The resultant effect is a modulation of the output pulse width, as shown in Figure 20. A sine-wave modulation signal is illustrated, but any wave-shape could be used.

pulse-position modulation

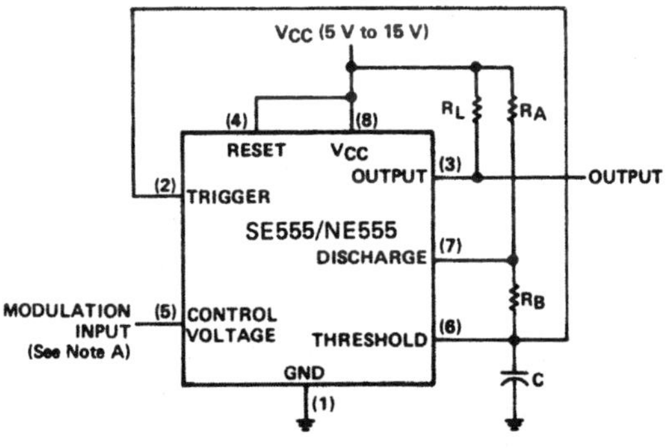

NOTE A: The modulating signal may be direct or capacitively coupled to the control voltage terminal. For direct coupling, the effects of modulation source voltage and impedance on the bias of the SE555/NE555 should be considered.

FIGURE 21—CIRCUIT FOR PULSE-POSITION MODULATION

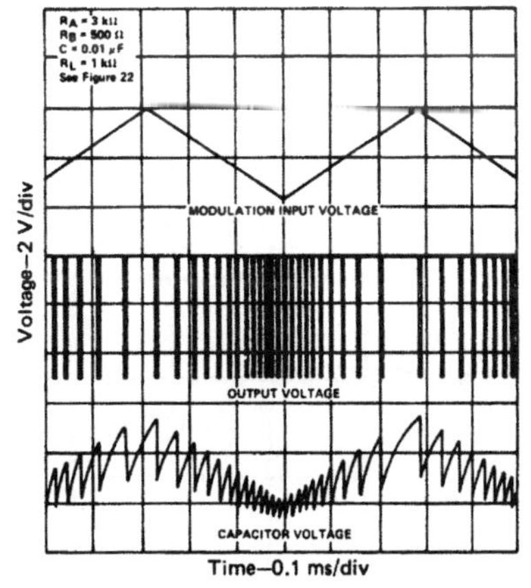

FIGURE 22—PULSE POSITION-MODULATION WAVEFORMS

The SE555/NE555 may be used as a pulse-position modulator as shown in Figure 21. In this application, the threshold voltage, and thereby the time delay, of a free-running oscillator is modulated. Figure 22 shows such a circuit, with a triangular-wave modulation signal, however, any modulating wave-shape could be used.

TYPES SE555, NE555 PRECISION TIMERS

TYPICAL APPLICATION DATA

sequential timer

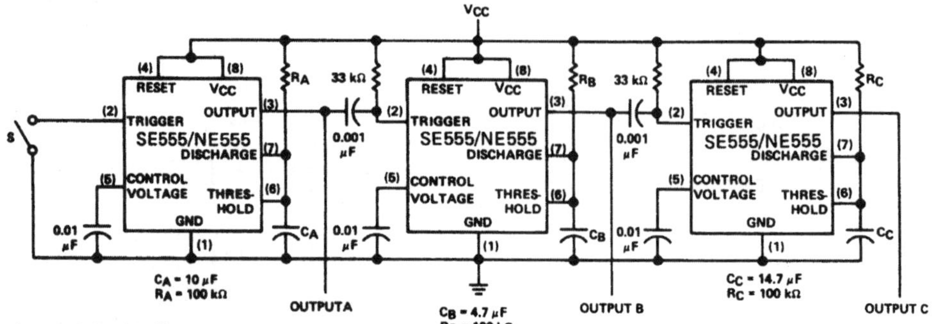

FIGURE 23—SEQUENTIAL TIMER CIRCUIT

Many applications, such as computers, require signals for initializing conditions during start-up. Other applications such as test equipment require activation of test signals in sequence. SE555/NE555 circuits may be connected to provide such sequential control. The timers may be used in various combinations of astable or monostable circuit connections, with or without modulation, for extremely flexible waveform control. Figure 23 illustrates a sequencer circuit with possible applications in many systems and Figure 24 shows the output waveforms.

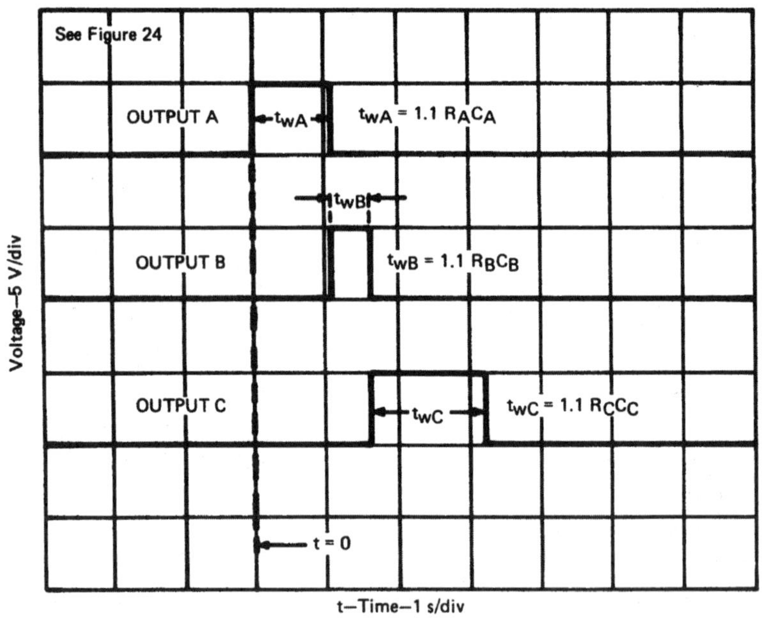

FIGURE 24—SEQUENTIAL TIMER WAVEFORMS

LINEAR INTEGRATED CIRCUITS

TYPES SE556, NE556 DUAL PRECISION TIMERS

BULLETIN NO. DL-S 12609, APRIL 1978

- Two Precision Timing Circuits per Package
- Astable or Monostable Operation
- TTL-Compatible Output Can Sink or Source up to 150 mA
- Active Pull-up and Pull-Down
- Designed to be Interchangeable with Signetics SE556/NE556

SE556 . . . . J
NE556 . . . . J OR N
DUAL-IN-LINE PACKAGE (TOP VIEW)

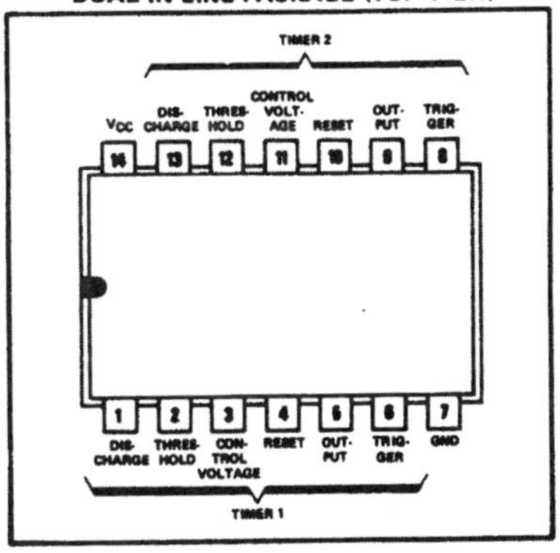

APPLICATIONS

Precision Timer from Microseconds to Hours
Sequential Timer
Pulse-Shaping Circuit
Pulse Generator
Missing-Pulse Detector
Tone-Burst Generator
Pulse-Width Modulator
Time-Delay Circuit
Frequency Divider
Pulse-Position Modulator
Appliance Timer
Touch-Tone Encoder
Industrial Controls

functional block diagram of each timer

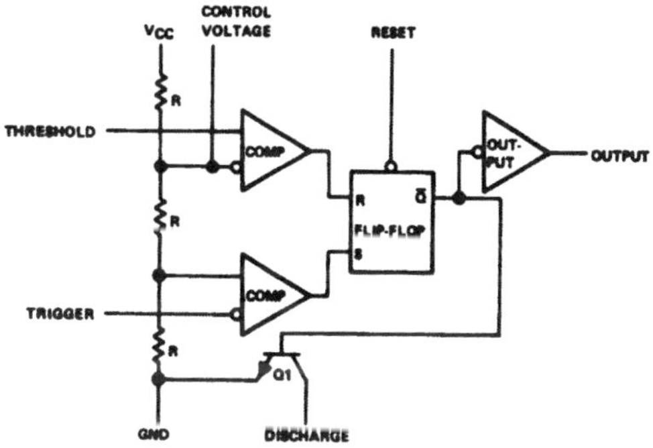

description

The SE556 and NE556 provide two monolithic, independent timing circuits of the SE555/NE555 type in each package. These circuits can be operated in the astable or the monostable mode with external resistor-capacitor timing control. The basic timing provided by the RC time constant may be actively controlled by modulating the bias of the control voltage input.

The SE556 is characterized for operation over the full military temperature range of −55°C to 125°C. The NE556 is characterized for operation from 0°C to 70°C.

absolute maximum ratings over operating free-air temperature range (unless otherwise noted)

Supply voltage, V_{CC} (see Note 1)	18 V
Input voltage (control voltage, reset, threshold, trigger)	V_{CC}
Output current	±225 mA
Continuous total dissipation at (or below) 70°C free-air temperature (see Note 2)	600 mW
Operating free-air temperature range: SE556	−55°C to 125°C
NE556	0°C to 70°C
Storage temperature range	−65°C to 150°C
Lead temperature 1/16 inch (1,6 mm) from case for 60 seconds: J package	300°C
Lead temperature 1/16 inch (1,6 mm) from case for 10 seconds: N package	260°C

NOTES: 1. All voltage values are with respect to network ground terminal.
2. For operation of the SE556 above 77°C free-air temperature, derate linearly at the rate of 8.2 mW/°C.

TEXAS INSTRUMENTS INCORPORATED

저자 소개

◆ 박주태

- 영남대학교 전자공학과 (학사)
- 영남대학원 전자공학과 (석사)
- 영남대학원 전자공학과 (박사)
- 현 : 영남이공대학교 전자정보계열 교수

도서출판 그 린

전기/전자/통신 공학도를 위한 능동소자 중심

전자회로실험

초판 인쇄일▶	2020년 8월 10일
초판 발행일▶	2020년 8월 13일
저 자 ▶	박주태
발행처 ▶	도서출판 그린
발행인 ▶	윤 덕 우
출판등록 ▶	제8-161호(1995. 5. 3.)
주소 ▶	경기도 파주시 가람로 116번길 107 운정한강듀클래스 411호 (우)10896
전화 ▶	02)333-2574, 2575
Fax ▶	02)333-2561
E-mail ▶	greenpress@greenpress.co.kr
Homepage ▶	http://www.greenpress.co.kr

정가 : 18,000원

ISBN: 978-89-5727-323-4